Bunte Vögel fliegen höher

Cordula Nussbaum gilt als »Deutschlands Expertin Nummer eins für kreativ-chaotisches Selbstmanagement« (Medien-Echo). Unternehmer, Freiberufler und Angestellte trainieren mit ihr, ihr Zeit-, Selbst- und Teammanagement zu verbessern sowie in Marketing- und Karrierefragen klare Strategien zu entwickeln. Ihr Buch *Organisieren Sie noch oder leben Sie schon? Zeitmanagement für kreative Chaoten* wurde von Stiftung Warentest zum Testsieger unter den aktuellen Zeitmanagement-Büchern gekürt. Sie ist anerkannt als »Professional Speaker« in der German Speakers Association GSA sowie ausgebildeter Business- und Life-Balance-Coach. Die mehrfache Buchautorin und Keynote-Speakerin wurde nominiert für den »Innovationspreis« der GSA sowie für den Querdenker-Award 2011. Seit über fünf Jahren zählt sie zu den »TOP 100 Excellent Speakers Deutschland Österreich Schweiz«.

Cordula Nussbaum

Bunte Vögel fliegen höher

Die Karriere-Geheimnisse der kreativen Chaoten

Campus Verlag
Frankfurt/New York

ISBN 978-3-593-39358-2

Dieses Buch ist auch als E-Book erschienen.
www.campus.de

Inhalt

Vorwort

Rückblick: Berlin, August 2005

»Sie sind ja ein bunter Vogel!« Konzentriert blättert die Personalchefin eines großen Süßwarenherstellers in meiner Präsentationsmappe. Es ist Mitte August, draußen brennt die Sonne vom Himmel, im Büro steht die Hitze, eine Fliege brummt immer wieder gegen die gekippte Fensterscheibe, die keinen Hauch frische Luft hereinlässt. Mein Kleid klebt am Rücken. Scheinbar gelassen beobachte ich meine potenzielle neue Kundin bei der Lektüre.

»Bunter Vogel?«, wundere ich mich im Stillen. »Wie meint sie das denn? Ist das gut? Ist das schlecht?« Mein Kopfkino läuft an, aber ich bremse mich schnell wieder aus. Halt! Erst einmal locker bleiben und sehen, wie das Gespräch verläuft. Heute entscheidet sich nämlich, ob ich als neue Trainerin in diesem Konzern die Mitarbeiter in puncto Selbst- und Zeitmanagement fit machen darf. Was ich liebend gern tun würde.

Das Gespräch läuft gut und wir wollen uns im Dezember erneut unterhalten, wenn die Weiterbildungsmaßnahmen für das kommende Geschäftsjahr geplant werden. Ich fliege nach München zurück und merke, der »bunte Vogel« brütet immer noch in mir.

Langsam regt es mich wirklich auf, dass ich diesen Spruch einfach nicht mehr aus dem Kopf bekomme. Ich will das jetzt endgültig für mich klären, nehme meinen ganzen Mut zusammen und schreibe der Personalerin eine E-Mail. Ich bedanke mich darin zunächst für das nette Gespräch und erkundige mich dann freundlich, wie sie das mit dem »bunten Vogel« denn gemeint habe. Sie beantwortet meine Frage in einer sehr netten E-Mail, in der sie schreibt, sie sei einfach begeistert von meinem abwechslungsreichen Lebenslauf gewesen, davon, welche Erfahrungen ich schon gemacht hätte, welche unterschiedlichen Facetten dies in mein Leben bringe und wie bereichernd dies alles für eine Trainerin sei. Denn oftmals treffe man – Entschuldigung, liebe Kollegen – im Trainerbereich auf total farblose Menschen, die unreflektiert irgendein Konzept nachbeten, aber nicht mit Leben füllen können, geschweige denn ein eigenes Leben mit einer entsprechenden Persönlichkeit haben.

Mir fällt ein Stein vom Herzen. Das war ja eines der schönsten Komplimente, die ich je bekommen habe. Danke für diese Rückenstärkung; offensichtlich hatte ich sie nötig. Ja, ich habe als Mittdreißigerin durchaus schon viel erlebt in meinem Leben. Allerdings empfinde ich mich dabei im Vergleich zu anderen als ziemlich brav. Na ja, etwas kreativ-chaotischer als andere, aber keinerlei Ausbrüche, Skandale oder Exzesse.

Vielleicht habe ich in meinem kurzen Leben wirklich schon mehr gemacht als andere in 70 Jahren schaffen – ein Bekannter vergleicht mich gerne mit einer Kerze, die an beiden Seiten brennt. Und ja, ich brenne. Egal was ich tue, ich lege meine gesamte Leidenschaft hinein. Sie entzündet immer wieder Ideen an jeder neuen Lebensstation: von der Industriekauffrau über das Studium der Kommunikationswissenschaften, Wirtschaftsgeografie und Markt- und Werbepsychologie hin zu einem Auslandsstudium Journalistik in Paris; von der Marketingabteilung eines Elektronikkonzerns in München über einen TV-Sender in Marseille und eine Tageszeitung in Paris bis hin zum Einstieg bei einem Nachrichtenmagazin in München und die Tätigkeit als freiberufliche Marketingjournalistin – und schließlich als Trainerin und Businesscoach. Eines hat sich aus dem anderen entwickelt, vieles lief parallel, neue Ideen wurden im Laufe meiner Arbeit geboren – und ich habe viele Gelegenheiten, die sich auf meinem Weg ergaben, kurz entschlossen am Schopf gepackt. Für mich selbst entwickelte sich alles in einer gewissen logischen, konsequenten Abfolge. Dass viele andere Menschen diese Logik allerdings nicht auf den ersten Blick erkennen können, ist mir bekannt. Und das nagt an mir.

Ich will so gerne perfekt sein, so gerne den Ansprüchen anderer Menschen in meinem Umfeld genügen. Doch ich merke, mit meinem »Anderssein«, der Neugierde auf alles, was es draußen in der Welt so gibt, meinem Motto, Dinge einfach zu tun, der Begeisterung für Neues und dem schnellen Umschwenken auf neue Herausforderungen ecke ich bei vielen Menschen an. Allein der Begriff »bunter Vogel« hat für mich einen bitteren Nachgeschmack.

Ich merke, in mir steckt viel – aber noch kann ich es selbst nicht greifen und anderen Menschen daher nicht begreifbar machen, was mich antreibt, was meine glühende Leidenschaft ist und warum sie gut für alle Beteiligten sein könnte.

Berlin, August 2011

Ich sitze am Fenster meines Hotelzimmers direkt am Spandauer See, blicke über das sattgrüne Laub zweier alter Bäume hinweg auf die dunkelblau schimmernde Wasserfläche. Die Sonne lässt die Wellen funkeln wie Diamanten, eine Ente schwimmt auf dem See und zieht im Wasser eine Spur hinter sich her. Ein dicker Sand-Lastkahn schiebt sich von rechts nach links durch mein Blickfeld, hinter ihm sein Kielwasser.

Heute weiß ich: Auch ich hinterlasse Spuren, meine ganz eigenen Wellen auf dem See der Möglichkeiten. Und es ist eine riesige Erleichterung, denn mit meinen Spuren fühle ich mich richtig wohl. Heute bin ich gelassener als vor sechs Jahren, denn ich bin zunehmend stolz auf meine kreativ-chaotischen Talente.

In den letzten Jahren habe ich mich intensiv mit Talenten beschäftigt – und erkannt, dass es für meine ideenreiche Vorliebe, die Dinge anzupacken, einen systematischen Gegenpart gibt, der wiederum anderen Menschen im Blut liegt. Diese Erkenntnis war für mich ein Aha-Erlebnis und ein gewaltiger Druck fiel von mir ab: Ich musste gar nicht so sein wie alle anderen. Wenn wir uns die anfallenden Arbeiten entsprechend unseren Stärken aufteilen, hat jeder etwas davon. So einfach ist das. Und doch so schwer.

Ich habe beobachtet, wie wichtig kreativ-chaotische Talente in Gesellschaft und Wirtschaft geworden sind und nach wie vor an Relevanz gewinnen. Daher breche ich seit einigen Jahren ganz bewusst eine Lanze für die kreativen Chaoten. Die Resonanz ist enorm. Jedes Jahr erhalte ich Hunderte E-Mails von Lesern meines Buchs *Organisieren Sie noch oder leben Sie schon? Zeitmanagement für kreative Chaoten* oder von Besuchern meiner Vorträge und Seminare.

Die Menschen freuen sich, endlich einmal zu erleben, dass jemand ihre Denk- und Arbeitsweise versteht, statt sie merkwürdig zu finden. Sie lernen, ihre kreativ-chaotischen Stärken wertzuschätzen und ihre Talente für ihre Ziele und Wünsche einzusetzen, statt sie als »Macken« zu bekämpfen.

Die Gewissheit, dass ich auf dem richten Weg bin, erlangte ich Ende 2009, als Stiftung Warentest mein »Chaoten-Buch« zum Testsieger unter allen aktuellen Zeitmanagement-Ratgebern kürte. Im Sommer 2010 nominierte mich die German Speakers Association für den Innovationspreis. Ein weiteres Zeichen für mich, dass den Kreativen die Zukunft gehört!

Heute zählen in unserer Welt eben nicht mehr nur reine Fertigkeiten, also antrainiertes Wissen, sondern es ist absolut ausschlaggebend für Ihren Erfolg, was Sie darüber hinaus mitbringen.

Tauchen Sie daher ein in die Inhalte und Übungen in diesem Buch. Entdecken Sie Ihre unkonventionellen Talente und finden Sie Ihren eigenen Weg, diese Stärken so einzusetzen, dass Sie zufrieden arbeiten und leben können. Ich habe für die Entdeckung meines Wegs viele, viele Jahre gebraucht und kann rückblickend sagen: Vieles in meinem Leben hätte wesentlich entspannter sein können, wenn ich mich einfach so akzeptiert hätte, wie ich bin, und meine Stärken zum Wohle aller eingesetzt hätte.

Ich wünsche Ihnen, dass Sie mit diesem Buch schneller den Wert Ihrer Talente entdecken und Ihren Weg gehen. Ihren persönlichen Weg zu mehr Spaß, Erfolg und Zufriedenheit.

Ihre
Cordula Nussbaum

Putzen Sie Ihre bunten Federn – es lohnt sich!

Ein Vortragsabend in München. Am Ende spricht mich eine junge Frau an: »Seit ich Ihr Buch *Zeitmanagement für kreative Chaoten* gelesen habe, ist mein Leben völlig verändert! Ich dachte immer, ich sei falsch, ich müsste mich ändern, denn überall eckte ich mit meiner spontanen Art an. Doch nun weiß ich, dass ich eine kreative Chaotin bin, und kann lernen, wie ich diese Talente für alle nutzbringend einsetze. Jetzt fühle ich mich angekommen und sehe klar. Danke!«

Kreativer Chaot – schreckt Sie der Begriff ab? Ich hoffe nicht. Denn als kreativer Chaot gehören Sie zu den ideenreichen, visionären, empathischen und engagierten Menschen, die dank ihrer unkonventionellen Talente und ihrer manchmal unorthodoxen Sichtweise Großes bewirken können.

Warum haben Sie dieses Buch gekauft? Vielleicht stehen Sie am Beginn Ihrer beruflichen Laufbahn und wollen von Anfang in die richtige Richtung starten oder Sie möchten sich beruflich verändern oder in Ihrer derzeitigen beruflichen Situation einfach zufriedener und entspannter Ihre Talente ausleben. In *Bunte Vögel fliegen höher* finden Sie für alle Berufs- und Karriereszenarien zahlreiche Ideen, Strategien und Beispiele anderer »bunter Vögel«, die ihr Gefieder bereits geputzt haben und ihren Traumkurs fliegen.

Falls Sie dieses Buch geschenkt bekommen haben, dann seien Sie gewiss: Der Schenker meint es gut mit Ihnen. Denn sobald Sie die Kraft Ihrer Stärken und Talente kennengelernt, das für Sie passende Lebens- und Arbeitsmodell gefunden und Kniffe aus der Praxis für die Praxis für ihren beruflichen Alltag erfahren haben, steht einem zufriedenen und erfolgreichen Leben (fast) nichts mehr im Wege, wie meine Erfahrung aus zehn Jahren als Trainerin und Coach zeigt.

Sobald Sie den Wert Ihrer unkonventionellen Talente entdecken, sprengen Sie die Ketten der Konventionen und gehen Sie Ihren persönlichen Weg.

Sobald Sie den Wert Ihrer unkonventionellen Talente entdecken, können Ihre bunten Federn noch schillernder werden und Sie können mit einem neuen, strahlendem Selbstbewusstsein Ihr neues Nest bauen, an einem Arbeitsplatz, an dem Kollegen, Vorgesetzte, Ihre Kunden und Geschäftspartner Sie mit offenen Armen empfangen.

Neugierde ist der Schlüssel

Der Körpersprache-Experte und Pantomime Samy Molcho sagte einmal in einem Vortrag in Berlin: »Wer bin ich? Ich bin die Summe meiner Möglichkeiten!« Trauen Sie sich, entdecken Sie Ihre Möglichkeiten – es ist nie zu spät! Eine Trainerkollegin formulierte es so: »Wir können uns ändern, solange der Körper warm ist.« Recht rustikal ausgedrückt, aber es trifft den Nagel auf den Kopf. Fangen Sie noch heute an, etwas zu ändern oder zu optimieren, viele andere haben es schließlich auch geschafft.

Die Kinderbuchautorin Astrid Lindgren arbeitete zum Beispiel als Haustochter, Volontärin, Sekretärin und Stenografin, bevor sie im Alter von 37 Jahren ihr erstes Buch schrieb. Der US-amerikanische Industrielle Solomon R. Guggenheim war schon fast 70 Jahre alt als er anfing, moderne Kunst zu sammeln und damit den Grundstein für das Guggenheim Museum in New York legte.[1] Und Schauspieler und Sänger Johannes Heesters lebt auch im Alter von 107 Jahren nach dem Motto: »Was spiele ich als Nächstes?«[2]

Wir können uns permanent verändern, denn unser Gehirn bleibt unser Leben lang aktiv.

Was brauchen Sie dazu? Nur das, was Sie als kreativer Chaot ohnehin schon haben: Ihre Talent wie Neugierde, Freude am Lernen und Tun und eine Portion Selbstbewusstsein. Was Sie nicht brauchen, sind übermenschliche Anstrengungen, stupide Durchhalteparolen oder Disziplin. »Solche Formeln sind blanker Unsinn. Viel wichtiger ist es stattdessen, sich von Vorurteilen nicht in seiner Neugier behindern zu lassen«, meint Buchautor Werner Siefer, Diplombiologe und Spezialist im Bereich Hirnforschung.[3]

Warum kreative Chaoten selten »Karriere« machen wollen

Dieses Buch trägt bewusst den Untertitel »Die Karriere-Geheimnisse der kreativen Chaoten«. Warum? Ganz einfach: Karriere bedeutet »berufliche Laufbahn« (von französisch *carrière*) und dem Wortsinn nach Fahrstraße (lateinisch *carrus* = »Wagen«). Sie beschreibt die persönliche Laufbahn eines Menschen in seinem Berufsleben. Neue Qualifikationen, Dienstgrade oder auch den Aufstieg in eine höhere soziale Schicht inbegriffen. Wir können in einer Unternehmenshierarchie aufsteigen (= Managementkarriere) oder unseren Status als Experte forcieren (= Fachkarriere).

Egal was Sie tun – Sie machen in jedem Fall »Karriere«, denn Ihren Berufsweg gehen Sie ja so oder so. Dabei kann unsere Karriere nach oben oder nach unten gehen oder stagnieren. Welche Richtung sie einschlägt, hängt stark mit unseren Erfolgen zusammen. Und damit, wie wir diese Erfolge interpretieren.

Gerade bei den kreativen Chaoten wirken die Begriffe Erfolg und Karriere allerdings sehr häufig wie ein rotes Tuch. Ich frage in meinen Seminaren manchmal: »Wer von Ihnen will erfolgreich sein?« Die meisten Teilnehmer schütteln dann ablehnend den Kopf, niemand meldet sich. Wenn ich frage »Wer von Ihnen will denn Karriere machen?«, bekomme ich Antworten zu hören wie »Nee, meine Freiheit ist mir lieber« oder »Nein, ich helfe lieber anderen Menschen, als Karriere zu machen« oder »Ich bleibe lieber freiberuflich, Karriere ist nichts für mich«.

Wie ist das bei Ihnen?

Sie wissen jetzt, was Karriere bedeutet – wie ist das mit dem Erfolg bei Ihnen? Was bedeutet für Sie persönlich »Erfolg«? Wann fühlen Sie sich erfolgreich?

Erfolg kommt von »folgen« und bedeutet, dass etwas eine Folge von etwas anderem ist. Wir tun etwas und der »Erfolg« ist schlicht und ergreifend das völlig neutrale Resultat: Wir können jemanden heilen – dann ist der Erfolg die Gesundheit. Wir können Dinge verkaufen – dann ist der Erfolg der Umsatz. Wir können faulenzen – dann ist der Erfolg die Erholung.

Wir dürfen uns daher getrost von den gängigen »Erfolgskriterien« lösen, die uns die Gesellschaft und die Medien oder die Menschen in unserem direkten Umfeld diktieren wollen. Viele kreative Chaoten haben das bereits getan. Sie wissen, was sie glücklich macht und wann sie sich erfolgreich fühlen. Ihr Weg wirkt nur vermeintlich falsch im Vergleich zu den systematischen Menschen in unserer materiellstrukturierten Welt, die Statussymbole wie ein großes Auto, ein eigenes Haus und einen festen Job mit hohem Gehalt und einen geradlinigen Lebenslauf als »erfolgreich« definieren.

Dieser Vergleich führt dazu, dass viele kreative Chaoten mit sich hadern und glauben, dass sie es nie zu etwas bringen werden und nichts vorzuweisen haben in ihrem Leben. Sie haben Angst, vor lauter Ausprobieren nie etwas zu schaffen, und laufen – trotz all ihrer Erfolge – immer noch dem hinterher, was »man« erreichen sollte. Und Sprüche wie »Der hat es geschafft!«, nur weil er eine Villa mit Porsche in der Auffahrt hat, hinterlassen Spuren.

Wie nutzen Sie dieses Buch?

Mit diesem Buch begeben Sie sich auf die Suche nach Ihren persönlichen Vorstellungen und erhalten zahlreiche Anregungen und Strategien, wie Sie Ihre Vision von einem erfolgreichen, zufriedenen Leben in die Tat umsetzen können.

Zum einen werden Sie erkennen, wie wichtig Ihre Talente als kreativer Chaot sind. Das Buch räumt mit zahlreichen Vorurteilen unserer systematischen Gesellschaft auf und möchte Ihnen Mut machen, auf die Meinung anderer öfter einmal zu pfeifen. Dazu erfahren Sie – wissenschaftlich fundiert –, warum Sie so handeln, wie Sie handeln. Denn kreative Chaoten sind Warum-Frager. Sie möchten die Hintergründe und Zusammenhänge verstehen, und sobald sie einen guten Überblick haben, preschen sie kraftvoll voran. Solange sie das »Warum« nicht kennen, hadern viele und ruckeln mit angezogener Handbremse durchs Leben.

Außerdem enthält das Buch viele Beispiele anderer kreativer Chaoten, die Ihnen zeigen, was alles machbar ist, und die Sie anregen sollen, eigene Lösungen zu entwickeln.

Entdecken Sie mithilfe dieses Buches die Facetten Ihrer eigenen bunten Federn anhand vieler Übungen und Selbst-Checks.

- Lernen Sie Ihre persönlichen Stärken und Talente besser kennen.
- Erforschen Sie, was Sie derzeit möglicherweise noch hemmt, Ihren eigenen Kurs zu fliegen.

- Finden Sie heraus, was Sie wirklich wollen, wie Sie leben und arbeiten wollen.
- Nutzen Sie konkrete Praxistipps für Ihre Arbeit als Angestellter oder Selbstständiger.

Viele der Übungen habe ich in den vergangenen Jahren meiner Tätigkeit als Trainerin und Coach speziell für kreative Chaoten entwickelt. Manche klassische Übung habe ich abgewandelt, damit sie für Sie als ideenreicher und empathischer Mensch überhaupt funktionieren kann.

Gönnen Sie sich für das Bearbeiten ein »Persönliches Erfolgsbuch« – ein edles Notizbuch, am besten im DIN-A4-Format mit Blankoseiten, und schreiben Sie dort Ihre Ideen und Antworten zu den Übungsfragen auf. Sie können Ihr Erfolgsbuch auch als Projektbuch nutzen, so wie Leonardo da Vinci oder James Dyson, der Erfinder des beutellosen Staubsaugers, dessen legendäre »Black and Red«-Notizbücher jeder Dyson Engineer zum Firmeneintritt erhält, um darin Gedanken, Berechnungen und Skizzen festzuhalten.

Darüber hinaus können Sie ein kostenloses PDF-Workbook mit allen Übungen dieses Buches sowie weiteren Aufgaben und Selbst-Checks über www.kreative-chaoten.com herunterladen und ausdrucken oder als Farbausdruck in einem schönen Ordner bestellen.

Für Sie als Leserin und Leser meines Buches lautet das Passwort für den exklusiven Zugang zu diesem PDF-Workbook: »bunter_vogel«.

Die Schreibfeder am Rande der Übungen weist Sie im Buch immer darauf hin, dass Sie diese Übung in Ihrem »Persönlichen Erfolgsbuch« oder Ihrem PDF-Workbook erledigen können.

Machen Sie sich jetzt startklar und erarbeiten Sie sich Ihren persönlichen »Flugplan«, der Sie dorthin bringt, wohin Sie mit Ihren bunten Federn am besten passen. Denn: Die Zeit ist reif für kreative Chaoten.

Die Welt braucht bunte Vögel wie Sie!

TEIL 1

Eine neue Ära bricht an – kreative Chaoten auf dem Vormarsch

Logisches Faktendenken ist ausgereizt, die Welt braucht jetzt unkonventionelle Stärken wie Ideenreichtum, Empathie, Visionen und neue Werte.

Kurzsichtige Skeptiker und ihre Zukunftsprognosen:

1927: »*Wer zum Teufel will denn Schauspieler sprechen hören?*« Harry M. Warner, Chef der Filmgesellschaft Warner Brothers

1946: »*Der Fernseher wird sich auf dem Markt nicht durchsetzen. Die Menschen werden sehr bald müde sein, jeden Abend auf eine Sperrholzkiste zu starren.*« Darryl F. Zanuck, Chef der Filmgesellschaft 20th Century-Fox

1962: »*Uns gefällt ihr Sound nicht und Gitarrenmusik ist ohnehin nicht gefragt.*« Begründung der Plattenfirma DECCA, warum sie die Beatles nicht unter Vertrag nehmen wollte

1977: »*Es gibt keinen Grund dafür, dass jemand einen Computer zu Hause haben wollte.*« Ken Olson, Präsident der Digital Equipment Corp.

1982: »*Wer braucht eigentlich diese Silberscheibe?*« Jan Timmer, Phillips-Vorstand, zur Compact Disc

Lustwandeln statt Durchmarschieren

Macht es Sie oft nachdenklich, dass andere Menschen so anders ticken als Sie? So zielstrebig sind in ihren Plänen und in all ihrem Tun?

Alte Schulfreunde zum Beispiel, die damals schon genau wussten, was sie beruflich machen wollen – und die nun zum 10-, 20- oder 25-jährigen Schulabschlusstreffen kommen: im soliden Zweireiher, mit Wohlstandsbäuchlein, Fotos von der Ehefrau und den drei Kindern (war so geplant), dem Reihenhaus (auch geplant), dem Luxusauto und mit dem strahlenden »Ich-habe-all-meine-Ziele-erreicht-Lächeln« im Gesicht. Oder Arbeitskollegen, die jedes Jahr ihre Jahresziele sauber definieren, in konkrete Maßnahmen und Schritte herunterbrechen und systematisch Stufe um Stufe auf der Karriereleiter hinaufklettern, um zu ihren Erfolgen durchzumarschieren.

Vielleicht hadern Sie mit sich, weil Sie sich fragen: »Warum nur wissen alle so genau, was sie wollen – nur ich nicht?« Nun, es könnte daran liegen, dass Sie womöglich ein kreativer Chaot sind.

Sie sind gerne flexibel und spontan? Sie stecken voller Ideen und stürzen sich mit Begeisterung auf neue Themen? Sie sind gerne mit anderen Menschen zusammen, helfen gerne anderen und sind sehr empathisch? Sie machen tausend Pläne – an die Sie sich dann am Ende doch nicht halten? Sie interessieren sich für alles und tun sich schwer, zu entscheiden, was Sie jetzt tatsächlich wollen? Nach langem Für und Wider entscheiden Sie sich endlich, bleiben aber dann nicht dran? Da hilft auch der Tritt in den Allerwertesten nichts. Ebenso wenig wie der ständig mahnende Zeigefinger mit der Aufforderung: »Nun reiß dich doch endlich mal zusammen!« Denn als kreativer Chaot hat Ihre Ziel- und Rastlosigkeit nichts mit Disziplinmangel oder Sprunghaftigkeit zu tun.

Willkommen in der großen Welt der kreativen Chaoten, der nach einer aktuellen Studie des Campus für kreative Chaoten[4] rund 60 Prozent der deutschsprachigen Menschen angehören. Willkommen in einer Welt, in der Ideen und Visionen den Takt angeben und in der ganzheitliches und langfristiges Win-Win-Denken unseren Alltag bestimmt. Willkommen in einer Welt, in der neue Erfahrungen sowie Ihre Mitmenschen wesentlich wichtiger sind als Statussymbole und Sicherheit.

Das Problem ist nur, dass unsere Gesellschaft immer noch anders tickt und die herkömmlichen Karrieretipps der »zielstrebigen Durchmarschierer« einfach nicht zu Ihren Talenten passen. Unsere Gesellschaft ist sehr analytisch und systematisch. Zahlen, Daten, Fakten dominieren unseren Alltag; Pläne, Pünktlichkeit und Disziplin bestimmen unser Tun.

In vielen Köpfen hängt Erfolg eng mit Schweiß zusammen (»Wer etwas erreichen will, muss hart dafür arbeiten!«) und da ecken Sie mit Ihrer etwas anderen Arbeitshaltung, unkonventionellen Lösungen, Ihrem Freigeist und einem Karriereweg, der eher an ein Lustwandeln in den bunten Gärten der Möglichkeiten erinnert, schnell einmal an.

Weil Sie anders sind als die Menschen in Ihrem Umfeld. Weil Sie unter den vielen systematischen, analytischen Machern im Berufs- und Privatleben der »bunte Vogel« sind, der mit seinen Ideen, seiner Sprunghaftigkeit und seiner Begeisterungsfähigkeit immer wieder Unruhe stiftet. Der viel anfängt und wenig fertig macht. Der sich schnell für Neues begeistert – und ebenso schnell wieder gelangweilt ist.

Die Talente der kreativen Chaoten zählen in unserer Gesellschaft oft nicht viel. Oder besser gesagt: zählten. Wie gesagt, seit einigen Jahren sind die kreativen Chaoten auf dem Vormarsch und in unserer bislang sehr systematischen, analytischen Gesellschaft wird deutlich, wie wichtig und gefragt unsere Talente sind.

Regime der kühlen Kostenkalkulierer

Rückblick: Im vergangenen Jahrhundert dominierten zahlen- und faktengläubige Optimierer. Menschen mit überwiegend logischen und rationalen Fähigkeiten rückten in die Führungsriegen auf und bestimmten in Produktion, Finanzwesen, in der Informations- und Technologiebranche bis hin zu den Kreativschmieden, wo es langgehen sollte. Cost-Cutting, Lean Management, profitable Unternehmen mit einem hohen Shareholder-Value lauteten die Vorgaben, mit denen sofort schwarze Zahlen geschrieben werden mussten.

Kühl denkende Kostenoptimierer verschlankten Unternehmen, entließen selbst hoch qualifizierte Arbeitskräfte, um schnell den gewünschten Aufwärtstrend in den Bilanzen zu erreichen. Dass die verbliebenen Mitarbeiter vor lauter Arbeitsbelastung in die Knie gingen und die Diagnose Burnout heutzutage an der Tagesordnung ist – unerheblich. Diese Effekte waren den Optimierern egal. Hauptsache schnelle Gewinne nach dem Motto: Nach mir die Sintflut.

Nicht, dass Kostensparen an sich schlecht wäre. Nein, Verschwendung ist nicht gut und regelmäßiges Ausmisten und Reorganisieren sind wichtig für gesundes Wachstum. So wie wir unsere Bäume immer wieder fachgerecht stutzen (lassen) müssen, damit sie jedes Jahr Früchte tragen und wir eine reiche Ernte einfahren können.

Die vergangenen Jahrzehnte haben uns Wohlstand und materiellen Überfluss gebracht. Aber die Entwicklungen in dieser Zeit haben auch dazu geführt, dass viele, vorwiegend profitgetriebene Manager rein faktenbasierte Entscheidungen trafen, ohne auf die Gefühle anderer zu achten oder unternehmerischen Weitblick zu zeigen. Die Bankenkrise und die folgende Wirtschaftskrise hat uns das mehr als deutlich gezeigt. Und der Zahlenwahn hat vor kaum einem Unternehmen haltgemacht.

In einem norddeutschen Unternehmen wurde vergangenes Jahr die lange geplante Weihnachtsfeier aus Kostengründen kurzfristig gekippt, drei Wochen vor dem Termin. 100 000 Euro blieben an Stornokosten für Location, Band, Essen et cetera am Konzern hängen, 130 000 Euro hätte es gekostet, die Feier stattfinden zu lassen. »Super, 30 000 Euro gespart!«, jubeln die Controller.

Dennoch haben sie sich verrechnet, denn die Folgekosten ihrer Sparmaßnahme fallen sicher um ein Vielfaches höher aus: demotivierte Mitarbeiter noch lange über den Dezember hinaus, Kosten durch Arbeitszeitausfall, in denen die Mitarbeiter gewettert haben, plus die Zeiten, in denen sich Abteilungen heimlich zu internen Feiern trafen, summieren sich schnell auf ein Vielfaches der »gesparten« 30 000 Euro. Kurzsichtige Entscheidungen, kurzfristiger Erfolg – langfristiger Schaden.

Das Ergebnis dieser jahrzehntelangen Faktendenke und schneller Profitorientierung: Deutschland gehen die Ideen aus, im internationalen Wettbewerb hat »Made in Germany« längst nicht mehr den einstigen Glanz und selbst die Chinesen bauen heute nicht mehr nur gute Produkte nach, sondern designen selbst. Viele festangestellte Mitarbeiter sind demotiviert, die Zufriedenheit am Arbeitsplatz sinkt, betriebliche Stimmungsfaktoren wie ein gutes Arbeitsklima, Vertrauen, gegenseitige Achtung und Hilfe gehen zunehmend verloren.

Zeitalter der Ideen und der Empathie

Es wird Zeit, aufzuwachen!

Bereits 2006 rief Deutschland die Initiative »Land of Ideas« ins Leben, mit der die Innovationskraft gestärkt und unser Tüftlerimage im Ausland wieder aufpoliert werden soll. Im Jahre 2009 feierte die Europäische Union das »Jahr der Kreativität und Innovation«. In der Schweiz startete 2010 die Social-Entrepreneurship-Initiative, die innovative Geschäftsideen zur unternehmerischen Lösung von gesellschaftlichen Herausforderungen sucht, und Österreich schrieb den Social Impact Award mit einer vergleichbaren Zielsetzung aus.

Diese offiziellen Scheinwerfer rücken endlich die wahren Stärken und unkonventionellen Talente kreativer, innovativer, empathischer und ideenreicher Menschen ins rechte Licht und machen sie für die breite Masse sichtbar. Was längst überfällig ist. Denn es ist höchste Zeit, dass sich alle klarmachen, dass eine neue Epoche angebrochen ist. Eine Epoche, in der ideenreiche Visionen, vernetztes Denken und Handeln sowie ganzheitlich-intuitive Eigenschaften gefragt sind.

Zukunftsforscher wie Horst W. Opaschowski betonen, dass in Zukunft lediglich jene Industrien eine Rolle spielen werden, die auf menschlicher Intelligenz basieren.[5] Klar, Produkte sind schließlich austauschbar, wahre Persönlichkeiten sind aber nicht so leicht zu ersetzen. Wichtiger denn je sei es deshalb, die individuellen Eigenschaften der Berufstätigen zu entwickeln, denn nur Persönlichkeiten mit Charakter (und nicht nur mit Fachwissen) werden die Unternehmen in Bewegung halten.

Innovationen und Kreativität sind die Motoren, die in den nächsten Jahrzehnten den Erfolg unserer Wirtschaft und Gesellschaft beeinflussen werden. Unternehmer, Wirtschaftsexperten und Vordenker fordern seit Jahren mehr innovative, kreative Köpfe. US-Ökonom und Bestsellerautor Richard Florida betont, dass »effektives Management kreativer Köpfe zur entscheidenden Unternehmensstrategie der Zukunft« werde. Der Grund:

»Nur die Fähigkeiten kreativer Mitarbeiter beschleunigen das wirtschaftliche Wachstum. Die Mitarbeiterführung wird ganz wichtig, denn Kreativität ist in soziale Beziehungen eingebettet.«[6] Und: »Jeder Mensch ist kreativ. Die große Herausforderung für Unternehmen liegt darin, Wege zu finden, diese Kreativität zu aktivieren.«[7]

Eine gute Nachricht für kreative Chaoten, nicht wahr? Nicht sie müssen sich ändern, sondern unsere Arbeitswelt und Gesellschaft muss umdenken und den Rahmen für solche »Querdenker« schaffen. Nur wem es gelingt, kreative, innovative und nachhaltig denkende Mitarbeiter und Unternehmer zu fördern, bleibt in Zukunft wettbewerbsfähig.

Renaissance von Nachhaltigkeit und sozialer Verantwortung

»McDonald's wird grün«, so titelten die Medien Ende 2009, als der Fastfood-Gigant mit einem neuen Logo (gelbes M auf grünem Grund) sein Statement zu mehr Nachhaltigkeit ablieferte und damit den aktuellen Zeitgeist aufgriff. Mittlerweile verbindet die Hamburger-Kette bei der Neueinrichtung ihrer Futtertempel Holztöne und Naturstein mit gedeckten Farbtönen, darunter Grün. Die »Golden Arches« erscheinen auf dunkelgrünem oder weißem, manchmal ohne Hintergrund, teilte mir die Pressestelle auf Anfrage mit.[8]

Ob das reicht? Immer mehr Käufer und Konsumenten wollen die Welt für ihre Nachfahren gesund halten und statt schnellen Profiten lieber behutsam und verantwortungsvoll wirtschaften. Und finden daher Gefallen an Unternehmen, die nachweislich nachhaltig arbeiten. Das wird zum Beispiel daran deutlich, dass die ehemals belächelten Bioläden längst ihr Image der »Reformhaus-Verbissenheit« und der »Müsli-Fresser« abgelegt haben und nun das Straßenbild in vielen Szenevierteln vieler Städte prägen, wie zum Beispiel in Berlin, Basel und Wien. Wir sehen es daran, dass »Bio« längst nicht mehr den Besserverdienenden vorbehalten bleibt, sondern – nicht nur dank Aldi, Lidl & Co. – erschwinglich für alle ist.

Ein neuer Konsumententyp ist geboren, ein überzeugter Vertreter eines neuen Lebensstils, der – davon sind die Trend- und Zukunftsforscher überzeugt – unsere Welt verändern wird: der Lifestyle of Health and Sustainability (= Lebensstil von Gesundheit und Nachhaltigkeit), kurz LOHAS.

Das sind Menschen, die gesund leben und die sich bemühen, den Spagat zwischen Lifestyle und Umweltverträglichkeit, zwischen Gesundheit und Genuss sowie zwischen individuellem Wohlergehen und dem Schicksal der Menschheit zu schaffen. Rund 30 Prozent der deutschen Haushalte sind LOHAS, stellte das Marktforschungsinstitut AC Nielsen fest.[9]

Auch in Unternehmerkreisen hat sich viel verändert. Eine neue Generation von Gründern und Unternehmern mischt die bisher vorwiegend profitgesteuerte Firmenlandschaft auf. Unter dem Begriff »Social Entrepreneurship« verbinden sie unternehmerisches Handeln mit der Absicht, gesellschaftliche Probleme zu lösen. Dabei schlägt der Social Entrepreneur, seinem Charakter entsprechend, oft unkonventionelle Wege ein und greift zu innovativen Mitteln. Und das färbt wiederum auf gewinnorientierte Unternehmen ab. »Social Entrepreneurship ist sehr ansteckend, denn die Menschen haben den großen Wunsch, im Alltag Nächstenliebe und Achtung zum Ausdruck zu bringen. Sie wollen selbst aktiv werden. Menschen, die sich die dazugehörigen sozialen Kompetenzen nicht aneignen und die nicht bestrebt sind, einen Wandel zu bewirken, werden zunehmend zu Außenseitern. Und wer will schon ein Außenseiter sein?«, sagt der New Yorker Bill Drayton[10], der, inspiriert von den Ideen Gandhis und dessen Konzept des gewaltfreien Widerstandes, 1980 in Indien eine Organisation names »Ashoka« gründete (aus dem Sanskrit, bedeutet »das aktive Überwinden von Missständen«). Heute ist Ashoka die größte internationale Non-Profit-Organisation, die »Social Entrepreneure« fördert.

Was hat all das nun mit den kreativen Chaoten zu tun? Kreative Chaoten sind von Natur aus Menschen, die eher langfristig und ganzheitlich denken. Und überdurchschnittlich viele von ihnen legen sehr großen Wert auf die soziale Verantwortung des Einzelnen und der Unternehmen. Sie sind achtsam und unterstützend, ihnen ist ein harmonisches Umfeld äußerst wichtig. Das bedeutet, sie leben bereits sehr stark jene Werte, die künftig eine große Rolle für Zufriedenheit, aber auch für den wirtschaftlichen Erfolg ganzer Nationen spielen werden.

Noch ecken sie an ihren Arbeitsplätzen häufig an. Dann nämlich, wenn Controller und Geschäftsführer noch in alten Bahnen denken. Doch Experten sehen auch hier einen grundlegenden Wandel auf die Geschäftswelt zukommen.

Glücksstunde für kreative Chaoten

Es sind die Arbeitnehmer, die in den nächsten Jahren höhere Ansprüche an Qualität und Kreativität ihrer Aufgaben stellen werden: Sie wollen flexibel und zeitsouverän arbeiten. Sie rücken ihre persönlichen Entfaltungsmöglichkeiten in den Vordergrund. Sie fordern Spielräume zum Handeln und Gestalten, so Zukunftsforscher Opaschowski.[11]

Auf den Punkt gebracht ändert sich unsere Arbeitsweise von »harter körperlicher Arbeit« (im 19. Jahrhundert) über »stressige Kopf-Arbeit« (im 20. Jahrhundert) hin zur »smarten freien Arbeit« im 21. Jahrhundert.

Außerdem: Der regelmäßige Jobwechsel und nicht mehr der »Job fürs Leben« wird zur Normalität werden – eine gute Nachricht für alle bunten Vögel.

Damit ist die Glücksstunde der kreativen Chaoten eingeläutet! Die Glücksstunde derjenigen, die von Natur aus ganzheitlich denken, denen Mitgefühl wichtiger ist als reine Fakten, die vor Ideen sprudeln und die äußerst flexibel auf Neues anspringen. Mit ihren Talenten blühen sie in einer Gesellschaft auf, in der genau diese Talente und Werte zunehmend wichtiger werden. Nicht nur, dass sie es vorantreiben können, sich Freiräume zu schaffen. Nein, sie werden offene Türen einrennen und Vorbilder für die anderen sein .

Entsprechende Vorbilder lassen sich schon heute entdecken:

- Menschen, die Visionen und ein charismatisches Auftreten haben, reißen die Massen mit – denken Sie an Barack »Yes-we-can« Obama, dessen Strahlkraft auch mehrere Jahre nach seiner Wahl ungebrochen ist.
- Menschen, die eine überdurchschnittliche Sozialkompetenz haben und ganzheitlich denken, gelten als die neuen Leader – denken Sie an den Dalai Lama.

- Menschen, die außergewöhnliche Wege gehen und spielerisch Neuland entdecken, erobern die Gunst der Konsumenten – denken Sie an die Erfolgsgeschichte von Google.
- Menschen, die vernetzt denken und soziale Netzwerke pushen, sind die Multimilliardäre des 21. Jahrhunderts – denken Sie an Marc Zuckerberg mit Facebook. Wer hätte vor einigen Jahren gedacht, dass man mit virtuellen Netzwerken derart unseren Alltag verändern kann und dass der Austausch untereinander so wichtig wird, dass er ein Milliardenkapital darstellt.

Schluss mit Vorurteilen

Kreative Köpfe und Querdenker bestimmen in Zukunft über Erfolg oder Misserfolg. Lassen Sie uns also aufräumen mit zahlreichen Vorurteilen.

Vorurteil 1: Kostenorientiertes Managen führt langfristig zum Erfolg. Nein, es bringt soziale Kälte, schnelle Profite für einige wenige und langfristiges Chaos für Wirtschaft und Gesellschaft. Heute zählen Nachhaltigkeit und langfristiges Denken!

Vorurteil 2: Nur Experten können viel Geld verdienen und nur die Spezialisten schaffen es nach oben. Nein, viele erfolgreiche Topmanager lieben es, ein breites Wissen zu haben, und gerade in der Fülle ihres Wissens liegt die Goldader. Denn aus diesem Grund erkennen sie Zusammenhänge schneller als andere – und können so Chancen nutzen, die anderen verborgen bleiben. Man kann also auch zu den Besserverdienern gehören, ohne sich auf ein kleines begrenztes Fachgebiet festnageln zu lassen.

Vorurteil 3: Nachhaltigkeit und Profit schließen sich gegenseitig aus. Falsch! Kreative Chaoten sind Menschen, die sehr viel an andere denken und über die Auswirkungen ihres Handelns sinnieren. Dennoch (oder vielleicht gerade deswegen) können sie Geld verdienen, ja sogar reich werden. Die neue Managerelite lobt Erfolge von Teamarbeit und fordert soziales Gewissen – und verdient trotzdem ordentlich.

Vorurteil 4: Man ist entweder nett oder erfolgreich. Viele Menschen glauben, nur die »harten Hunde« machen Karriere und die netten bleiben außen vor. Sie scheuen sich davor, überhaupt Karriere machen zu wollen, weil sie denken, sie müssten dann ihre Ideale verraten und würden zu Egomanen mutieren. Stimmt nicht, sie können Karriere machen und dabei liebenswert bleiben.

Fangen Sie an, Ihre (vielleicht verschütteten) Talente und Stärken auszugraben. Putzen Sie Ihr buntes Gefieder und fangen Sie an, jede Ihrer bunten Federn wertzuschätzen.

Finden Sie heraus, was Sie einzigartig macht (nämlich das Spektrum Ihrer bunten Federn) und wie Sie Ihre Vorzüge am besten zu Ihrem eigenen Nutzen und gleichzeitig zum Wohle anderer einsetzen können. Entdecken Sie die Kraft Ihrer unkonventionellen Stärken und gehen Sie damit Ihren Weg.

Leben Sie Ihre Einzigartigkeit aus, denn in unserer Gesellschaft setzt sich das Bewusstsein durch, dass jeder das darf! Statt massenkonformen Pflichterfüllern sind Individualisten mit Ecken und Kanten gefragt, die ihre Stärken kennen und einsetzen können. Denn Menschen, die gemäß ihren Stärken und Präferenzen leben und arbeiten, sind erfolgreicher als andere. Je mehr ein Mensch seine Stärken und Potenziale ausleben kann, desto mehr Spaß hat er – und desto zufriedener ist er. Im Berufsleben gehen damit häufig auch ein höheres Gehalt oder Honorar sowie höhere Umsätze und Gewinne einher.

Einige Spielregeln bleiben bestehen

Das soll jetzt nicht heißen, dass Sie zum resoluten, uneinsichtigen Verfechter Ihrer Lebens- und Arbeitsweise werden und auf Biegen und Brechen kreativ-chaotisch sein wollen. Authentisch sein, sich nicht verbiegen (lassen) zu wollen, ist schön und gut. Dennoch gelten im Job und im gesellschaftlichen Zusammenleben weiterhin gewisse Spielregeln. Wenn Sie diese missachten, helfen Ihnen all Ihr Ideenreichtum oder Ihre Empathie nichts mehr. Damit schießen Sie sich schnell selbst ins Aus.

Fordern Sie nicht: »Die müssen mich schon so nehmen, wie ich bin.« Nein, das müssen »die« mitnichten! Befreien Sie sich ebenso von der irrigen Vorstellung, dass jetzt die anderen sich auf die Gangart der kreativen

Chaoten einstellen und an ihre Sicht der Dinge anpassen müssen. Klasse wäre es, denken Sie jetzt vielleicht, wenn alle sagen würden: »Ja, ihr seid die neue Elite, die neuen Schrittmacher – wir unterstützen euch blind und finden alles gut, was ihr macht.«

Tja, aber so wird es nicht kommen. Denn die anderen, also die Systematiker und Analytiker, wollen sich ebenso wenig verbiegen – und sollen es auch nicht. Wir brauchen uns gegenseitig, damit wirklich gute Dinge entstehen können. Wir brauchen alle Talente, damit wir uns gegenseitig ergänzen und gemeinsam Großes bewirken können.

Zudem lassen sich die ungeschriebenen Gesetze in der Berufswelt nicht von heute auf morgen ändern.

Dennoch haben Sie es in der Hand, Ihre Talente freier auszuleben:

- Sie können durch etwas *Feintuning* Ihre vermeintlichen Macken so gestalten, dass sie Ihnen mehr Akzeptanz bringen.
- Sie können Bereiche suchen, in denen Ihre Stärken *geschätzt* werden.
- Sie können die *Rahmenbedingungen* für Ihren persönlichen Lebens- und Arbeitsstil verändern.

Die folgenden Kapitel leiten Sie Schritt für Schritt durch diesen Parcours. Legen Sie los, denn die Zukunft gehört den kreativen Chaoten!

TEIL 2

Ihr persönliches Karrierecoaching – welche bunten Federn tragen Sie?

Jeder Mensch ist einzigartig. Eigentlich sollten wir das wissen. Doch immer wieder stellen wir das, was uns ausmacht, in den Hintergrund, spielen es herunter oder verbiegen uns für andere.

Die Zukunft gehört Menschen mit Charakter. Entdecken Sie als kreativer Chaot Ihre bunten Federn und breiten Sie Ihre Flügel aus.

»Kein Vogel fliegt zu hoch, wenn er mit seinen eigenen Flügeln fliegt.«
William Blake (1757–1827), englischer Dichter, Naturmystiker, Maler und Erfinder der Reliefradierung

Bunte Feder 1: Ihre Stärken und Talente

»Man wird nicht als Genie geboren,
man wird zum Genie.«

Simone de Beauvoir (1908–1986),
französische Schriftstellerin und Philosophin

Lange Zeit dachten viele Wissenschaftler, Talente seien uns einfach in die Wiege gelegt und Stargeiger wie Nigel Kennedy, Supersportler wie Dirk Nowitzki oder Musikgenies wie Mozart hätten ihre außergewöhliche Begabung mit dem Erbgut erhalten. Das stimmt sogar zum Teil – aber dazu später mehr (vgl. S. 107 ff.).

Heute wissen wir, dass für ein außergewöhnliches Talent sowohl die Gene als auch die Bedingungen ausschlaggebend sind, unter denen ein Mensch aufwächst und lebt.

Viel wichtiger in diesem Zusammenhang ist zunächst jedoch, dass es neben den deutlich sichtbaren Überflieger-Leistungen in Kunst, Sport oder Wissenschaft, die wir tagtäglich bei Wettbewerben und Auftritten rund um den Globus bewundern können, auch viele andere Talente gibt, die zunächst für Außenstehende unsichtbar sind.

Ja, Talente sind nicht immer das, was »man« auf den ersten Blick als solche erkennt und wertschätzt. Entdecken Sie mit dem folgenden Selbst-Check Ihre unkonventionellen Stärken und Talente und erfahren Sie, was diese für Ihre Karriere bedeuten. Im Laufe dieses Buches kommen wir immer wieder auf Ihr persönliches Ergebnis zurück. Es lohnt sich also, dass Sie sich ausreichend Zeit zum Ausfüllen und Auswerten nehmen. Gerne können Sie diesen Kurz-Check auch online machen (www.Kreative-Chaoten.com).

Selbst-Check: Das Nussbaum-Stärken-Talente-Rad

Ausfüllhinweis: Bitte bewerten Sie die folgenden Aussagen ehrlich und so, wie es sich für Sie richtig anfühlt. Es geht hier um Ihre ganz persönliche, subjektive Sicht der Dinge und Ihren individuellen »Spaßfaktor«. Es gibt keine richtigen oder falschen Antworten. Es geht nicht darum, wie »man« zu sein hat oder was die Menschen in Ihrem Umfeld vielleicht von Ihnen erwarten.

Lesen Sie sich die folgenden Aussagen aufmerksam durch und bewerten Sie sie. Je leichter Ihnen die geschilderten Tätigkeiten von der Hand gehen und je mehr Freude Sie dabei empfinden, desto höher sollte Ihre vergebene Punktzahl ausfallen.

Bitte bewerten Sie die folgenden Aussagen wie folgt:[12]
4 Punkte: Diese Aussage trifft völlig auf mich zu.
3 Punkte: Diese Aussage trifft häufig auf mich zu.
2 Punkte: Diese Aussage trifft manchmal auf mich zu.
1 Punkt: Diese Aussage trifft selten auf mich zu.
0 Punkte: Diese Aussage trifft gar nicht auf mich zu.

Nr.	Aussage	
1	Ich liebe es, über ein neues, interessantes Thema so viel wie möglich zu erfahren.	
2	Ich habe schon vieles in meinem Leben ausprobiert.	
3	Ich kann sehr emotional reagieren, wenn mir etwas nahegeht oder ich mich verletzt fühle.	
4	Verantwortung zu tragen ist für mich ein gutes Gefühl.	
5	Ich räume sehr gerne auf und ordne Dinge korrekt in ihre richtige Reihenfolge.	
6	Probleme gehe ich eher rational und analytisch an als intuitiv.	
7	In Gesprächen antworte ich sehr schnell auf eine Frage und bringe meine Ideen, meine Meinung oder andere Geschichten dazu ein.	
8	Ich liebe es, Informationen zu beschaffen, zu sammeln, auch schwierige Themen ausfindig zu machen und dieses Wissen dann anderen zugänglich zu machen.	
9	Ich langweile mich, sobald ein Projekt zur Routine wird.	
10	Ich verstehe häufig, was Menschen sagen wollen, ohne dass sie es explizit aussprechen müssen.	
11	Ich kann Ideen gut nach ihrem praktischen Wert beurteilen und habe Spaß daran, ihre Umsetzung voranzutreiben.	

12	Ich liebe es, mit Checklisten, Maßnahmenplänen oder nach vor-gegebenen Richtlinien zu arbeiten.	
13	Ich liebe es, wenn ich exakt und detailliert formulierte Aufgaben und Vorgaben erhalte.	
14	Wenn ich unter Menschen war, z. B. auf einer Party, dann fühle ich mich erschöpft von den vielen Gesprächen und Eindrücken und gehe müde nach Hause.	
15	Ich habe Zugang zu vielen verschiedenen Informationsquellen und Wissensgebieten oder weiß, wie ich diesen schnell schaffen kann.	
16	Ich begeistere mich schnell für neue Ideen und kann mit dieser Begeisterung andere Menschen anstecken.	
17	Ein harmonischer Umgang mit anderen Menschen ist mir sehr wichtig.	
18	Entscheidungen fälle ich immer sehr schnell.	
19	Um Probleme zu lösen, vertraue ich gerne auf bewährte Metho-den und Wege. Experimente sind nicht das meine.	
20	Am besten kann man mich mit Fakten überzeugen, nicht mit Ideen und Zukunftsprognosen.	
21	Ich liebe es, mit anderen Menschen zu sprechen und mich auszu-tauschen.	
22	Je mehr Informationen ich über ein Thema bekommen kann, desto besser.	
23	Für meine Projekte gilt: Die Reise ist oft spannender als das Ankommen und der Reiz liegt darin, zu sehen, was hinter der nächsten Kurve liegt.	
24	Ich liebe es, andere Menschen zu beraten, zu unterstützen und ihr Wachstum zu fördern.	
25	Bei Widerständen oder Verzögerungen kann ich gut Gas geben und andere anschieben, ich setze mich immer gerne stark dafür ein, dass Dinge wirklich vorwärtsgehen.	
26	Ich mag es, jeden Tag die gleichen Aufgaben zu haben und zu wissen, was auf mich zukommt.	
27	Messbare Kriterien und Kontrollsysteme sind mir sehr wichtig, um gut arbeiten zu können.	
28	Ich nehme mir in Gesprächen in der Regel ausreichend Zeit, um auf eine Frage eine Antwort zu formulieren.	

Auswertung: Bitte übertragen Sie nun Ihre jeweilige Punktzahl in die folgende Tabelle und berechnen Sie Ihre Gesamtpunktzahl je Talenttyp.

Für die Kästchen 1 bis 6: Bitte markieren Sie Ihre jeweilige Gesamtpunktzahl je Talenttyp in der folgenden Grafik im entsprechenden Segment des Kreises. Verbinden Sie die Markierungen mit geraden Strichen. Sie erhalten dadurch ein Mehreck.

Die sechs Talenttypen				
1 Wanda Wills-Wissen – wissbegieriger Informationssammler				
Aussage Nr.	1	8	15	22	Gesamt
Ihr Wert					
2 Igor Ideenreich – visionärer Ideensprudler				
Aussage Nr.	2	9	16	23	Gesamt
Ihr Wert					
3 Hanny Herzlich – kommunikativer Unterstützer				
Aussage Nr.	3	10	17	24	Gesamt
Ihr Wert					
4 Marc Macher – zielstrebiger Umsetzer				
Aussage Nr.	4	11	18	25	Gesamt
Ihr Wert					
5 Ottmar Ordentlich – systematischer Ordner				
Aussage Nr.	5	12	19	26	Gesamt
Ihr Wert					
6 Dr. Annaliese Logisch – analytischer Logiker				
Aussage Nr.	6	13	20	27	Gesamt
Ihr Wert					

Für die Kästchen 7 und 8: Tragen Sie Ihre Punktzahl bei der jeweils angegebenen Aussage ein und vergleichen Sie bitte die Gesamtwerte. Bitte füllen Sie in der Grafik den inneren weißen Kreis (I) im Zentrum aus, wenn Ihr Gesamtwert bei »8 Introvertiert« höher ist als bei »7 Extrovertiert«. Andernfalls schraffieren Sie bitte den weißen schmalen Ring (E).

Sind beide Werte identisch, dürfen Sie sowohl den Kreis als auch den Ring ausmalen.

7 Extrovertiert			
Aussage Nr.	7	21	Gesamt
Ihr Wert			
8 Introvertiert			
Aussage Nr.	14	28	Gesamt
Ihr Wert			

Das Nussbaum-Stärken-Talente-Rad

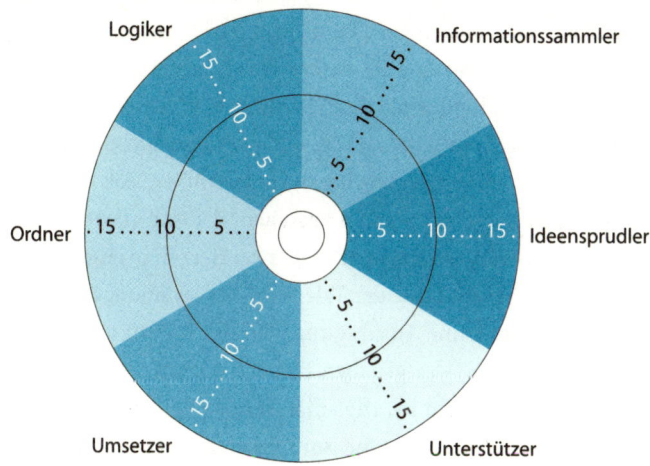

Erläuterung

Sie können nun in den jeweiligen Segmenten des Nussbaum-Stärken-Talente-Rads die Ausprägung Ihrer individuellen Stärken und Talente ablesen:

- Liegt ein Wert über der schwarzen Kreislinie (Wert > 9), dann haben Sie in diesem Segment vermutlich ein echtes Talent und können es als Stärke einsetzen.
- Liegt der Wert darunter (Wert < 9), so nutzen Sie diese Dinge im Sinne einer Fertigkeit (erlernt, antrainiert, geübt), haben jedoch keine richtige Stärke daraus entwickelt.

- Liegt der Wert nahe am Innenkreis (Wert < 4), so sind Tätigkeiten, die in diesem Segment zu erledigen sind, eher solche, um die Sie am liebsten einen großen Bogen machen und die einfach nicht Ihrer Art entsprechen.

Sie werden vermutlich in allen Segmenten zumindest einige Punkte haben, denn jedem Menschen wohnen viele Talente inne. Doch im Laufe der Zeit kristallisiert sich heraus, welche Talente sich zu echten Stärken entwickeln.

Das Segment mit der größten Ausprägung entspricht Ihrer größten Stärke, ihrem größten Talent. Lesen Sie bitte die Beschreibung zu diesem Talenttyp zuerst.

Sollten Sie in mehreren Segmenten Stärken im oberen Bereich (Wert > 9) haben, ergeben sich interessante Mischtypen. Lesen Sie in diesem Fall bitte die Beschreibungen der jeweiligen Talenttypen durch und kombinieren Sie die Aussagen. Meist ergänzen sich unsere persönlichen Stärken sehr gut und gerade in ihrer individuellen Kombination liegt unsere Attraktivität für den Arbeitsmarkt.Vor allem Stärken, die im Nussbaum-Stärken-Talente-Rad in benachbarten Segmenten liegen, unterstützen sich in der Regel sehr gut. Anders kann es bei Stärken aussehen, die sich (fast) gegenüberliegen, denn in diesem Fall schlagen oftmals zwei Herzen in einer Brust. Ein Beispiel dazu finden Sie am Ende der Talenttyp-Beschreibungen.

Sie haben überhaupt keine Ausprägung über der 9-Punkte-Marke? Alle Spitzen liegen in etwa auf der gleichen Höhe? Wenn Sie wirklich ehrlich geantwortet haben und nicht so, wie »man sein sollte«, dann sind Sie ein sehr ausgewogener Mensch, was Sie zum Joker im Berufsleben machen kann, da Sie vielseitig einsetzbar sind. Sie wirken auf Ihr Umfeld ausgeglichen und es gelingt Ihnen, die Vorteile aller Stärken zu kombinieren. Sie vereinen Ordnung und Logik mit Kreativität und Intuition, schieben Dinge gerne an, setzen sie gerne um und können so als Allroundtalent optimale Lösungen finden. Darin liegen einerseits viele Chancen, andererseits bedeutet das auch viel Zündstoff, weil Sie sich manchmal selbst das Leben schwer machen. Nach dem Motto: Wen lasse ich jetzt bestimmen? Den lockeren Chaoten, der zu spät kommen darf? Oder den Systematiker, der mich auf Pünktlichkeit trimmt? Schiebe ich an oder spinne ich Ideen? Es kann aber auch sein, dass Sie sich im Berufsleben schwertun, weil Sie eher unauffällig sind, Ihnen schlichtweg die nötigen Ecken und Kanten fehlen. Überlegen Sie sich in diesem Fall, welches Ihrer Talente Sie derzeit am liebsten ausbauen wollen, in welchem Bereich Sie echte Stärken entwickeln wollen. Tipps für ein gezieltes Training finden Sie in Ihrem PDF-Workbook auf www.Kreative-Chaoten.com.

Was es mit der Ausprägung intro- oder extrovertiert auf sich hat, erfahren Sie ab S. 208. So viel sei an dieser Stelle schon verraten: Es macht für Ihre berufliche Entwicklung und Karriere natürlich einen großen Unterschied, welches dieser Persönlichkeitsmerkmale bei Ihnen stärker ausgeprägt ist.

Die sechs Talenttypen und ihre Bedeutung

Willkommen bei Familie Ideenreich-Herzlich und Familie Ordentlich-Logisch. Familie Ideenreich-Herzlich und Familie Ordentlich-Logisch sind glücklich. Sie haben ein Doppelhaus gekauft und leben nun Wand an Wand: rechts wohnen die Ideenreich-Herzlichs, links die Ordentlich-Logischs.

Kaum sind die Möbelpacker weg, da hat Igor Ideenreich schon hundert Ideen, wie sich das Heim verschönern ließe: auf den Umzugskartons zeichnet er einen Entwurf für einen Wintergarten, fährt schnell zum Baumarkt, Farbe kaufen, um die Küche sonnengelb zu streichen, und bringt zudem einen Tisch mit, den er zufällig bei der Wertstoffbörse gesehen hat und der super in das neue Wohnzimmer passt. Seine Frau, Hanni Herzlich, dreht derweil eine Runde in der Straße um sich bei den Nachbarn vorzustellen, tröstet am Telefon einen Freund, der Liebeskummer hat, und schafft ein gemütliches Gästezimmer, damit spontaner Besuch jederzeit bleiben kann. Ihre Tochter Wanda Wills-Wissen loggt sich derweil ins Internet ein und recherchiert, was hier in dieser Stadt so alles los ist, welche Veranstaltungen und Ausstellungen stattfinden, welche Kurse die örtliche VHS anbietet.

Nachbar Ottmar Ordentlich bringt den Umzug in Ruhe über die Bühne. Sorgfältig räumt er alle Umzugskartons aus, verstaut jeden Gegenstand an einem vor dem Umzug bereits festgelegten Platz und erledigt dann Punkt um Punkt die Checkliste »Umziehen leicht gemacht« (genormte Klingelschilder fertigen lassen, Auto ummelden etc.). Seine Frau Dr. Annaliese Logisch rechnet derweil – am pünktlich vom Möbelhaus gelieferten Wohnzimmertisch (Sparaktion mit 12 Prozent Rabatt) – die Finanzierung des Kredites nochmals durch und erstellt eine Entscheidungs-Matrix, bei welchem Heizöllieferanten sie die besten Konditionen bekommt. Sohn Marc Macher hat in der Zwischenzeit die Nachbarskinder kennengelernt, die Umgebung gecheckt, mit dem Bürgermeister geredet und stiftet seine neuen Freunde dazu an, ein großes offizielles Fußballturnier auf dem verlassenen Fabrikgelände zu organisieren.

Wenige Tage später: Bei Familie Ideenreich-Herzlich und Familie Ordentlich-Logisch hängt der Haussegen schief. Ottmar Ordentlich ist sauer, weil die Ideenreich-Herzlichs noch immer nicht die genormten Klingelschilder an der Gartentüre haben, sich die leeren Umzugskartons seit drei Wochen im Carport stapeln und man einen freien Blick in die gardinenlose Küche hat (die, aber das würde Dr. Annaliese Logisch nie zugeben, wirklich sehr hübsch mit den gelben Wänden ist). Jeden Tag betrachten sie mit säuerlicher Miene diese Missstände und schimpfen über die »Chaoten«. Hanni und Igor lästern derweil über die pingeligen Ordentlich-Logischs, die jetzt – mitten im Hochsommer – ihren Heizöltank bereits füllen lassen wollen, amüsieren sich, dass die »Logischen Ordner« schon das neue Autokennzeichen haben, und witzeln über den akkurat gepflegten und beschrifteten Kräutergarten. (Hanni hätte auch mal gerne so eine schön übersichtliche Kräuter-Quelle für ihre Küchenkünste, aber das würde sie nie zugeben!) Marc macht sich über den »Maulwurf« Wanda lustig, die sich gleich für vier VHS-Kurse angemeldet hat, und Wanda mault Marc an, dass er doch nicht die Nachbarskinder vor seinen Karren spannen könne, damit die jetzt »sein« Turnier organisieren.

Familie Ideenreich-Herzlich – die kreativen Chaoten

Wanda Wills-Wissen – wissbegieriger Informationssammler

Der wissbegierige Informationssammler liebt es, Informationen, Wissen und Erfahrungen zusammenzutragen. Einfach um der Information willen. Zwar gibt er sein Wissen auch gerne verständlich aufbereitet an andere Menschen weiter und unterstützt sie damit bei deren Arbeit oder Entscheidungen – selbst etwas aus dem Wissen »machen« mag er hingegen nicht so sehr.

Manche Mitmenschen verwechseln sein Talent zum Sammeln von Informationen mit einem hohen Interesse am jeweiligen Themengebiet.

Doch das stimmt nicht. Er zieht seine Zufriedenheit lediglich aus dem Akt der Wissensbeschaffung – und sobald er genügend weiß, zieht es ihn zum nächsten interessanten Gebiet.

Was diesem Talenttyp wichtig ist	Was problematisch sein könnte
• Er möchte Wissen erwerben. • Er möchte Wissen weitergeben. • Er möchte immer wieder neue Gebiete erforschen können.	• Er verzettelt sich leicht. • Er »über-recherchiert« gerne mal • Er überfrachtet andere unter Umständen mit zu vielen Informationen.

Karrieretipps für den Informationssammler: Da die Recherche und die Aufbereitung von Informationen Ihr größtes Talent darstellen, sollten Sie sich nach Berufsbildern umschauen, in denen dies eine Hauptaufgabe ist. Ihr perfektes Arbeitsmodell geht vermutlich in Richtung Schirmträger (vgl. dazu ab S. 186).

Igor Ideenreich – visionärer Ideensprudler

Der Ideensprudler liebt die Herausforderung des Neuen. Er ist immerzu gewillt, etwas zu lernen, auszuprobieren oder neu zu schaffen. Das führt dazu, dass er eine Vielzahl von Aktivitäten anfängt, und wenn die erste Euphorie verebbt, liegen die Franchise-Prospekte, die Bogenschießausrüstung oder die Zen-Meditationsbank in der Ecke. Und erinnern ihn stets daran, dass er schon wieder einmal nicht am Ball geblieben ist.

Neue Ideen und Aktivitäten haben beim Ideensprudler immer absolute Priorität. Damit eckt er oft an, denn besonders in einem systematischen Umfeld gilt er als »sprunghaft« oder »undiszipliniert«. Dabei liegt gerade in seinem unersättlichen Wissensdurst und der raschen Wechselwilligkeit eine ungeahnte Kraft, um unerwartete Ergebnisse zu erzielen.

Was diesem Talenttyp wichtig ist	Was problematisch sein könnte
• Er liebt die Abwechslung. • Er besteht auf Flexibilität. • Er hat eine lebensbejahende Einstellung.	• Er ist oft unpünktlich. • Er wirkt auf andere chaotisch. • Er denkt manchmal zu schnell oder sprunghaft für andere.

Karrieretipps für den Ideensprudler: Als Ideensprudler dürfen Sie sich getrost von gängigen Karrieretipps lösen, bei denen Durchsetzungsvermögen, Disziplin und Zielstrebigkeit gefordert werden. Suchen Sie sich den Freiraum, den Sie brauchen, um Ihre Ideen sprudeln zu lassen und unabhängig damit zu experimentieren. Suchen Sie sich Arbeitsplätze und Arbeitgeber – oder gründen eine eigene Firma –, wo Sie abseits vom Tagesgeschäft Ihre Kreativität ausleben und sich und Ihre Arbeit täglich neu erfinden können (siehe dazu S. 183 ff.).

Hanny Herzlich – kommunikativer Unterstützer

Der Unterstützer blüht auf, wenn er anderen Menschen mit Rat und Tat zur Seite stehen kann. Er ist stets hilfsbereit, bietet seine Hilfe entweder aktiv an oder fühlt sich angesprochen, wenn jemand mit dem Zaunpfahl winkt, weil er Hilfe gut gebrauchen könnte. Diese uneingeschränkte Hilfsbereitschaft kann jedoch dazu führen, dass der Unterstützer darüber seine eigenen Bedürfnisse völlig aus den Augen verliert. Dann überstrapaziert er seine Kapazitäten. Wichtig ist es deshalb, die eigenen Grenzen immer klar für sich und andere zu definieren und ein zu ausgeprägtes Harmoniestreben zu vermeiden.

Dieser Typ ist ein guter Vermittler und Mediator und legt großen Wert auf Nachhaltigkeit und soziale Verantwortung.

Was diesem Talenttyp wichtig ist	Was problematisch sein könnte
• Er liebt Harmonie. • Mitmenschlichkeit ist für ihn ein wertvolles Gut. • Gegenseitiges Vertrauen ist Grundvorausssetzung.	• Er kann konfliktscheu sein. • Er opfert sich für andere auf. • Er zieht keine oder kaum Grenzen.

Karrieretipps für Unterstützer: Leben Sie das Unterstützen als Lebensinhalt aus. Trainieren Sie dabei immer wieder, Ihre eigenen Grenzen zu spüren und nach außen deutlich zu setzen. Punkten Sie mit Ihren Stärken: Kommunikations-, Verhandlungs- und Vermittlergeschick. Orientieren Sie sich in Richtung der sozial verantwortungsvoll agierenden Arbeitgeber oder Social-Entrepreneurship-Vertreter (siehe S. 183 ff.).

Familie Ordentlich-Logisch – die logischen Macher

Marc Macher – zielstrebiger Umsetzer

Der zielstrebige Umsetzer ist ein echter Macher. Was er anpackt, wird auch umgesetzt – er persönlich kümmert sich um die Ressourcen: Menschen, Maschinen, Material. Er konkretisiert Ideen in Maßnahmenpläne und treibt alle an, damit die Dinge vorangehen, Ziele und Deadlines eingehalten und Ideen tatsächlich realisiert werden.

Der Macher ist eine wichtige Schnittstelle zwischen den kreativen Chaoten und den logischen Ordnern, denn er »übersetzt« unausgegorene Hirngespinste, von deren Wert er überzeugt ist, in machbare, logische Schritte. Er sorgt dafür, dass andere daraus etwas Handfestes machen können. Je nach seiner zweiten Stärke lebt er mehr den Ideenreichtum oder das Systematisch-Planerische aus.

Was diesem Talenttyp wichtig ist	Was problematisch sein könnte
• Er will Dinge bewegen. • Er liebt den Fortschritt. • Hauptsache, es passiert etwas.	• Er legt oft ein zu hohes Tempo für andere vor. • Er wird schnell ungeduldig. • Seine Neigung, Druck auszuüben, kann andere stören.

Karrieretipps für Umsetzer: Sie verfügen über eine im Berufsalltag sehr wichtige Stärke: Umsetzungskompetenz (vgl. S. 183). Falls Sie selbst keine zündenden Ideen haben, die Sie umsetzen können, dann suchen Sie sich nach dem Staffelholzprinzip Ihre Ideengeber oder trainieren Sie die Fähigkeit des Ideengenerierens (z. B. in Querdenker-Workshops).

Ottmar Ordentlich – systematischer Ordner

Der systematische Ordner erwartet Zuverlässigkeit, Genauigkeit, und Pünktlichkeit – von sich selbst ebenso wie von seinen Mitmenschen. Er liebt ein Arbeitsumfeld, in dem es eher überschau- und planbar zugeht, und arbeitet gerne nach eingeführten und bewährten Methoden, Checklisten oder Plänen, die andere, wie der zielstrebige Umsetzer, für ihn erstellt haben. Routine und Regelmäßigkeit sind ihm wichtig. Veränderungen lehnt er eher ab und hat wenig Verständnis für den Ideensprudler, den Routinen lähmen und der bei seinen Aufgaben eine gewisse Abwechslung braucht. Er kann gut auf konkrete Maßnahmen heruntergebrochene Ideen in die Tat umsetzen.

Was diesem Talenttyp wichtig ist	Was problematisch sein könnte
• Er liebt Beständigkeit. • Er achtet auf Sparsamkeit. • Prinzipientreue ist sein oberstes Gebot.	• Er ist ziemlich unflexibel. • Er wirkt auf andere langweilig. • Seine Ordnungsliebe grenzt an Pedanterie.

Karrieretipps für Ordner: Als sehr systematischer, ordentlicher und ordnender Mensch fühlen Sie sich wohl bei allen Tätigkeiten, deren Abläufe Sie gut vorausplanen können. Mit Ihren Talenten zählen Sie zum Gegengewicht der kreativen Chaoten und könnten diese wunderbar ergänzen. Sie verfügen genau über die Stärken, die den kreativen Chaoten fehlen und manchmal dafür sorgen, dass diese das Gefühl haben, nie etwas fertig zu bekommen. Öffnen Sie sich dieser »anderen« Art, die Dinge zu sehen. Arbeiten Sie daran, die Stärken der anderen – die Sie meist eher als Macken bezeichnen – wertzuschätzen, und stellen Sie sich als Dream-Team auf. Ergänzen Sie sich mit den kreativen Chaoten – und alle können davon profitieren.

Dieses Buch ist speziell für kreative Chaoten geschrieben – zu denen Sie laut Ihrem Selbst-Check eher nicht zählen. Sie können dennoch von der Lektüre profitieren, weil Sie danach die Denke der kreativen Chaoten besser verstehen und sich so besser in sie hineinversetzen können. Dadurch lassen sich zum Beispiel Konflikte im Berufsleben besser klären oder sogar gänzlich vermeiden. Sie können sich darüber hinaus auch den einen oder anderen Kniff abschauen und Ihre kreativ-chaotische Seite trainieren.

Dr. Annaliese Logisch – analytischer Logiker

Ein analytischer Logiker arbeitet sorgfältig, exakt, mit einem Blick für die Details und braucht valide Kontrollinstrumente. Er nimmt es sachlich und formal sehr genau, ungenaue Aussagen kann er überhaupt nicht leiden und in Meetings beharrt er darauf, Ideenblasen zu vermeiden und lieber bei den Fakten zu bleiben.

Dieser Typ beschäftigt sich gerne mit Finanzen und achtet darauf, dass

Dinge klar, nüchtern und rational erledigt werden. Er mag klare, eindeutige Vorgaben und kommuniziert dementsprechend klar, eindeutig und sachlich. Das kann auf andere in seinem Team manchmal etwas kalt wirken, doch darauf will er im Prinzip keine Rücksicht nehmen. »Gefühle haben im Job nichts verloren«, scheint sein Motto zu sein.

Was diesem Talenttyp wichtig ist	Was problematisch sein könnte
• Er mag klare Abgrenzungen.	• Er wirkt kalt und unnahbar.
• Die Vernunft siegt immer.	• Er ist leidenschaftslos.
• Er schwört auf die Sach- und Fachorientierung.	• Zahlen kommen vor Menschen.

Karrieretipps für den Logiker: Für Sie sind alle Tätigkeiten gut geeignet, in denen Zahlen, Daten, Fakten und Kontrolle wichtig sind. In unserer logisch-analytischen Gesellschaft könnten Sie es bereits bis ganz oben auf der Karriereleiter geschafft haben. Sind Sie dabei glücklich und zufrieden? Prima, dann weiter so. Achten Sie aber bei neuen Tätigkeiten und neuen Firmen, für die Sie arbeiten, darauf, dass Ihre Controller-Talente wirklich gefragt und honoriert werden. In einer Zeit, in der Emotionen immer wichtiger werden, könnten Sie am Ausbau Ihrer kreativ-chaotischen Seite arbeiten oder sich bewusst mit Menschen umgeben, die Sie ergänzen.

Sie als analytischer Logiker zählen also auch nicht zu den kreativen Chaoten. Doch Sie können von diesem Buch profitieren. Viele Logiker in meinen Seminaren und Coachings wünschen sich nach oder neben der beruflichen Karriere als Ausgleich ein etwas bunteres Privatleben. Doch »Müßiggang«, »Gefühlsduselei« oder »Spaß« gehören oftmals nicht zu ihrem Wortschatz. In diesen Bereichen können die Logiker von den kreativen Chaoten eine Menge lernen. Gerade was Leidenschaft für eine Tätigkeit, Nachhaltigkeit oder zukünftige Erfolge jenseits der kühlen Zahlen bringen können. Trauen Sie sich und entdecken Sie die Welt der bunten Vögel. Und machen Sie damit Ihr Leben rund.

Mischtypen

Natürlich hat jeder von uns zahlreiche Talente und somit verschiedene Stärken. Daher ist es nicht verwunderlich, dass diese jeweils zweite oder sogar dritte Stärke maßgeblich beeinflusst, auf welche Weise Sie Ihre erste Stärke ausleben.

So wird ein Informationssammler, der auch ein Ideensprudler ist, beispielsweise immer sehr viele neue Wege finden, um neue Informationen zu ergattern. Er wird schneller die gewünschten Informationen zusammentragen, wobei er dabei womöglich weniger in die Tiefe gehen wird, als wenn seine zweite Stärke die es Logikers wäre.

Ein Ideensprudler, der auch ein starker Unterstützer ist, wird viele Ideen mit anderen zusammen generieren und sie werden alle viel Spaß beim Herumspinnen haben – umgesetzt wird deshalb noch lange nichts. Ein Ideensprudler, der hingegen gleichzeitig viel vom zielstrebigen Umsetzer hat, wird mit Freude seine Ideen vorantreiben und alle anderen mobilisieren, am gemeinsamen Ziel zu arbeiten.

Diese Talente, die sehr eng beieinander und allesamt auf der Spielhälfte der kreativen Chaoten liegen, ergänzen sich hervorragend und werden von uns bunten Vögeln als stimmig empfunden.

Mischtyp Ideensprudler und Logiker

Anders ist das, wenn die Haupttalente in gegenüberliegenden Segmenten liegen, wie beispielsweise im Bereich »Ideensprudler« und »Logiker«. Diese Kombination kommt bei meinen Seminarteilnehmern und Coaching-Klienten sehr häufig vor.

Oftmals arbeiten Menschen mit dieser Talentkombination im technischen Bereich als Entwickler, Softwarespezialisten oder Konstrukteure, sie sind häufig auch technische »Troubleshooter«, Design-Ingenieure, Topmanager in technischen Unternehmen oder Finanzhäusern oder Wissenschaftler in Forschung und Entwicklung (z. B. Physiker).

Im Prinzip ergänzen sich die Talente in dieser Konstellation sehr gut – wenn da nicht kleine Teufelchen auf der Schulter sitzen würden, die immerzu mosern, dass man seine Arbeit besser machen könnte. Warum? Nun, bei logischen Ideensprudlern fetzen sich permanent das Logiker-Teufelchen, das Wert auf Details legt (Zahlen, Daten, Fakten, messbare Parameter) mit dem ganzheitlichen, manchmal etwas oberflächlichen Ideen-Teufelchen. Und so haben sie permanent das Gefühl, es nie richtig zu machen.

Zudem denken und reden die meisten Menschen mit diesen Stärken sehr schnell, was die Kommunikation mit ihnen für andere ziemlich anstrengend machen kann. Kommt eine extrovertierte Haltung dazu, sind logische Ideensprudler häufig sehr witzig, haben einen trockenen Humor und legen gnadenlos den Finger in die Wunde – was ihre Mitmenschen mitunter verletzten kann; besonders die vom Typ Unterstützer können sehr schlecht damit umgehen. Häufig merken die logischen Ideensprudler dies jedoch gar nicht, weil sie so sehr in ihrer Gedankenwelt verstrickt sind, dass sie ein wenig den Bezug zu ihren Mitmenschen verloren haben.

Karrieretipps für den logischen Ideensprudler: Machen Sie sich die Kraft Ihrer einzelnen Talente klar und setzen Sie diese bewusst ein: Ist in Ihrer Position oder bei der aktuellen Aufgabe eher detailliertes Vorgehen wichtig, um das Ziel zu erreichen, oder sind eher ein grober Überblick und Voranschreiten gefragt?

In Bezug auf Ihre Berufswahl kann es bedeuten, dass Sie Positionen anstreben, in denen zukunftsorientiertes und strategisches Denken gefordert ist. Oder Sie übernehmen einige Zeit eine eher analytische Tätigkeit und wechseln dann – nach spätestens zwei Jahren – zu einer ideenreichen. Das geht doch nicht, sagen Sie? Man kann sich doch nicht immer die Rosinen aus dem Kuchen picken und mal so und mal so arbeiten? Stimmt, »man« kann nicht – aber Sie schon! Denn mit dieser Kombination an Talenten sind Sie auf diese Weise wahrscheinlich am besten aufgehoben.

In der Kommunikation mit anderen kann es nicht schaden, wenn Sie Ihr Tempo drosseln und hin und wieder Ihre Worte auf die Goldwaage legen. Achten Sie darauf, was Ihre Worte bei anderen Menschen auslösen, und erleichtern Sie sich den Umgang miteinander dadurch.

Alle sind anders, alle sind gut

Hanni, Annaliese, Igor und Ottmar sitzen gemütlich auf der Terrasse, stoßen mit Prosecco an und freuen sich über die Ereignisse des heutigen Tages. Jeder ist stolz, was sie heute alles mit Spaß und voller Energie geschafft haben. Igor verzierte in künstlerischer Kleinarbeit die Küche von Annaliese in einem zarten Lila und vielen Rosenranken, während Annaliese einen bezaubernden Kräutergarten für Hanni angelegt hat (mit detaillierter Pflegeanleitung auf kleinen Schildchen). Ottmar hat die Klingelschilder mitbestellt, die Umzugskartons entsorgt und das Auto der Ideenreich-Herzlichs umgemeldet, während Hanni mit angepackt hat, wo es gerade nötig war. Zudem hat der Heizöllieferant gleich beide Tanks gefüllt (was beiden Familien einige Euro gespart hat). Marc und Wanda schaukeln derweil auf der riesigen Holzschaukel, die Wanda in einem VHS-Kurs entworfen hat und die Marc von einem örtlichen Schreiner hat anfertigen lassen. »Wir haben einfach aufgehört, über die Macken der anderen zu lästern, und lassen nun jeden so gut es geht seine Stärken ausleben.«

Metapher, kein Dogma!

Dieser kleine Selbst-Check sollte Ihnen helfen, einen ersten Eindruck von Ihren individuellen Stärken zu bekommen. Es ist natürlich kein umfassendes Persönlichkeitsprofil, denn unsere Persönlichkeit ist wesentlich vielschichtiger und facettenreicher, als man je mit einem so kurzen Check abbilden könnte. Das Nussbaum-Stärken-Talente-Rad in der vorliegenden Kurzfassung soll Ihnen helfen, sich besser kennenzulernen. Sobald Sie mehr über sich und Ihre Talente wissen und Ihre vermeintlichen Macken als Stärken begreifen lernen, können Sie völlig neue Wege in Beruf und Karriere einschlagen, die für Sie womöglich besser geeignet sind.[13]

Talent haben nicht nur Wunderkinder

Nun haben Sie es also schwarz auf weiß: Als Talente zählen auch Fähigkeiten wie Neugierde, Konzentration, Schnelligkeit oder Kreativität – also nicht nur Fertigkeiten wie Rechnen, Klavierspielen oder Fremdsprachen.

Dies haben Wissenschaftler in den vergangenen Jahren immer wieder bewiesen. So untersuchte der US-Ökonom Nathan Leites in den 50er-Jahren, ob Überflieger in der damaligen Sowjetunion etwas gemeinsam haben. Sie hatten! Alle Überflieger konnten sich über einen langen Zeitraum konzentrieren und waren stets neugierig.[14]

Neugierde gilt sogar als wichtige Grundlage für großes Potenzial und ist eine Facette des psychologischen Modells der »Big Five«[15]. Demnach entscheiden folgende fünf Dimensionen, was unsere Persönlichkeit ausmacht: Offenheit für Erfahrungen (Neugierde), Anpassung (Kooperation, soziale Verträglichkeit), Gewissenhaftigkeit, Neurotizismus (Nervosität, Umgang mit Stress), Extraversion.

Gut, sagen Sie jetzt vielleicht, Neugierde und Wissbegierde habe ich als kreativer Chaot auf alle Fälle. Aber Gewissenhaftigkeit? Die fehlt mir wohl eher. Ich bleibe doch meist schwer am Ball, wechsle oft von einem Gebiet zum nächsten … also kann ich wohl nie erfolgreich werden.

Wie schätzen Sie diesen Aspekt ein, wenn Sie statt »Gewissenhaftigkeit« den Begriff »Biss« verwenden? So wie Psychologieprofessorin Angela Duckworth von der University of Pennsylvania, die unter Biss die leidenschaftliche Ausdauer versteht, sich auch über einen längeren Zeitraum für ein Ziel zu engagieren. In einer Studie mit 190 Finalisten des National Spelling Bee, einem bekannten Fremdwörter-Buchstabier-Wettbewerb in den USA, untersuchte Duckworth, was wohl den Erfolg der teilnehmenden Schüler ausmachte. Ihr Team analysierte anhand standardisierter Fragebögen, wie viel Biss die Kinder im Alter von 7 bis 15 Jahren bereits hatten, und befragte sie zu ihrem Leseverhalten sowie zu ihrer Neugierde.

Das Ergebnis: Kinder mit Biss und Durchhaltevermögen übten nicht nur länger, sie schnitten auch insgesamt besser ab.[16] Und dies unabhängig vom IQ.

Jetzt frage ich Sie: Wenn Sie an einem Wettbewerb teilnehmen würden, hätten Sie da nicht auch den Biss, sich über diesen vergleichsweise kurzfristigen Zeitraum mit vollem Elan reinzuhängen? Die Psychologin spricht zwar von »langfristigen« Zielen, die spannende Frage ist dabei jedoch: Was heißt denn »langfristig«? Im Kapitel »Bunte Feder 6: Ihr Wunsch nach Abwechslung«, S. 84, werden wir uns damit genauer beschäftigen.

Warum wir Talente nicht (an)erkennen

Leider schaffen es viele Menschen nicht, ihre Talente zu erkennen und vor allem anzuerkennen. Der Grund: Immer wieder hält uns unser Umfeld vor, dass unser Talent nicht »richtig« sei. Eltern und Lehrer haben uns zu oft unsere alltäglichen Talente konsequent aberzogen.

Zum Beispiel: Als Kind erfinden Sie mit Spielfiguren die wildesten Welten, in denen es gefährliche Abenteuer zu bestehen gilt. Sie erzählen Ihren Eltern aufgeregt davon und Ihre Mutter meint schlicht: »So ein Blödsinn. Mach lieber Hausaufgaben und übe Mathe!« Patsch, eine riesige Ladung Kritik begräbt Ihr zartes Pflänzchen Kreativität unter sich und Sie lernen: Mathematik und Hausaufgaben sind wichtig, Ideen und Spinnereien sind Müll.

Oder Sie begeistern sich als Teenager in einem Sommer für Tennis, trainieren täglich hart und voller Leidenschaft, bis Sie das eine oder andere Turnier erfolgreich für sich entscheiden. Sie haben auch eine Weile Riesenspaß an der Sache, aber sobald der nächste Sommer kommt, möchten Sie viel lieber Kitesurfen lernen, als über den Tennisplatz zu hechten. Ist doch viel aufregender und bringt bestimmt noch mehr Spaß. »Nichts da!«, haben dann vielleicht die Eltern rigoros entschieden. »Jetzt haben wir dir erst all die Tennissachen gekauft und das Training bezahlt, jetzt machst du damit gefälligst weiter. Wo kommen wir denn da hin, wenn du jedes Jahr etwas Neues anfangen willst?!« Und Ihre Neugierde, Ihre Offenheit für neue Erfahrungen bekommt einen ordentlichen Dämpfer verpasst. Fazit: »Wenn man etwas angefangen hat, dann bleibt man auch dabei. Abwechslung ist nicht erwünscht.«

Solche und ähnliche Erfahrungen führen dazu, dass viele Menschen häufig mit sich hadern und der Meinung sind, dass ihre Charakterzüge eher unerwünschte Macken sind, Ecken und Kanten, die dringend rundgeschliffen werden müssen.

Leichter Erfolg zählt nicht – und Spaß erst recht nicht!

Oftmals werden wir nur für unsere *Anstrengungen* gelobt – aber alles, was uns in den Schoss fiel, ist nicht der Rede wert. Was ist mit all jenen Menschen, die sich leichttun, ihre Ziele zu verwirklichen? Die eben aus dem Stand ein Tennisturnier gewinnen. Die mit Leichtigkeit gute Noten schreiben. Die mit links die Aufnahmeprüfung an der begehrten Hochschule schaffen oder vom Fleck weg den gewünschten Ausbildungsplatz bekommen.

Sie erhalten kaum Lob, eher noch Neid.

Denn es herrscht die Vorstellung in unseren Köpfen: Arbeit ist anstrengend und muss wehtun. Nur wenn man ordentlich schwitzt, hat man auch etwas erreicht und sich das Ergebnis redlich verdient. Ja, auch Geld bekommt man natürlich nur, wenn man hart dafür gearbeitet hat.

Im Spannungsfeld der Ansprüche

Dieses Spannungsfeld zwischen »innerem Wollen« und »äußerem Dürfen« macht Sie zu dem, was Sie sind. Sie bewegen sich ständig zwischen zwei Polen, dem, was Sie »eigentlich« gerne möchten (Talente, Stärken), und dem, was »man« tut (Anforderungen von außen). Versuchen Sie, mehr Ihre Talente auszuleben, dann – zack! – zerren das schlechte Gewissen, der gesellschaftliche Druck oder die vorwurfsvollen Blicke Ihrer Lieben an Ihnen. Versuchen Sie jedoch, den Ansprüchen der anderen gerecht zu werden und so zu leben, wie »man« zu leben hat, dann – zack! – begehrt Ihr Innerstes rebellisch auf.

Das Resultat: Sie fühlen sich die meiste Zeit hin- und hergerissen, fühlen sich verpflichtet, den anderen zuliebe Kompromisse einzugehen, die Sie eigentlich nicht eingehen möchten, finden sich in Situationen und Aufgabenbereichen wieder, die keinen Spaß und keine Herausforderungen bringen: Sie sind unterfordert, gelangweilt und nicht wirklich zufrieden.

Es wird höchste Zeit, dies zu ändern. Beginnen Sie damit, Ihre Talente und Stärken zu erkennen und anzuerkennen. Halten Sie sich immer wieder vor Augen, dass auch Ihre unkonventionellen Talente in der Persönlichkeitsforschung als echte Talente gelten. Und stärken Sie sich den Rücken, diese zu leben, indem Sie sich Vorbilder suchen, die ihren Erfolg diesen unkonventionellen Talenten zu verdanken haben.

Vorbilder wie den Unternehmer Hans Wall, der sich rückblickend als »Schulversager« bezeichnet, der beinahe ins kriminelle Milieu abgerutscht sei. Als Zehnjähriger stand er dabei, als sein Vater zu seinem Lehrer sagte, »Aus dem Jungen wird eh nie was …« und der damit verhinderte, dass Wall aufs Gymnasium durfte. Erst als Erwachsener wachte er auf und gründete ein Unternehmen, das Buswartehäuschen und öffentliche Toiletten nebst Werbetafeln baut und vermarktet. Mit der Wall AG macht er heute weltweit Jahresumsätze in Höhe von 150 Millionen Euro und beschäftigt allein in Deutschland über 500 Menschen. Nach 30 Jahren »Herumeiern«

hat Wall schließlich sein Haupttalent erkannt: »Meine Stärke sind blitz-schnelle Entscheidungen. Ich habe ein verlässliches Bauchgefühl, dem ich gehorche, und dann ist es so«, schreibt er in seiner Autobiografie *Aus dem Jungen wird nie was ...*[17].

Oder Vorbilder wie Topmanager Utz Claassen, Ex-Vorstandsvorsitzen-der des Energiekonzerns EnBW und Neu-Aktionär von Real Mallorca, der schon immer überaus wissbegierig war und seine Eltern permanent mit Fragen löcherte. Resultat: überdurchschnittlich gute Schulnoten »Mich hat einfach alles interessiert,« sagt Claasen in einem Interview mit der Wirtschaftswoche.[18]

Übung: Ihre Stärken und Talente

1. Welche Stärken haben Sie mit dem Nussbaum-Stärken-Talente-Rad identifiziert?
2. Welches sind dabei Ihre größten Talente?
3. Welche davon wollen Sie gezielt fördern? Wie könnten Sie das tun?
4. In welchen Bereichen Ihres Lebens können Sie Ihre Talente und Stärken derzeit bereits voll ausleben?
5. In welchen Bereichen werden Sie ausgebremst? Wodurch oder von wem? Was können Sie dagegen unternehmen?
6. Wo liegen Potenziale, die Sie ausbauen mögen? Was würde Ihnen das bringen?
7. Wer kann Ihnen als Vorbild dienen?

Bunte Feder 2: Ihre Wurzeln

»Zwei Dinge sollen Kinder
von ihren Eltern bekommen:
Wurzeln und Flügel.

Johann Wolfgang von Goethe
(1749–1832), deutscher Dichter

Unsere Erfahrungen und vor allem unsere Wurzeln prägen uns im Hinblick auf unsere Zukunft und unseren Lebensweg, und zwar mehr, als wir vermuten würden.

Viele Aspekte aus Ihrer Vergangenheit können Sie daher in der Gegenwart stützen und motivieren, damit Sie Ihre Lebensziele stecken und erreichen können. Erfahrungen, die Ihnen Mut machen, Ihren eigenen Weg zu gehen.

Andere Aspekte können Sie aber auch ständig behindern und ausbremsen.

Warum Sie (noch) nicht so leben, wie Sie leben wollen

Lernen Sie sich und Ihre Wurzeln besser kennen; vielleicht erleben Sie dabei die eine oder andere Überraschung. Bitte notieren Sie Ihre Gedanken zu den folgenden Fragen in Ihr persönliches Erfolgsbuch oder Ihr PDF-Workbook:

Übung: Blick in Ihre Vergangenheit[19]

1. Das wievielte Kind in der Familie sind Sie? Welche Wirkung hat/ hatte das auf Sie?
2. Wie schätzen Sie den Erziehungsstil Ihrer Eltern und Erzieher ein? Wie hat er Sie beeinflusst?
3. Welchen Einfluss hatten Ihre Großeltern – mütterlicherseits und väterlicherseits – auf Sie? Was haben Sie von ihnen gelernt? Was haben Sie an ihnen besonders geliebt oder bewundert?

4. Welche Berufe übten die Großeltern aus? In welcher finanziellen Situation waren sie? Beeinflusst dies eventuell noch heute Ihre Familie?

5. In welcher finanziellen Situation leben/lebten Ihre Eltern? Welchen Einfluss hat/hatte dies auf Ihre Familie insgesamt? Und auf Sie selbst?

6. Wofür wurden Sie oft gelobt? Von wem?

7. Wofür wurden Sie wiederholt getadelt? Von wem?

8. Welche »Weisheiten« kamen bei Ihnen zu Hause oft zur Sprache? (Zum Beispiel: Geld macht unglücklich. Du schaffst das ja doch nicht. Alle Unternehmer sind Halsabschneider.)

9. Welcher Elternteil war dominierend und welchen Einfluss hatte dieser Umstand auf Ihr Leben?

10. Welchen Einfluss hat Ihr Heimatort (Heimatregion, Heimatland) auf Ihr Leben? Was lieben Sie daran, was störte Sie schon immer?

11. Welche Persönlichkeiten aus Wirtschaft, Politik, Kultur, Film, Sport et cetera schätzen Sie ganz besonders? Warum?

12. Welche Personen aus Ihrem privaten Umfeld schätzen Sie ganz besonders? Warum?

13. Welche körperlichen Schwächen haben Sie, wo sind Sie besonders verletzungsanfällig?

14. Welche körperlichen Schwächen haben Ihre Eltern, Großeltern, Geschwister? Was erkennen Sie daraus?

Wie ging es Ihnen mit dieser Übung?

Was haben Sie über sich erfahren? Was ist Ihnen klar geworden? Was bewegt Sie momentan?

Vielen meiner Coaching-Klienten wird mit dieser Übung deutlich, dass unsere Vergangenheit mehr Einfluss auf uns heute hat, als wir glauben. Unserer Wurzeln und Erfahrungen können uns motivieren und antreiben, einen für uns guten Weg zu gehen. Sie können uns aber auch ausbremsen.

Denn es liegt manchmal nicht an einem falschen Konzept, wenn der Unternehmens- oder Karrieremotor ruckelt, sondern oft an solchen unbewussten Bremsern, die ihnen das Tempo nehmen.

Mir selbst war lange Zeit nicht bewusst, welchen massiven Einfluss Dinge, die uns gesagt oder vorgelebt werden, auf unser eigenes Handeln haben können. »Pah«, wehrte ich immer ab, »jeder ist doch für sich selbst verantwortlich.« Eines Tages stand ich mit einer Teilnehmerin meines Marketingseminars in der Pause beisammen. Sie wollte ein Selbstvermarktungskonzept für ihre Freiberuflichkeit als Werbegrafikerin erarbeiten, hatte jedoch immer wieder das Gefühl, am Nullpunkt zu stehen. Bei jedem Ansatz, den wir im Seminar behandelten, verwies sie sofort auf ihren strengen Vater, der immer Höchstleistung von ihr gefordert hätte, und nur wenn sie die Beste gewesen sei, sei es okay gewesen. Lob? Fehlanzeige!

Sie war der Ansicht, alle Marketingstrategien seien doch letztendlich unwirksam, denn sie werde nie die Beste sein in der Grafikerzunft, und wenn sie nicht die Beste sei, bekäme sie sowieso keine Aufträge. Es lohne sich also gar nicht, hier überhaupt anzufangen. Und sie könne sich eben einfach nicht von den strengen Maßstäben ihres – mittlerweile verstorbenen – Vaters lösen.

Hier war eindeutig die Grenze meiner Möglichkeiten als Marketingtrainerin erreicht (Coach war ich damals noch nicht). Ich schlug ihr vor, sie solle mit einer Kollegin von mir – einem psychologischen Coach – diesen Bremsklotz »Papas Ansprüche« lösen und danach an ihrer Marketingstrategie weiterarbeiten.

Wenige Tage später besprach ich mit der Coach-Kollegin unsere Vorgehensweise und meinte: »Wieso kann meine Seminarteilnehmerin nicht einfach sagen: Hey, ich bin eine erwachsene Frau, ich pfeife jetzt darauf, was mein Vater gemeint und gesagt hat. Schließlich hat sie ihr Leben doch selbst in der Hand und ist selbst dafür verantwortlich, dass es ihr gut geht. Sie ist selbst verantwortlich dafür, was ihr heute widerfährt.« – »Wer sagt denn, dass jeder selbst dafür verantwortlich ist, was ihm widerfährt?«, hakte meine Kollegin nach. – »Na hör mal, jeder von uns kann doch die Dinge in seinem Leben so steuern, wie es ihm passt.« Meine Kollegin schaute mich schweigend an. »Du meinst, wenn dir was Schlechtes passiert, dann ist das auch allein deine Schuld?« – »Natürlich! Bei uns hieß es immer: Jeder ist seines Glückes und Unglückes Schmied.«

Nachdenklich hielt ich inne und erkannte: Meine vermeintlich eigene Meinung, jeder sei seines Glückes oder Unglückes Schmied, war ebenso eine Marionettenschnur wie »Ich muss immer die Beste sein, sonst bin ich nichts wert«.

Seither weiß ich: Wir können unsere Wurzeln nicht ignorieren. Und ich habe mich daher intensiv mit der Frage beschäftigt: Was tun, wenn man merkt, dass man solche Glaubenssätze, solche »Teufelchen« mitschleppt, die einem auf der Schulter sitzen und ständig Botschaften ins Ohr flüstern? Denn dass sie eine Wirkung haben, ist unbestritten.

Wobei diese Wirkung auch durchaus positiv ausfallen kann, wie das Beispiel des bereits vorher erwähnten Stadtmöblierers Hans Wall zeigt (vgl. S. 49). Der Wille, dem Vater und der ganzen Welt zu beweisen, dass doch etwas Gutes in ihm steckt und aus ihm durchaus etwas werden kann, trieb ihn an. Wall stellt klar: »Ich bin allen dankbar, die mir nichts zugetraut haben, denn die Zweifler haben meinen Erfolg erst herausgefordert.«[20]

Verwandeln auch Sie mögliche Bremsklötze in einen Startblock!

Das funktioniert mit folgenden Schritten.

Schritt 1: Bremsklötze erkennen

Sobald Sie sich bewusst machen, welche Sprüche oder Taten heute noch Einfluss auf Sie haben, sind Sie schon ein gutes Stück weiter. Dabei sollten Ihnen auch die Fragen am Anfang des Kapitels helfen. Gehen Sie noch einmal zurück zu den Fragen 6 bis 8: Wofür wurden Sie immer gelobt, wofür stets getadelt und welche Weisheiten tauchen immer wieder in Familiendiskussionen auf? Was haben Sie notiert?

Carlos wurde getadelt, weil er gerne las: »Flüchte dich nicht in Traumwelten! Träumer straucheln im Leben!«

Ludwig wurde getadelt, weil er immer so langsam war: »Bis du fertig bist, haben deine Freude schon das Fußballspiel gewonnen. Du lahme Krücke wirst wohl immer den anderen beim Siegen zuschauen müssen!«

Jennys Mutter erzählte immer von der reichen Nachbarin und von Ex-Bundeskanzler-Gattin Hannelore Kohl, die sich trotz ihres Geldes und Bekanntheit nicht »zu schade sind, selbst ihre Häuser zu putzen« und dass »nur faule, nichtsnutzige Frauen eine Putzhilfe haben oder Haushaltstätigkeiten an andere abgeben«.

In einem Seminar sammelten wir weitere »Weisheiten« wie: »Gewollt, aber nicht geschafft!« »*In Deutschland wachen jeden Tag zwei Deppen auf – schade, dass immer mein Sohn dabei ist.*« »*Der frühe Vogel fängt den Wurm!*« »*Wer A sagt, muss auch B sagen.*« »*Man kann nicht auf allen Hochzeiten tanzen!*«

Können Sie sich vorstellen, welche Auswirkungen solche Sprüche haben? Sie sickern in Ihr Unterbewusstsein und sorgen dafür, dass Sie sie verinnerlichen und am Ende genauso denken und handeln. Unsere Gedanken formen und beeinflussen unsere Wahrnehmung, unsere Gefühle, unsere Handlungen.

Unsere Erfahrungen führen zu Gedanken.

Gedanken führen zu Gefühlen.

Gefühle führen zu Handlungen.

Handlungen führen zu Ergebnissen.[21]

Oder wie Marc Aurel es formuliert: »Die Seele nimmt die Farbe deiner Gedanken an.«

Carlos, die Leseratte, gab das Lesen – seine Leidenschaft – auf, um ja nicht im Leben zu straucheln. Er gab auch seinen Kindheitstraum auf, »irgendetwas mit Büchern zu machen«, ergriff den handfesten Beruf des Schlossers und kam nach einem Burnout ins Coaching, um sich beruflich neu zu orientieren. Ludwig muss als Erwachsener immer der Schnellste sein, um ja keinen Sieg zu verpassen. Er kam ins Zeitmanagement-Coaching, um noch schneller zu werden. Jenny hasst Hausarbeit – aber eine Zugehfrau ist ja nun wirklich keine Alternative. »Das muss ich schon selbst machen!«, erzählte die Führungskraft einen großen deutschen Konzerns, die daran arbeiten wollte, dass das Delegieren endlich besser klappt.

Schritt 2: Bremsklötze lösen, Teufelchen entmachten

In der Regel möchten die meisten Menschen so weit wie möglich autonom leben und handeln. Sie wollen das Gefühl haben, ihr Leben selbst in der Hand zu haben und unabhängig zu entscheiden, was sie tun oder lassen. Das bedeutet aber auch, sich von den Bremsklötzen zu befreien und die Teufelchen, die uns steuern, zu entmachten.

Dazu gibt es viele bewährte Methoden und Ansätze. Drei, die ich heute häufig im Coaching einsetze, lernen Sie nun kennen.

Teufelsstrategie 1: Gefahr erkannt, Gefahr gebannt

Für einige Menschen ist diese Übung in dem Moment abgeschlossen, in dem sie die bislang unerkannten Teufelchen enttarnt haben. Sobald sie verstanden haben, warum sie immer nach dem gleichen Muster reagieren, können sie dieses durchbrechen und sich einfach anders verhalten. Diese schnelle Lösung ist vergleichbar mit einem drückenden Schuh: Sie ziehen den Schuh aus, schauen nach, entdecken ein kleines spitzes Steinchen, schütteln es heraus, ziehen den Schuh wieder an und gehen weiter. Das war Carlos' Strategie zur Veränderung.

Teufelsstrategie 2: Den Gewinn erkennen

Das Steinchen lässt sich bei Ihnen aber nicht so einfach herausschütteln? Dann fragen Sie sich, welchen Gewinn Ihnen Ihr fremdgesteuertes Verhalten bringt. Selbst wenn wir uns objektiv betrachtet unsinnig verhalten, springt immer auch irgendetwas Positives für uns dabei heraus.

Im Coaching setze ich deshalb gerne die Frage ein: »Welchen Gewinn haben Sie davon, dass Sie sich so verhalten, wie Ihr Teufelchen Sie führt?« Zunächst schauen mich dann alle meist irritiert an: »Was? Ich habe keinen Gewinn davon, Sie sehen doch, dass es mich extrem bremst!« Ich ermuntere sie dann nochmals, über den möglichen Gewinn nachzudenken und Ideen dazu aufzuschreiben.

Jenny räumte anfangs ein: »Ja, ich weiß genau, dass es völlig ineffizient ist, wenn ich alles selbst mache. Eine gute Führungskraft muss delegieren können. Einen Gewinn beim Selbermachen gibt es nicht!«

Nach etwas Bedenkzeit notierte sie als Gewinne dennoch eine ganze Menge: Wenn ich alles selbst mache,

- *gelte ich als fleißig,*
- *kann keiner sagen, ich sei faul,*
- *ernte ich Lob und Anerkennung dafür, was ich alles schaffe,*
- *wird das Ergebnis wenigstens so, wie ich es will,*
- *»verdiene« ich mir wirklich mein Gehalt,*
- *kann ich stolz auf mein tägliches Pensum blicken,*
- *muss ich mir nicht anhören: »Die ist sich wohl zu fein für diese Arbeit«,*
- *muss ich andere nicht um einen Gefallen bitten und stehe nicht in ihrer Schuld,*

- *muss ich nicht lang und breit erklären, wie etwas erledigt werden soll, und spare mir dadurch Zeit,*
- *muss ich anderen keine Arbeit aufs Auge drücken, die ich selbst nicht gerne machen will, und daher sind sie mir sicherlich dankbar*

Von der Liste war Jenny selbst ziemlich erstaunt. »*Kein Wunder, dass ich keine Aufgaben abgebe, ich habe ja tatsächlich einen extrem hohen Gewinn. Oder andersherum ausgedrückt: Ich müsste einen hohen Preis zahlen, wenn ich delegiere.*« – »*Unter welchen Umständen wären Sie bereit, diesen Preis zu zahlen?*«, *hakte ich nach.*

Nachdenklich kritzelte Jenny auf dem Papier herum. »*Ich glaube, ich muss mich von dem lösen, was andere von mir denken. Es müsste mir doch eigentlich völlig egal sein, wenn sich die Nachbarn das Maul zerreißen, weil ich jetzt eine Zugehfrau habe. Geht doch keinen etwas an. Und ich will eigentlich gar nicht für mein hohes Arbeitspensum bewundert werden, sondern lieber für meine Ideen. Deshalb werde ich ab jetzt mein Ding durchziehen!*«

Teufelsstrategie 3: Machtvolle Sätze ins richtige Verhältnis rücken

Hilfreich beim Lösen der Bremsklötze kann es sein, die Sätze, Weisheiten, Regeln oder Beispiele, die uns »manipulieren«, in ein neues Licht zu rücken. Eine geeignete Methode dafür ist das Wertequadrat.[22] Gemäß der Vorstellung von Aristoteles, dass »eine Tugend als die rechte Mitte zwischen zwei fehlerhaften Extremen zu bestimmen ist«, bilden Sie in einem Wertequadrat die Pole je zweier Werte ab und können die gesunde Mitte bestimmen.

Ähnlich wie beim Yin-Yang-Prinzip der fernöstlichen Kultur geht man davon aus, dass es für jede Eigenschaft zwei Pole gibt und die Balance zwischen beiden Polen am entspanntesten für uns ist. Ein Beispiel: Sparsamkeit wird ohne Großzügigkeit zu Geiz, umgekehrt wird aber Großzügigkeit ohne Sparsamkeit zu Verschwendung.

Bei einer solchen Visualisierung wird oft deutlich, wie extrem man sich manchmal verhält, um einen bestimmten Zustand weitestgehend zu umgehen, sozusagen vor dem »bösen« Zustand zu flüchten. Je schneller Sie erkennen, dass in diesem Gegenpol ebenfalls ein positiver Kern steckt, desto eher können Sie Ihre »gesunde Mitte« finden.

Mit Ludwig zeichneten wir ein Wertequadrat wie in der folgenden Abbildung, in das er zunächst eintrug, was er überhaupt nicht mochte (»lähmende Schlappheit«) und was er gut fand (»dynamische Kraft«). Im Anschluss fragte ich ihn, welches denn für ihn die jeweiligen positiven oder negativen Gegenpole wären. Als positiven Gegenpol zu lähmender Schlappheit trug er »erholsame Ruhe« ein, als negativen Gegenpol zur dynamischen Kraft das »hektische Getriebensein.« Nachdenklich blickte er eine ganz Weile auf das Quadrat und meinte dann: »Ich habe das ständige Antreiben meines Vaters immer so verstanden, dass ich mich beeilen muss, um etwas zu erreichen, und sah es als dynamische Kraft. Jetzt glaube ich aber vielmehr, dass ich vor lauter Angst, ›lahm und schlapp‹ zu sein, mich zum hektisches Getriebensein habe verleiten lassen. Ich will aber nicht hektisch und getrieben sein. Ich will ein guter Chef und Vater sein, ausgeglichen. Und nun erkenne ich, wenn ich mir mal Ruhe gönnen würde, dann wäre ich ja gar nicht lahm, sondern könnte erholsame Ruhe erleben. Das muss ich jetzt erst mal verdauen.«

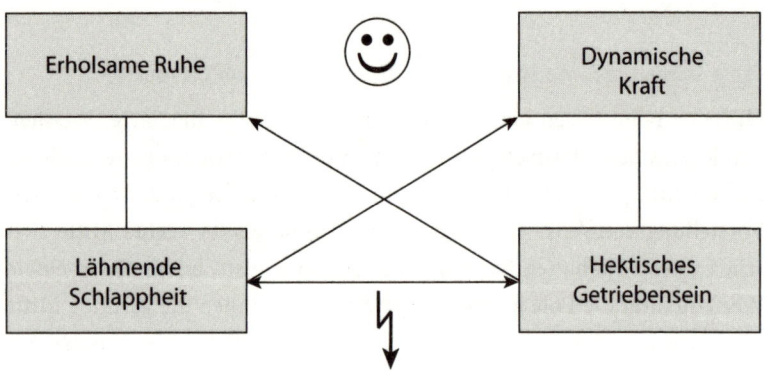

Schritt 3: Geduldig üben

Fangen Sie in kleinen Schritten an, Ihre neue Sicht- und Denkweise im Alltag umzusetzen. Machen Sie sich darauf gefasst, dass Ihr Umfeld zunächst irritiert sein wird von Ihrem neuen Verhalten oder Ihren neuen Ansichten. Üben Sie es in kleinen, unwichtigen Situationen und gewinnen Sie damit die Selbstsicherheit, dass es klappt. Seien Sie geduldig mit sich selbst, wenn Sie mal wieder in Ihr altes Muster zurückfallen. Machen Sie einfach in der nächsten Situation einen neuen Versuch mit Ihrer neuen Einstellung. Und eines Tages wird es ganz mühelos von alleine gehen.

Übung: Teufelchen entmachten

Nehmen Sie mit den vorgestellten Methoden Ihrem mächtigsten Teufelchen das Zepter aus der Hand. Diese Teufelchen können Aussagen oder Beispiele sein, es können aber auch Dinge sein, die mit Ihrem Heimatort, dem Erziehungsstil der Eltern, der Rolle der Großeltern oder mit Vorbildern zu tun haben.

Gehen Sie dazu bitte die Fragen zu Ihren Wurzeln nochmals durch und achten Sie gezielt darauf, wo sich möglicherweise noch Teufelchen verbergen können. Arbeiten Sie mit der Frage »Welchen Gewinn habe ich, wenn ich mich so verhalte?« oder setzen Sie Ihre Befürchtungen mit einem Wertequadrat wieder in eine gesunde Relation.

Bunte Feder 3: Ihr Umfeld

»Zeig mir, wen du kennst, und ich sage dir,
wer du bist.«

Anonym

Was hat Ihr Umfeld mit Ihren bunten Federn zu tun? Ganz einfach:
Unser Umfeld beeinflusst ganz massiv, welche unserer Federn wir als
bunt, glänzend und wertvoll empfinden, welche wir pflegen und strahlen lassen und welche wir am liebsten tief im Gefieder verstecken, weil
»man« so doch nicht sein darf. Und das geht weit über die eben bespro-
chenen Bremsklötze in Form von Glaubenssätzen und vermeintlichen
Weisheiten hinaus.

Das Umfeld färbt ab

Die Menschen, mit denen wir viel zu tun haben, färben auf uns ab: ihre
Gedanken, ihre Meinungen, ihre Einstellung zu Geld, Erfolg oder Spaß,
ihre Arbeitshaltung oder ihre Ziele. Je näher sie uns stehen, desto größer ist unser gegenseitiger Einfluss. Auf diese Weise breiten sich unsere
Gedanken, Stimmungen, Einstellungen wellenartig auf unsere Freunde
(1. Grad), die Freundesfreunde (2. Grad) sowie die Freunde der Freunde
unserer Freunde (3. Grad) aus – und umgekehrt.

Die Wissenschaftler James H. Fowler von der University of California,
San Diego, und Nicholas A. Christakis von der Harvard University, Bos-
ton, stellten sogar einen Einfluss auf das Gewicht fest.[23] Sie untersuchten
die sozialen Beziehungen von über 5 000 US-Bürgern, von denen jeder im
Schnitt zehn engere Kontakte hatte. Nahmen nun jeweils die nächsten
Freunde der Studienteilnehmer zu oder ab, so veränderte sich auch deren
Gewicht entsprechend.

Dabei spielten gemeinsame Mahlzeiten jedoch keine Rolle. Laut den beiden Forschern erhöht ein fettsüchtiger Freund die Gefahr, selbst Fettsucht
zu entwickeln, um 57 Prozent. Und auch ein dicker Freund eines Freun-

des könne das eigene Gewicht beeinflussen. Der Grund: Angenommen, Ihr Freund Mick hat einen Freund namens Nico, der etwas zugenommen hat. Mick mag ihn sehr und findet nun, es sei doch gar nicht so schlimm, etwas fülliger zu sein. Heute ruft er Sie an, weil Sie immer gemeinsam zum Sport gehen und er bisher eigentlich immer Ihr »Antreiber« war. Aber Sie haben heute so gar keine Lust auf sportliche Aktivitäten – und da Mick nun dank Nico toleranter gegenüber »Couch Potatoes« ist, wird er Sie dieses Mal nicht überreden, sondern einfach alleine gehen. Selbst wenn Mick also sein eigenes Verhalten nicht verändert, kann sich seine neue Einstellung auf Sie auswirken.

Sogar Rückenschmerzen können »ansteckend« sein, stellten Sozialmediziner von der Universität Lübeck fest, als sie Gesundheitsübersichten aus West- und Ostdeutschland auswerteten. Vor der Wiedervereinigung litten im Osten kaum Menschen an Rückenproblemen, eine Dekade später lagen die Ostdeutschen in puncto Rückenleiden mit den Westdeutschen gleichauf: »Das soziale Netz Ost hatte vom sozialen Netz West gelernt«, kommentierte die *Süddeutsche Zeitung*.[24] Heute sind Rückenschmerzen die »Volkskrankheit Nummer 1« und häufigster Grund für einen Arbeitsausfall.[25]

Aber wie kann denn ein nicht ansteckendes Leiden anstecken? »Es gibt keine Epidemie von Rückenschmerzen, sondern eine Epidemie von Krankschreibungen«, stellte der Epidemiologe und Sozialmediziner Wilfried H. Jäckel bereits 1998 in einem Interview mit der *Münchner Medizinischen Wochenschrift* fest.[26] Unbewusst passen wir uns also unserem Umfeld an, und da es heutzutage gesellschaftlich völlig akzeptiert ist, Rückenschmerzen zu haben, steigen analog die Krankmeldungen – neben anderen Faktoren – auch aus diesem Grund.

Beeinflusst werden wir dabei vor allem von den Menschen, mit denen wir am meisten zu tun haben. Diese müssen wir heute gar nicht mehr täglich sehen, denn in Zeiten von E-Mail, Handy, Facebook & Co. stehen wir schließlich mit vielen unserer Freunde und Bekannten in engem Austausch, selbst wenn wir uns nur virtuell begegnen. Dieser enge Kontakt beeinflusst unsere Sicht der Dinge, ermutigt uns, unseren Weg zu gehen – oder bremst uns massiv aus.

Wenn Sie, liebe Leserin, in Ihrem näheren Umfeld keine andere Frau haben, die Vollzeit arbeitet, dann sinkt statistisch gesehen die Wahrscheinlichkeit, dass Sie Vollzeit arbeiten gehen. Wenn es in Ihrem Umfeld, lieber Leser, keinen anderen Familienvater gibt, der seinen gut bezahlten Job an den Nagel hängt, um seinen Traum vom Auswandern mit Familie zu realisieren, dann sinkt statistisch gesehen die Chance, dass Sie Ihren Pass und Ihre Familie packen und beispielsweise nach Downunder gehen.

Wenn Sie als kreativer Chaot keinen anderen kreativen Chaoten in Ihrem Umfeld haben, dann werden Sie laut Statistik über kurz oder lang Ihre Ideen eher für sich behalten, als sie heraussprudeln zu lassen.

Wichtig: Das bedeutet nicht, dass Sie es überhaupt nicht tun, sondern lediglich, dass die Wahrscheinlichkeit sinkt, dass Sie das tun werden, was Sie wirklich tun wollen. Und sich dessen nicht einmal bewusst sind!

Dieses Phänomen lässt sich auch im Arbeitsalltag beobachten: Stellt ein Unternehmen einen sehr guten Mitarbeiter ein und holt dieser nach einiger Zeit einen Kollegen aus seinem engeren Umfeld nach, so ist der Neue in der Regel ebenfalls sehr gut in seinem Job. Holt ein eher schlechter Mitarbeiter einen engen Vertrauten nach, so überzeugt dieser häufig ebenfalls nicht mit seiner Leistung. Zieht ein Unternehmer einen solventen, netten Kunden an Land, der ihm weitere Kontakte vermittelt, so sind diese in der Regel ebenfalls nett, solvent und zahlen pünktlich. Zieht er einen schleppend zahlenden, schwierigen Kunden an Land, so entpuppen sich dessen Empfehlungen meist als ähnlich anstrengende Zeitgenossen.

Neben der unbewussten Wirkung kann unser Umfeld aber auch massiv und offen gegen unsere Wünsche und Träume arbeiten. Viele kreative Chaoten berichten, dass sie sich manchmal wie Außerirdische fühlen. Mit ihrem Freigeist, ihrem Ideenreichtum und dem Drang nach Abwechslung fallen sie permanent auf – im eher negativen Sinne. Die anderen finden sie einfach merkwürdig und sonderbar. Kein Wunder. Denken Sie zurück an das Nussbaum-Stärken-Talente-Rad: Den kreativen Chaoten mit Tendenz zum Ideensprudler stehen die systematischen Ordner diametral gegenüber – und im Berufsleben prallen dann oft Welten aufeinander.

Stellen wir diese Talenttypen einmal gegenüber.

Der systematische Ordner	Der kreative Chaot
… bringt zu Ende, was er angefangen hat.	… fängt vieles an, probiert vieles aus.
… macht eine Sache nach der anderen.	… macht viele Dinge gleichzeitig.
… plant seine Aufgaben und alle zeitlichen Abläufe.	… macht am liebsten alles sofort – oder gar nicht.
… nimmt Zeitvorgaben sehr genau.	… sieht Zeitvorgaben als grobes Ziel, das es nach Möglichkeit zu erreichen gilt.
… kann gut priorisieren.	… findet alles spannend, besonders das, was neu ist.
… sucht eine einzige korrekte Antwort.	… sucht nach möglichst vielen Antworten.
… liebt vorhersehbare Abläufe.	
… verlässt sich gerne auf Bewährtes.	… liebt Überraschungen und sieht unvorhergesehene Probleme als neue Herausforderung an.
… liebt Sicherheit und Gleichförmigkeit.	… liebt Experimente.
	… liebt Freiräume und Abwechslung.

Peter erzählt, er sei mit seinen kreativ-chaotischen Talenten ständig in der Behörde, in der er arbeite, ausgebremst worden. »Ich machte Vorschläge, wie wir Abläufe verbessern und beschleunigen könnten – Ablehnung auf breiter Front. Ich schlug einen neuen, günstigeren Lieferanten für unsere Druckerkartuschen vor – nein, den anderen haben wir schon ewig und einen Wechsel müsste erst die Referatsleitung genehmigen. Ich machte Vorschläge, wie wir die Außenwirkung und das Image unserer – recht verschrienen – Behörde aufpolieren könnten – abgelehnt.«

Solch geballte Ablehnung kann bei Ihnen dann erst recht zu Sprunghaftigkeit führen. Denken Sie bitte an dieser Stelle einmal darüber nach, wie viel Stress Ihnen in Ihrem Umfeld gemacht wird, wie oft man Ihnen direkt oder indirekt vorwirft, zu sprunghaft, zu unentschlossen und zu anders zu sein, und inwiefern genau dieser Druck dazu führen könnte, dass Sie schneller Ihre Aktivitäten wechseln, als Sie es in einem entspannten Umfeld tun würden.

Analysieren Sie Ihr Umfeld

Gehen wir einmal davon aus, dass Ihre drei engsten Kontakte den größten Einfluss auf Sie ausüben. Im Schnitt haben wir – geschätzt – in der westeuropäischen Gesellschaft mit fünf bis zehn Menschen sehr engen Kontakt. Der weitere Bekanntenkreis setzt sich durchschnittlich aus 150 Personen zusammen, das entspricht in etwa der Größe eines Dorfes der Urvölker, fanden Anthropologen heraus.[27]

Bitte analysieren Sie mithilfe der folgenden Übung, zu wem es Sie in Ihrem Umfeld hinzieht.

Übung: Welches Umfeld gefällt Ihnen?[28]

Bitte stellen Sie sich vor, Sie gehen auf eine Party, die in einem großen Saal stattfindet. In jeder Ecke haben sich Menschen versammelt, die ähnliche Vorlieben haben.

Schritt 1: Sie dürfen sich nun zu einer Gruppe gesellen, und zwar zu derjenigen, von der Sie glauben, dass Sie sich dort am längsten wohlfühlen werden. (Es spielt jetzt keine Rolle, dass Sie auf einer echten Party vielleicht zu schüchtern wären, um auf diese Menschen zuzugehen – oder dass Sie nicht wissen, was Sie sagen sollen.)

Bitte lesen Sie die jeweiligen Gruppenbeschreibungen durch und malen Sie dann ein Strichmännchen mit einer »1« zu der Gruppe, bei der Sie sich am wohlsten fühlen würden. Bitte gehen Sie *nicht* zu der Gruppe, von der Sie hoffen, möglichst viel lernen zu können. Bitte gehen Sie zu der Gruppe, in der Sie sich auch zwei Tage lang (ja, so lange geht die Party) wohl und aufgenommen fühlen.

Schritt 2: Leider gehen nach einigen Stunden alle Mitglieder dieser Gruppe nach Hause – nur Sie bleiben und suchen sich eine neue Gruppe. Bitte malen Sie nun ein Strichmännchen mit einer »2« zu der Gruppe, in der Sie sich nun am längsten wohlfühlen könnten.

Schritt 3: Tja, schade, nach nur 15 Minuten verlassen auch diese Leute die Party (nein, es liegt nicht an Ihnen) und Sie dürfen sich eine dritte Gruppe suchen. Bitte malen Sie ein Strichmännchen mit einer »3« zur entsprechenden Gruppe.

Menschen, die gerne mit Zahlen, Daten und Fakten arbeiten, die eher kühl und distanziert sind, die sich um Details kümmern.

Menschen, die auf eine ehrliche Weise viel Geld gemacht haben, und bodenständig ihren Reichtum genießen.

Menschen, die gerne lernen, untersuchen, beobachten, recherchieren und Wissen zusammentragen.

Menschen, die gerne nach bewährten Mustern arbeiten, die Routinen und einen möglichst konstanten Tagesablauf lieben, die es mit Normen und Gesetzen sehr ernst nehmen.

Menschen, die künstlerische, kreative oder begeisternde Ideen haben, die gerne in unstrukturierten Umgebungen arbeiten und die gerne ihre Kreativität und ihren Einfallsreichtum ausleben.

Menschen, die gerne Dinge bewegen, die anschieben können, die gerne andere Menschen beeinflussen, sie überzeugen, sie leiten.

Menschen, die gerne mit anderen Menschen arbeiten, sie unterstützen, ihnen etwas beibringen, andere heilen oder coachen und wortgewandt sind.

Menschen, die auf Materielles keinen Wert legen und nur wenig zum Leben brauchen.

Notieren Sie nun stichpunktartig Ihre Gedanken. Was fällt Ihnen bei Ihrer Gruppenauswahl auf? Welche neuen Erkenntnisse haben Sie gewonnen? Oder hat sich ein bestimmter Verdacht bestätigt? Was folgern Sie aus Ihren Präferenzen?

Schritt 4: Überlegen Sie, mit welchen fünf Menschen Sie in Ihrem Alltag am meisten zu tun haben. Wenn Sie kleine Kinder haben, lassen Sie sie bitte außen vor, ab dem Teenageralter können Sie sie, wenn Sie wollen, mit aufnehmen.

Mit diesen Menschen verbringe ich am meisten Zeit (echt oder auch virtuell, via Internet et cetera):

1. _____

2. _____

3. _____

4. _____

5. _____

Schritt 5: Ordnen Sie nun die gewählten fünf Personen den Gruppen im Saal zu. Verwenden Sie dazu am besten eine andere Farbe oder ein anderes Kennzeichen für die neuen Strichmännchen. Sie können auch den Namen der Person unter das Männchen schreiben.

Lassen Sie die neue Gästeverteilung einige Minuten auf sich wirken und notieren Sie dann Ihre Gedanken. Was fällt Ihnen auf? Welche neuen Erkenntnisse können Sie aus dem Bild ziehen?

Wenn Sie möchten, können Sie diese Übung auch auf ausgewählte Personen Ihres weiteren Bekanntenkreises ausweiten. Was verändert sich in dem Fall an der Gästeverteilung?

Neun Tipps für die Konstellation Ihres Umfelds

1. Suchen Sie sich die Menschen in Ihrem Umfeld sorgfältig aus und verändern Sie falls nötig bewusst Ihren direkten Freundes-, Bekannten- oder Kollegenkreis, wenn Ihnen Ihr jetziges Umfeld nicht guttut. Das heißt jetzt nicht zwingend, dass Sie jeglichen Kontakt abbrechen, den Job kündigen oder sich gleich scheiden lassen müssen. Achten Sie zunächst darauf, dass Sie ab sofort mehr Kontakte knüpfen, die wirklich zu Ihnen passen und mit denen Sie sich gerne und häufig austauschen.
2. Umgeben Sie sich mit Menschen, die so ticken wie Sie, denn das gibt Ihnen das nötige Zugehörigkeitsgefühl.
3. Bemühen Sie sich auch um Kontakte, die das genaue Gegenteil von Ihnen verkörpern – denn solche Charakterkombinationen stärken Sie und spornen Sie mitunter zu größeren Leistungen oder schon längst überfälligen Veränderungen an. Ein Beispiel: Ein Mensch vom Typ Unterstützer, der sich ohnehin schon mit ähnlich hilfsbereiten Menschen umgibt und endlich lernen will, öfter Nein zu sagen und sichtbare Grenzen ziehen will, wird das mit seinen Gleichgesinnten schwer verwirklichen können. Denn sein Umfeld lebt ihm Tag für Tag vor: Du musst dich für andere aufopfern. Mit Machern oder Logikern im Bekanntenkreis aber kann es ihm viel schneller gelingen, das lang ersehnte Nein endlich überzeugend über die Lippen zu bringen. Weil die anderen ihm vorleben, dass es vollkommen in Ordnung ist, Nein zu sagen.

4. Besuchen Sie Kongresse oder ähnliche, auch branchenübergreifende Veranstaltungen zum Thema Kreativität, Querdenken oder Nachhaltigkeit. Fündig werden Sie für Ihre Region sehr leicht im Internet. Ein, zwei Tage lang intensive Gespräche mit Gleichgesinnten und inspirierende Vorträge geben Ihnen jede Menge Input und Energie, um Ihre persönlichen Ziele zu verfolgen. Und Sie sind prima in puncto Networking, was Ihnen langfristig helfen kann, neue Tätigkeiten oder Kunden zu finden.

5. Sind Sie eher introvertiert und möchten nicht so gerne auf solche Veranstaltungen, dann abonnieren Sie die Newsletter der wichtigen Player oder Fachzeitschriften. Treffen Sie wertvolle Impulsgeber im kleinen Rahmen.

6. Bemühen Sie sich aktiv darum, ein enges Netzwerk mit Menschen zu knüpfen, die über wünschenswerte, für Sie positive Eigenschaften verfügen. Gründen Sie zum Beispiel sogenannte Braintrusts – das sind Austauschmöglichkeiten mit Gleichgesinnten, die sich gegenseitig mental oder auch organisatorisch unterstützen. Weitere Tipps dazu, wie Sie solche Leute finden, erhalten Sie ab S. 246 ff.

7. Lesen Sie Biografien von Menschen, die Sie inspirieren, die ebenfalls bunte Vögel sind und die Ihnen Mut machen. Tipps dazu finden Sie im Blog auf www.erfolg-reich-frei.de.

8. Diskutieren Sie mit »anders tickenden« Freunden, Bekannten und Kollegen, was Sie über die unterschiedlichen Stärken der Persönlichkeiten gelernt haben, und regen Sie an, gemeinsam darüber nachzudenken, wie Sie alle sich mit Ihren jeweiligen Stärken gegenseitig besser unterstützen können und dabei noch bessere Ergebnisse erzielen können (vgl. auch S. 143 ff.).

9. Initiieren Sie in Ihrem Unternehmen einen Team-Workshop, zum Beispiel zum Thema Kommunikation oder Ideenmanagement. Setzen Sie beispielsweise ein Stärkenmodell ein, das die Einzigartigkeit und Wichtigkeit der einzelnen Teammitglieder deutlich hervorhebt. Der Effekt: Die gegenseitige Wertschätzung steigt – was sich insgesamt positiv auf die Stimmung und Harmonie im Team auswirkt.

Übung: Die Menschen in Ihrem Umfeld

Mit folgenden Menschen aus Ihrem Umfeld möchten Sie sich öfters austauschen und den Kontakt intensivieren:

_____

Folgende Menschen, die Ihnen guttun würden, möchten Sie gerne (besser) kennenlernen:

_____

Das können Sie tun, um mit diesen Menschen in Kontakt zu treten:

_____

Bunte Feder 4: Ihre Vorstellung von Erfolg und Karriere

»Jeder Beruf ist großartig,
wenn man ihn großartig ausübt.«

Oliver Wendell Holmes Jr. (1841–1935),
amerikanischer Rechtswissenschaftler und
Richter am Obersten Gerichtshof der Vereinigten Staaten

Sie haben sich in den vorherigen Kapiteln bereits intensiv damit beschäftigt, wie Sie sich von bremsenden Teufelchen aus Ihrem Umfeld und Ihrer Vergangenheit lösen können.

Bitte wiederholen Sie die Übungen bei Bedarf, und zwar konkret bezogen auf das Gefühl von Erfolg. Wichtig ist nämlich, dass Sie erkennen, unter welchen Umständen Sie sich erfolgreich fühlen, und dann aus vollem Herzen, mit all Ihrer Leidenschaft die Dinge tun, die Ihnen diesen Erfolg bringen.

Erfolg ist Ansichtssache

Vielleicht merken Sie, dass Ihre Tendenz, gutes Geld zu verdienen, dem Wunsch nach mehr Lebensqualität gewichen ist – und das wäre für Sie ein Erfolg. Womöglich wollen Sie sich derzeit lieber der »Downshifting«-Bewegung anschließen, einem Trend, bei dem Berufstätige bewusst auf Position, Prestige und Gehalt verzichten und einen Gang zurückschalten. In den USA haben 48 Prozent der Berufstätigen in den vergangenen fünf Jahren – freiwillig (!) – ihre Arbeitszeit verringert, eine Beförderung abgelehnt oder ihre Ansprüche und Berufsziele heruntergeschraubt. [29]

Auch hierzulande steige die Zahl derer, die nach einem eleganten Ausstiegsszenario suchen und raus wollen aus dem Hamsterrad mit 60-Stunden-Wochen, Reisestress und uneingeschränkter Erreichbarkeit, berichtete die *Wirtschaftswoche*. [30] Gerade junge Manager würden das Dogma »Höher ist besser« nicht mehr unreflektiert übernehmen, lehnten Karriere- und Gehaltssprünge zulasten ihres Privatlebens ab oder zögen es einer Führungs- die Fachkarriere vor. Die Gründe sind vielfältig: Die einen droht die Arbeitsbelastung zu ersticken, erste Anzeichen für Burnout machen sich bemerkbar, andere wünschen sich wieder mehr Zeit für die Familie oder für sich persönlich. Wieder andere langweilen sich aufgrund der alltäglichen Routine, wollen etwas Neues und Aufregendes erleben.

Prominente Vorbilder zeigen, wie es geht: Angie Sebrich, ehemalige Kommunikationschefin des Musiksenders MTV, leitet heute eine Jugendherberge in Bayrischzell – bei einem Drittel ihres damaligen Gehalts. Oder Claus Rottenbacher, Anfang 2000 ein Star der New Economy, verließ im August 2002 fix und fertig sein Büro, ging in die Berliner Charité und wurde mit der Diagnose Burnout kurzerhand von den Ärzten aus dem Verkehr gezogen. Seit 2004 lebt und arbeitet er als freier Fotograf in Berlin.[31]

»Erfolgreich sein« kann für Sie aber auch bedeuten, gutes Geld zu verdienen. Materieller Erfolg verschafft uns immerhin auch die Freiheit, die Dinge zu tun, wie wir wirklich tun wollen. Und wenn wir Geld verdient haben, können wir in Form von Stiftungen, Patenschaften und Spenden andere daran teilhaben lassen, wenn wir möchten.

Kein »Talent« zum Geldverdienen?

Warum sind mir diese bunte Feder und das Thema Geld so wichtig? Ich habe in den vergangenen Jahren sehr viele Gespräche mit kreativen Chaoten führen dürfen, die »eigentlich« ziemlich glücklich in ihren Berufen waren. Und ich setze das Wort bewusst in Anführungszeichen, denn sehr viele haben auch erzählt, dass die Arbeit zwar Spaß mache, aber einfach nicht genügend dabei rumkomme. Und das führe dazu, dass sie nebenher ein oder zwei Jobs hätten, um das doch etwas karge Gehalt oder mickrige Honorar aufzustocken.

Was für eine Verschwendung von Talenten!

Sie wissen sicherlich, was ich als bekennende Warum-Fragerin getan habe. Klar, ich habe versucht, Gründe für das finanzielle Fiasko herauszufinden.

Grund 1: Sie verkaufen sich unter Wert

Der Hauptgrund, warum kreative Chaoten zu wenig verdienen ist: Sie trauen sich nicht, für Ihre Arbeit, die ihnen total Spaß macht, Geld zu verlangen. Sie empfinden es gar nicht als Arbeit, sondern vielmehr als Privileg, diese Tätigkeit auszuüben. Wenn ihnen die Arbeit dann zusätzlich noch sehr leicht von der Hand geht, dann steht es ja wohl überhaupt nicht in der Relation, dafür auch noch finanziellen Ausgleich zu fordern. Diese Einstellung führt häufig dazu, dass kreative Chaoten den echten Wert ihrer Arbeit dem Gegenüber nicht vermitteln können – und deshalb keinen gerechten Lohn erhalten.

»Ich behandelte das Pferd und den Hund einer Bekannten und nach rund einer Stunde Behandlung zog sie mit den Worten ›Ich will dir das aber bezahlen‹ einen 5-Euro-Schein aus der Tasche«, erzählt Ingrid, die als Tierheilpraktikerin arbeitet. »Dieser Vorfall brachte mich heftig ins Grübeln. Sie hat das bestimmt nicht böse oder abwertend gemeint, das weiß ich, aber scheinbar hatte ich ihr vermittelt, dass meine Arbeit nicht mehr wert sei als 5 Euro. Das hat mich schon nachdenklich gemacht. Seit ich mir selbst bewusst darüber bin, wie wertvoll meine Arbeit ist, kann ich dies auch Kunden gegenüber vertreten, ohne ein schlechtes Gewissen zu haben. So gesehen war der angebotene 5-Euro-Schein ein echter Erfolgsbringer.«

Das betrifft auch sehr häufig Festangestellte oder Bewerber, die verschämt versuchen, ihren bunten Lebenslauf zu kaschieren, und denken, sie gehen mit schlechteren Karten in ein Bewerbungsgespräch. Am Ende sind sie dann so froh, dass sie als Exot überhaupt einen Job bekommen haben, dass sie sich deutlich unter Wert verkaufen.

Verinnerlichen Sie unbedingt, welchen Nutzen Ihre Fähigkeiten und Talente den anderen bringen. Fragen Sie sich: Was ist Ihre Leistung wirklich wert? Was hat der andere davon, dass es Sie gibt? Welchen Mehrwert bieten Sie mit Ihrem Können?

Erst wenn Sie selbst vom wahren Wert Ihrer Leistung überzeugt sind, können Sie diese auch anderen entsprechend wertig verkaufen. Schauen Sie sich um, welche Löhne, Gehälter oder Honorare andere Menschen mit Ihrem Leistungsstand erzielen, und sagen Sie selbstbewusst: Wenn die das können, kann ich das auch!

Grund 2: Über Geld nachzudenken macht keinen Spaß

Da kreativen Chaoten in der Regel andere Werte wichtiger sind als Geld und Besitz, haben sie oft gar keine Lust, über Geld und Verdienst nachzudenken, und solange es irgendwie in der Kasse klingelt, ist ja auch alles in Ordnung. Sie leben eher von der Hand in den Mund und betreiben, was Betriebswirte »Management by Kontostand« nennen: Ist Geld auf dem Konto, wird gekauft, herrscht Ebbe in der Kasse, wird gespart.

Sind Sie damit richtig zufrieden und ist dies auch kein Streitpunkt zwischen Ihnen und Ihrem Partner – prima, dann nur weiter so. Sobald Sie aber merken, dass Sie als Ideensprudler oder Informationssammler fast Ihr gesamtes Haushaltsbudget für Ihr jeweils aktuelles Projekt ausgeben, weil Sie alles kaufen, was es derzeit an Büchern zur Blutgruppendiät oder Ausstattung zum Langlaufen gibt, und deshalb andere Anschaffungen in der Familie auf der Strecke bleiben, dann würde mehr finanzieller Spielraum wohl nicht schaden. Oder Ihnen kommt der Gedanke, dass Sie »eigentlich« doch ganz gerne einen Notgroschen ansparen wollen. Wenn es nur des Geldes wegen zu Streitigkeiten in der Familie kommt, dann lohnt es sich, über einen gezielten Vermögensaufbau nachzudenken. Rechnen Sie dazu einmal aus, was Sie überhaupt an Einnahmen haben wollen, allein das kann schon viel klären.[32]

Selbst Künstlernaturen, die sehr bescheiden sind, was ihre Verdienstwünsche angeht, und alle, die sagen, die persönliche Freiheit sei in jedem Fall wichtiger als Geld, fühlen sich mit einem gesunden Finanzpolster besser als mit dem ständigen Schrammen entlang der Nulllinie.

Mich erschreckt es immer wieder, wie oft ich Männer und Frauen treffe, die ihre Talente in den vergangenen Jahren *nicht* gelebt haben und heute zudem in Angst vor der Altersarmut leben. Viele beugen sich den gesellschaftlichen Normen, stellen ihre Talente hintenan oder setzen sie nicht optimal ein – und haben dann noch nicht einmal ausreichend (Schmerzens-)Geld auf die hohe Kante legen können. Wenn die systematischen Arbeiter in Rente gehen und ihr Leben genießen, dann können die kreativen Chaoten nur zusehen, denn zum Genießen fehlt vielen schlichtweg das nötige Geld. Stichwort Altersarmut. Wer nicht frühzeitig vorsorgt, der wird es im Alter schwer haben. Auch wenn es für Sie heute okay ist, ein einziges Paar Schuhe zu haben (und Sie stolz darauf sind, den gesellschaftlichen Normen zu trotzen), überlegen Sie, ob Sie im Alter diesen – dann erzwungenen – Purismus weiterhin schätzen werden.

Ändern Sie, wenn Sie mögen, Ihre Einstellung zum Geld[33], so wie der russische Dichter Fjodor Dostojewski (1821–1881), der einst sagte: »Geld ist geprägte Freiheit.«

Mit einem weiteren Grund für die Finanzmisere so mancher kreativer

Chaoten beschäftigen wir uns ab S. 114 ausführlich: Einige schaffen es nämlich nicht, jemanden zu finden, der für ihre Talente tatsächlich Geld ausgeben will.

Mit Glücksgefühl auf Hochtouren

Eine neue Forschungsrichtung hat in den letzten Jahren für Furore gesorgt: die Glücksforschung. Die Wissenschaftler interessieren sich zunehmend dafür, was wir brauchen, um glücklich zu sein. Eines ist klar: Glück ist absolut subjektives Wohlbefinden. Jeden von uns machen andere Dinge glücklich und es lohnt sich für uns alle, immer wieder zu prüfen, welche es in diesem Moment oder diesem Lebensabschnitt ist.

Was ist Glück?

Für mich ist Glück, wenn vier Faktoren zusammenspielen: zunächst die allgemeine Lebenszufriedenheit plus die Zufriedenheit mit den Lebensbereichen, die mir persönlich wichtig sind. Und wenn jetzt die Anzahl der angenehmen Gemütszustände noch die Anzahl der weniger angenehmen übersteigt, dann empfinden wir längerfristiges Glück.

Was bedeutet das im beruflichen Kontext? Ganz klar: Wann immer wir unsere Talente ausleben können, entsteht ein Glücksgefühl und das treibt uns zu Höchstleistungen an. Wann immer Sie Ihren kreativ-chaotischen Talenten freien Lauf lassen dürfen, sind Sie glücklicher als bei »normalen« Tätigkeiten. Und glückliche Mitarbeiter bringen bessere Ergebnisse. Prima, oder?

Kennen Sie den Begriff »Flow«? Er stammt von dem Psychologen und Glücksforscher Mihaly Csikszentmihalyi, der damit das Gefühl des völligen Aufgehens in einer Tätigkeit beschreibt. Wenn wir im Flow sind, dann sind in diesem Augenblick Fühlen, Wollen und Denken in völligem Einklang. Wir vergessen Zeit und Raum, wir blühen auf, die Dinge gehen uns leicht von der Hand.

Viele Tätigkeiten können diesen Effekt erzeugen, wenn sie die sogenannten »flow-erzeugenden« Kennzeichen enthalten:

- Wir spüren eine Herausforderung, sind aber nicht überfordert.
- Wir kennen die Ziele der Tätigkeit.
- Wir erhalten unmittelbar Rückmeldung auf unser Tun.[34]

Also: Wann fühlen Sie sich erfolgreich? Wann blühen Sie auf?

In einem Seminar sammelten wir folgende Punkte:
Ich fühle mich erfolgreich, wenn ich:

- *gelobt werde*
- *alles schaffe, was ich mir vorgenommen habe*
- *viel Abwechslung habe*
- *mir Konzepte ausdenke und sie durchsetze*
- *mich nicht ausbeuten lasse am Arbeitsplatz*
- *30 Stunden pro Woche arbeite*
- *etwas vorwärtsbringe (auch für andere)*
- *Ausgleich zwischen Beruf und Privatleben finden kann*
- *jemanden von absurden Ideen überzeugen kann*
- *endlich ein kleines Häuschen im Grünen mit Obstgarten besitze*
- *selbstbestimmt arbeiten kann*
- *die Balance zwischen Anerkennung und Autonomie beibehalten kann*
- *Bremsklötze aus dem Weg schaffe*
- *aufhöre, meine Berufung zu suchen*
- *längerfristige Projekte mache*
- *eine Medaille im Drachenbootrennen gewinne*
- *finanziell abgesichert bin*
- *immer wieder auf die Beine komme*

Sie sehen – alles ist möglich.

Jetzt sind Sie an der Reihe. Nehmen Sie sich wieder ein wenig Zeit für die nächste Übung. Lassen Sie Ihren Gedanken freien Lauf, machen Sie sich von allen Bremsklötzen und Teufelchen frei und schreiben Sie auf, was sich für Sie persönlich gut anfühlt.

Übung: Ich fühle mich erfolgreich, wenn … [35]
Nehmen Sie bitte einen Stift sowie Ihr Erfolgsbuch oder Ihr PDF-Workbook. Nehmen Sie sich mindestens zehn Minuten Zeit und notieren Sie, was für Sie Erfolg bedeutet.
(Hilfsfragen: Wann fühlen Sie sich erfolgreich? Was verstehen Sie unter »persönlichem Erfolg«?)

Betrachten wir im nächsten Schritt, wie gut Sie Ihre soeben notierten persönlichen Erfolgsfaktoren bereits ausleben. Übertragen Sie dazu bitte Ihre derzeit zehn wichtigsten Erfolgsfaktoren in die folgende Tabelle und bewerten Sie sie mit Noten von 1 bis 6, wie sehr sie diese momentan leben (1= sehr gut, 6= gar nicht).

Erfolgsfaktoren, die Ihnen wichtig sind	Wie wichtig ist Ihnen dieser Faktor?	Wie stark leben Sie ihn aus? (Note 1–6)	Abwei- chung	Was werden Sie tun? Wie können Sie diesen Erfolgsfaktor (mehr) leben?
1.				
2.				
3.				
4.				
5.				
6.				
7.				
8.				
9.				
10.				

Auswertungsbeispiel:
Sie haben den Erfolgsfaktor »Selbstbestimmt arbeiten« als »sehr wichtig« (= 1) eingeordnet und in der Spalte »Wie stark leben Sie ihn aus?« eine »6« (= gar nicht) eingetragen. Ziehen Sie von der Zahl in dieser Spalte die eingestufte Wichtigkeit ab. Die Differenz ist in diesem Fall also 5. Dann können Sie sich überlegen, was Sie unternehmen wollen, damit sich daran etwas ändert.

Sie haben den Erfolgsfaktor »Sich nicht ausbeuten lassen am Arbeitsplatz« mit 1 bewertet und leben dies bereits (1). Das bedeutet, Sie sind schon auf dem richtigen Weg und können weitermachen wie bisher.

Bei Erfolgsfaktoren, die Sie stärker ausleben, als sie für Sie wichtig sind (das ist immer dann der Fall, wenn die Differenz eine negative Zahl ergibt), können Sie im Moment Aufmerksamkeit und Zeit abziehen und lieber einem anderen, wichtigeren und derzeit noch nicht so beachteten Erfolgsfaktor widmen.

Bunte Feder 5: Ihr Spaß am Anfangen

»Jedem Anfang wohnt ein Zauber inne.«

Hermann Hesse (1877–1962), deutsch-schweizerischer Dichter, Schriftsteller und Freizeitmaler

Viele kreative Chaoten leiden darunter, dass sie ständig auf etwas Neues anspringen – und ihnen dann auf halber Strecke die Puste ausgeht. Die Aussage »Du bringst nie etwas zu Ende« bekommen sie oft zu hören und haben daran zu knabbern.

Viele Menschen betrachten es als Tugend, Dinge von A bis Z zu erledigen. Doch was bedeutet es denn genau, etwas »zu Ende zu bringen«? Wann endet eine Tätigkeit, eine Aufgabe oder eine Aktivität?

Das Märchen vom Makel des kurzen Atems

Gut, bei einigen Aufgaben ist es eindeutig: Ein Quartalsbericht ist fertig, wenn er »abgabereif« ist. Ein Auto ist fertig gewaschen, wenn es sauber ist. Ach, wirklich? Ist das so? Aber wann *genau* ist der Bericht denn »abgabereif«, ab welchem Zeitpunkt gilt das Auto als »sauber«?

Beim Thema Autowaschen zum Beispiel denke ich an eine meiner Freundinnen und ihren Mann. Die beiden haben eindeutig nicht das gleiche Verständnis davon, wann das Familienauto sauber ist. Meine Freundin versteht unter einem sauberen Auto, wenn sie damit durch die Waschanlage gefahren ist und im Innenraum die gröbsten Krümel und Steinchen herausgesaugt hat. Ihr Mann hingegen legt jetzt erst richtig los: Er poliert mit einem weichen Tuch die Karosserie nach, putzt innen und außen die Scheiben mit Fensterklar, zerlegt die Sitze und saugt jede noch so kleine Ritze sorgfältig.

Jeder von ihnen präsentiert nach der Putzaktion stolz das Auto als frisch gewaschen. Jeder ist nach seinen Vorstellungen »fertig«.

Wie steht es beim Quartalsbericht? Ist er abgabefertig, wenn alle relevanten Zahlen drin sind? Oder erst, wenn Sie alles grafisch schön aufgehübscht haben? Oder wenn Sie die Daten, die Ihnen von einer anderen Abteilung gegeben wurden, nachrecherchiert haben, bevor Sie sie verwenden?

So eine subjektive Messlatte kann man bei vielen alltäglichen Aufgaben entdecken, weil jeder von uns andere Vorstellungen hat, wann Aufgaben vollständig erledigt sind. Sehr analytische Menschen (siehe Talenttyp Dr. Annaliese Logisch) neigen dazu, auch noch das kleinste Detail zu be- und verarbeiten, und lieben es, sehr gründlich zu arbeiten (mit einem entsprechenden Zeitaufwand, den so ein gründliches Ergebnis dann auch erfordert). Wer dann noch perfektionistisch veranlagt ist, der scheint sich in seinen Aufgaben regelrecht zu verbeißen.

Was ist nun »gut« und was ist »schlecht« am jeweiligen Verhalten? Diese Frage lässt sich schwer beantworten. Es ist schlicht und ergreifend Geschmackssache, wie gründlich wir bestimmte Aufgaben erledigen, wobei es natürlich in vielen Fällen, vor allem im Beruf, Vorgaben gibt, die regeln, wie bestimmte Arbeiten zu erledigen sind.

So entstehen individuelle und situationsabhängige Messlatten. Eine *persönliche* Messlatte können Sie anlegen für Aufgaben, die allein Sie selbst betreffen. In einem Team, einer Partnerschaft oder innerhalb der Familie gilt es hingegen, eine *gemeinsame* Messlatte festzulegen, indem man klärt, welche Ansprüche die einzelnen Mitglieder der Gruppe an bestimmte Aufgaben und deren Erledigung haben. Gemeinsam lässt sich dann diskutieren, wie am besten verfahren wird.

Denkbare Lösungen könnten sein:

- Bei bestimmten Aufgabenschritten leisten Sie zum Wohle der anderen mehr, als Sie von Natur aus machen würden, weil die Teammitglieder so besser leben oder arbeiten können. Zum Beispiel bereiten Sie die Quartalsberichte farbig und grafisch auf, weil sie damit lesbarer für die anderen werden – obwohl Sie selbst keinen besonderen Wert darauf legen würden.
- Bei bestimmten Aufgaben nehmen alle auch etwas weniger in Kauf, weil auch dieses Ergebnis für das Weiterarbeiten völlig ausreichend ist und Sie alle im Hinblick auf die wertvolle Arbeits- und/oder Lebenszeit aller auf übertriebenen Perfektionismus pfeifen.
- Die anderen übernehmen die noch nötigen Schritte bis zum perfekten Ergebnis selbst. Sie übergeben bildlich gesprochen das Staffelholz innerhalb des Teams.

Mein Mann und ich praktizieren dieses Staffelholzprinzip seit Jahren beim Thema Küche aufräumen. Räumt er auf, dann wirkt die Küche zwar auf den ersten Blick in Ordnung, doch in der Spüle bleiben Krümel liegen und auch Esstisch und Arbeitsfläche sind für meine Begriffe nicht so richtig sauber. Für meinen Mann hingegen gilt die Küche in diesem Stadium als aufgeräumt. Unsere Messlatten hängen bei diesem Thema also unterschiedlich hoch.

Daher haben wir vereinbart: Wenn ich das i-Tüpfelchen haben will, mache ich es selbst. Das heißt, mein Mann räumt das Grobe auf, ich übernehme das Feintuning. Mit einem solchen Kompromiss können wir beide prima leben. In anderen Bereichen ist er wiederum perfektionistischer veranlagt und kümmert sich dann dort um das i-Tüpfelchen, während ich nur die grobe Arbeit erledige.

Wichtig dabei ist: Klären Sie mit Ihren Familienmitgliedern und Kollegen, welche Erwartungen jeder hat, und bemühen Sie sich gemeinsam, eine für alle akzeptable Lösung zu finden. Kompromissbereitschaft heißt das Zauberwort. Wenn jeder stur auf seinem Standpunkt beharrt, kann es nicht funktionieren. Hören wir doch endlich auf, andere immer maßregeln zu wollen, es immer besser zu wissen. Viel angenehmer für alle Beteiligten ist es, wenn wir uns als Team sehen, in dem sich die Mitglieder prima ergänzen, weil jeder seine eigenen Stärken ausleben kann.

Übung: Wann sind Sie »fertig«?
Bitte notieren Sie ein Beispiel, wann eine Aufgabe für Sie »fertig« ist – und welche Vorstellungen andere Menschen in Ihrem Umfeld (z. B. Partner, Kollege, Chef) in Bezug auf diese Aufgabe haben.

Tätigkeit: _____

Diese Tätigkeit ist für mich »fertig«, wenn ...

_____ (Name) hält diese Tätigkeit für »fertig«, wenn ...

Was können Sie tun, um Streit und Stress zu vermeiden (für alle Beteiligten): _____

Machen Sie diese Übung in Ihrem Erfolgsbuch oder PDF-Workbook auch für andere Aufgaben.

Das Staffelholzprinzip

Denken Sie daran, dass Sie nicht immer alles selbst tun müssen, damit eine Arbeit fertig wird. Denn eine Arbeit zu erledigen heißt nicht zwingend, dass jeder Mitarbeiter im Zuge dessen alles von Anfang bis Ende im Alleingang machen muss. Warum auch? Das wäre ja völlig ineffektiv.

Ich habe als Schülerin mein Geld für den Führerschein verdient, indem ich in einer Brotfabrik gearbeitet habe. In der Produktion am Fließband. Kein Mensch hat dort von mir erwartet, dass ich selbst den Teig anrühre für das Brot, dass ich die Formen fülle, in den Ofen schiebe und zum Schluss verpacke. Nein, ich war in der Verpackungshalle eingeteilt, die Bäcker und anderen Arbeiter hatten ihr eigenes »Revier«. Logisch, alles andere wäre eine unsinnige Arbeitsverteilung.

In der Produktion hatte Henry Ford bereits 1913 erkannt, dass der konsequente Einsatz eines Fließbandes besser (weil effizienter und damit kostengünstiger) ist, wenn nicht alle Arbeiter ein Auto von A bis Z zusammenschrauben. Fords Gewinn stieg und er konnte den Preis des Ford T von 850 US-Dollar (1908 vor Einführung des Fließbandes) auf 300 US-Dollar senken.[36]

Warum wird aber von uns in den Büros und bei vielen Aufgaben erwartet, etwas von A bis Z durchzuziehen? Warum ist in so vielen Unternehmen immer noch meist derjenige, der eine Idee hat, automatisch für ihre Umsetzung verantwortlich? Kennen Sie dieses Phänomen in Meetings? Sie haben eine tolle Idee, werfen diese in den Raum, alle finden sie super und sagen: »Dann mach mal!« Schade nur, dass Sie eigentlich keine Lust haben, die Idee tatsächlich zum Leben zu erwecken. Sie hätten zwar gerne, dass sie lebt – aber Sie wollen nicht als Geburtshelfer fungieren, weil die konkrete Umsetzung nicht so ganz Ihr Ding ist.

Was passiert?

Möglichkeit 1: Sie reißen sich zusammen, ziehen das Ding durch, investieren eine Menge Energie und dennoch ist das Ergebnis vielleicht nicht so gut, wie es gewesen wäre, hätte sich jemand mit einem Händchen für Details bis zum Schluss damit beschäftigt.

Möglichkeit 2: Sie gehen in Deckung und hoffen, die anderen vergessen, dass Sie etwas tun sollten, und lassen die Idee in der untersten Schublade verschwinden.

Möglichkeit 3: Sie halten in künftigen Meetings den Mund, damit Ihnen ja keine Idee entfleucht, um die Sie sich am Ende kümmern müssen.

Möglichkeit 4: Ihr Team erkennt Ihre Stärke des Ideensprudlers an und sie setzen Ihr Team so zusammen, dass Sie das Staffelholz an einen Macher und einen Umsetzer weiterreichen können. Ein richtiges Dream-Team, bei dem jedes Mitglied seine eigenen Stärken und Arbeitspräferenzen einbringen kann und so geniale Ergebnisse erzielt werden können.

Dream-Teams aufbauen

Wie setzt sich ein solches perfektes Team zusammen? Nehmen wir das Nussbaum-Stärken-Talente-Rad (siehe S. 31 ff.) zu Hilfe. Ein Dream-Team könnte aus Menschen bestehen, deren Präferenz jeweils in einer bestimmten Rolle liegt:

Der Informationssammler, der mit großem Spaß und Erfolg Informationen sammelt, beispielsweise wenn ein neues Produkt auf den Markt gebracht werden wollen. Er sammelt Daten und Fakten: Was will der Markt, welches sind die Trends, was machen die Mitbewerber et cetera? Und er bereitet diese Daten auf. Die Ideensprudler übernehmen diese Informationen und fangen an, Ideen zu spinnen: Was könnte man da machen, was wäre völlig neu, wo könnte man etwas innovativ verändern, was hat Zukunft? Sie kreieren neue Lösungen und erzählen begeistert anderen davon, die sich von diesem Enthusiasmus anstecken lassen. Jetzt kommt der zielstrebige Umsetzer ins Spiel. Er bewertet die Ideen in puncto Machbarkeit, wählt aus, was besonders vielversprechend ist, startet ein Pilotprojekt oder lässt einen Prototypen anfertigen und erstellt Maßnahmenpläne, damit die ausgewählten Ideen auch tatsächlich umgesetzt werden können. Ohne ihn hätte das Team zwar viele Ideen, würde aber nichts auf die Straße bringen. An diesem Punkt übernimmt der organisierte Macher. Er stellt die geplanten Produkte her beziehungsweise setzt die Dienstleistung tatsächlich um. Er ist derjenige, der jetzt den Umsatz bringt, der sichtbare Ergebnisse erzielt. Auch der logische Analytiker ist nun mit von der Partie, denn er prüft, ob und wie sich das Vorhaben rechnet und hat ein Auge darauf, dass Qualitätsstandards, Budgets und Deadlines klar gesetzt und allen bekannt sind. Er übernimmt demnach die Funktion des Controllers.

Das Team wird abgerundet durch den kommunikativen Unterstützer, der eine Rolle nach außen spielen kann, zum Beispiel im Kundenservice oder beim Support. Er kann aber auch seine hilfsbereite Seite direkt im Team ausleben und zwischen den anderen Teammitgliedern vermitteln. Er ist die gute Seele des Teams, die für ein harmonisches Miteinander sorgt.

Neben dem fachlichem Know-how machen vor allem diese Unterschiede in der individuellen Rolle einen Berufstätigen – egal ob angestellt oder selbstständig – oder ganze Teams erst wirklich erfolgreich. Wenn in einer Gruppe jeder Typ vertreten ist und seine persönlichen Stärken einsetzen darf, dann ergänzen sich die Mitglieder und in der Summe entsteht ein ungemein schlagkräftiges und motiviertes Dream-Team.

Ich schätze, mit diesem Modell im Hinterkopf lässt sich sehr viel Unmut und Stress, den man sich selbst am Arbeitsplatz macht, erklären. Vielleicht haben Sie erkannt, dass Sie schon viel zu lange versucht haben, eine Arbeit zu verrichten, die überhaupt nicht Ihrem Arbeitstyp entspricht. Oder Sie verstehen jetzt besser, warum Ihre Kollegin immer nach Schema F arbeiten will und dabei für Außenstehende den Eindruck erweckt, als ob sie bei der Arbeit am liebsten nicht mitdenken will. Oder warum der Kollege aus dem Vertrieb immer neue Ideen anschleppt, wie man Kundendaten besser organisieren könnte – aber nie eine konkrete Umsetzung hinbekommt. Oder warum Ihr Projektleiter stundenlang an Details feilt und Daten penibel niederschreibt, anstatt das Projekt voranzutreiben. Sie sehen: Es gibt unzählige solcher Beispiele.

Lernen Sie die verschiedenen Arbeitspräferenzen Ihrer Kollegen, Vorgesetzten – und auch ihre eigenen! – kennen und schätzen und betrauen Sie die Leute mit den Aufgaben, die ihrer Arbeitsweise am besten entsprechen. Das garantiert Ihnen, dass Sie das Beste aus sich und allen Mitarbeitern/ Kollegen herausholen und dass alle wesentlich zufriedener arbeiten.

Außerdem reduzieren sich damit auch automatisch zu hohe Erwartungen an die Leistung des Einzelnen. Ein Ideensprudler kann eben nur mit sehr hohem Energieaufwand Detailarbeit verrichten und ein Ordner wird selten von sich aus neue Impulse liefern. Sobald Sie wissen, welches die Stärken Ihrer Geschäftspartner und Kollegen sind, können Sie wesentlich besser delegieren und unter dem Strich Topergebnisse erzielen.

Otto Rehhagel, der als Trainer 2004 die griechische Fußballnational-
mannschaft zum EM-Titel führte, hat das erfolgreich für den Mann-
schaftsgeist im Sport bewiesen. »Früher machte jeder, was er wollte. Jetzt
macht jeder, was er kann«, sagte er, noch bevor die Griechen triumphal das
Finale gewannen.[37]

Verstehen Sie nun, warum es so wichtig ist, dass wir – abgesehen von
unseren Fachqualifikationen – unsere Stärken und Talente kennen? Je besser Sie Ihre Traumrolle in einem Team kennen und diese ausleben können,
desto besser für alle. Sie erhalten einfach die besseren Ergebnisse und Sie
haben alle mehr Spaß bei der Arbeit.

Und glauben Sie jetzt nicht, dass das nur Wunschdenken und ohnehin
nicht umsetzbar ist! Im Gegenteil, ganze Konzerne werden mittlerweile
nach solchen Modellen gesteuert. Hewlett Packard beispielsweise besetzt
bewusst im Forschungs- und Entwicklungsbereich knapp ein Viertel der
Belegschaft mit »kreativen Innovatoren« – im weltweiten Vergleich sind es
in anderen Firmen lediglich 13 Prozent.[38] Konzerne wie IBM organisieren
ihren gesamten Workflow nach ähnlichen Rollenbildern.[39] Und zweifels-
ohne sind diese Unternehmen sehr erfolgreich.

Unterstützung für Einzelkämpfer

Aber was tun, wenn Sie Einzelkämpfer sind, Unternehmer oder Freiberufler, und demnach keine Teammitglieder haben, mit denen Sie sich ergänzen könnten? Auch in diesem Fall kann das Talenttyp-Modell wertvolle Hinweise liefern. Je besser Sie sich und Ihre Stärken kennen (und
wertschätzen!), desto besser können Sie diese Leistung gegenüber Arbeitgebern oder Kunden verkaufen. Auf diese Weise lassen sich zum Beispiel
auch neue Kundenkreise erschließen. Sie könnten überlegen: Wer braucht
denn dringend einen »wissbegierigen Informationssammler«? Und bieten
demjenigen Ihre Dienstleistung gezielt an.

Im Büroalltag können Sie einerseits versuchen, die einzelnen Rollen entlang dem Nussbaum-Stärken-Talente-Rad einzunehmen. Das heißt, Sie eignen sich für die Rollen, die nicht Ihren Stärken entsprechen, die nötigen Fertigkeiten an und sehen es als persönliches Wachsen und als Abwechslung.

Besser schaffen Sie sich jedoch ein (virtuelles) Team und holen sich je
nach Bedarf die jeweiligen Spezialisten mit ins Boot. Sie haben kein Geld

dafür? Sehen Sie es mal von dem Standpunkt aus: Wenn Sie sich auf die Aufgaben konzentrieren, die Ihnen wirklich liegen, bei denen Sie richtig glänzen können, und alle anderen Arbeiten abgeben, gewinnen Sie mehr Zeit, um sich Ihrer Hauptaufgabe zu widmen – und zusätzlichen Umsatz zu generieren. Das lässt solche zusätzlichen Investitionen schon plausibel erscheinen, oder?

Oder Sie nutzen die gewonnene Zeit einfach einmal, um sich zu erholen, Energie zu tanken, und gehen danach mit deutlich mehr Tatendrang ans Werk. Auch dann haben Sie die Investition für den Zuarbeiter schnell wieder drin.

Übung: Welche Präferenzrolle haben Sie?

- Lesen Sie die Kurzbeschreibungen Ihres Talenttyps oder Mischtyps noch einmal aufmerksam durch.
- Welches sind Ihre Kernkompetenzen?
- Wie äußern sich diese in Ihrem beruflichen Alltag?
- Welche Teile Ihrer Arbeit mögen Sie am liebsten, was geht Ihnen leicht von der Hand?
- Wo tun Sie sich besonders schwer?
- Welche Arbeiten würden Sie lieber heute als morgen an jemand anders abgeben?
- Was müssten Sie ändern, damit Sie Ihre Lieblingsaufgaben noch ausgiebiger und gezielter ausüben können?
- Wer in Ihrem Umfeld hat vermutlich welche Rolle, auf welche Weise könnten Sie sich ergänzen?
- Welche Aufgaben könnten Sie tauschen?

Bunte Feder 6: Ihr Wunsch nach Abwechslung

»Mein Bestreben ist es, lieber an Erschöpfung
als an Langeweile zu sterben.«

Sir Angus Grossart (*1937), schottischer Unternehmer

Wie bereits erwähnt habe ich mir als Schülerin in einer Brotfabrik etwas Geld dazuverdient. Jeder Arbeiter war dort für einen bestimmten Produktionsabschnitt zuständig – doch innerhalb dieses Abschnittes sollten wir in regelmäßigen Abständen etwas Neues tun. Soweit ich mich erinnere, ertönte alle 120 Minuten ein lauter Gong und jeder Arbeiter sollte von seiner Verpackungsmaschine zur nächsten in der Halle wechseln. Regeln zum Arbeitsschutz und Vorgaben gegen die Eintönigkeit am Arbeitsplatz waren der Grund dafür.

Ich fand es spannend, alle zwei Stunden etwas Abwechslung zu bekommen – doch die festangestellten Kollegen wollten meist nicht wechseln und blieben über Stunden an der gleichen Maschine stehen. Ich fragte den Vorarbeiter, warum das so sei, und er sagte:»Die meisten wollen nicht denken beim Arbeiten, die machen mechanisch immer den gleichen Handgriff und ein Wechsel wäre für sie zusätzlicher Energieaufwand.«

Mir war das damals unbegreiflich – heute weiß ich, dass viele Menschen genau diese Routinen lieben. Für mich war es dann furchtbar langweilig, denn solange die anderen nicht wechselten, hatte ich selbst keinen neuen Arbeitsplatz und musste über Stunden an ein und derselben Maschine ausharren. Der Gong allein beeindruckte die Mitarbeiter nicht wirklich, lediglich ein einziger Vorarbeiter hielt sich damals an die Vorgaben und scheuchte die Arbeiter weiter – die restlichen drückten meist ein Auge zu.

Heute wissen wir vor allem aus der Hirnforschung, wie wichtig Abwechslung ist. Wer viele Jahre stumpfe, eintönige Arbeit am Fließband verrichtet, dessen Denkleistung verringert sich schneller als bei Kollegen mit abwechslungsreichen Tätigkeiten, fand beispielsweise Michael Falkenstein vom Institut für Arbeitsphysiologie (IfADo) der Technischen Universität Dortmund heraus.[40]

Wer hingegen viel Abwechslung in seinem Arbeitsablauf hat, dessen Gehirn bleibt fit und der kann bessere Leistungen erbringen.

Spannend ist dabei die Frage, wie schnell wir Abwechslung brauchen. Also in welchen Intervallen eine Veränderung passieren muss, damit wir uns gut und gefordert fühlen.

Die relativ junge Wissenschaftsrichtung der Chronobiologie (»Chronos« = Zeit, »Biologie«= Lehre vom Leben) hat herausgefunden, dass ein Mensch circa 70 Minuten am Stück konzentriert arbeiten kann. Spätestens dann schreit unser Körper förmlich nach einer Pause, nach Erholung. Die Forscher bezeichnen den wichtigsten Zyklus im Tagesverlauf als Basic Rest/Activity Cycle, kurz BRAC: Der Zyklus umfasst 90 Minuten, wobei nach 70 Minuten Aktivität ein 20-minütiger passiver Zustand folgt.[41]

Diese notwendige Pause, die unser Körper fordert, lassen wir jedoch im Alltag oftmals nicht zu und putschen uns mit Koffein, Nikotin oder viel Adrenalin aus dem Leistungstief. Dabei kann bereits ein Wechsel der Aktivität Wunder wirken.

Wer also etwa alle 70 Minuten etwas anderes macht, handelt entsprechend seiner inneren Uhr. Die gibt es übrigens tatsächlich: Forscher lokalisieren sie im Nucleus suprachiasmaticus (SCN), einem Hirnbereich direkt über der Kreuzung der Sehnerven (Chiasma optica)[42].

Warum kreative Chaoten mehr Abwechslung brauchen

So weit, so gut. Doch woran liegt es, dass viele kreative Chaoten offenbar deutlich kürzer an einer Sache dranbleiben als die Systematiker? Warum scheinen sie häufiger als andere nach 70-minütiger konzentrierter Arbeit nicht in der Lage zu sein, wieder zur ursprünglichen Aufgabe zurückzukehren? Oder alle paar Wochen ein neues Hobby brauchen, weil das aktuelle langweilig geworden ist? Woher kommt es, dass sie offensichtlich im Vergleich zu den Systematikern weniger Disziplin haben?

Grund 1: Wacher Geist

Kreative Chaoten haben in der Regel einen sehr wachen Geist und eine extrem schnelle Auffassungsgabe, das belegen zahlreiche Ansätze wie zum Beispiel der Strengths-Finder des Gallup-Instituts.

Sie haben also das Talent, sich neues Wissen und neue Fertigkeiten mit großem Engagement anzueignen. »In einer dynamischen Arbeitsumgebung, in der von Ihnen erwartet wird, kurzfristig in ein neues Projekt einzusteigen und sich dafür eine Menge neues Wissen anzueignen, um anschließend flugs das nächste Projekt in Angriff zu nehmen, blühen Sie so richtig auf«, beschreibt das Gallup-Prinzip diese Stärke.[43] Sie lieben es, etwas Neues zu lernen. Und weil Sie das ständig tun, sind Sie auch darauf trainiert und deshalb flutscht es.

Wenn es also darum geht, etwas Neues zu lernen oder zu tun, haben Sie einfach deutlich schneller als die anderen die wichtigsten Dinge intus – und können zum nächsten Thema übergehen. Wozu Sie vielleicht eine Woche brauchen, benötigt ein eher stoischer »Nicht-gerne-Lerner« hingegen vier Wochen. Um beispielsweise Spanisch für eine Geschäftsreise zu lernen, reicht einem kreativen Chaoten oft ein Sprachkurs auf CD-ROM über fünf Wochen, um sich zu verständigen. Der Systematiker besucht ein Jahr lang einen VHS-Kurs, um auf das gleiche Sprachniveau zu kommen. Ja klar, er bleibt länger am Ball, wenn man die Zeitspanne betrachtet – aber was bringt es?

Fazit: Kreativen Chaoten reichen kurze, aber intensive Zeitspannen, um mindestens das gleiche Ergebnis zu erzielen wie die Langzeitlerner.

Grund 2: Arbeitsstil

Kurze Intervalle entsprechen schlicht und ergreifend dem Arbeitsstil kreativer Chaoten. Nehmen wir eine Analogie aus dem Sport: Es gibt Langstreckenläufer und Sprinter. Forschungen zufolge soll es uns sogar in die Wiege gelegt sein, zu welchem Typ wir gehören. Australische Sportwissenschaftler haben ein Gen entdeckt, das die sportlichen Fähigkeiten eines Menschen mitbestimmt. Das Gen namens ACTN3 existiert in zwei Varianten: Wer die Variante R in seinem Erbgut trägt, eignet sich eher als Sprinter, während die Variante X mehr zu Ausdauersportarten befähigt, berichtete das Wissenschaftsmagazin *New Scientist*.[44]

Analog gibt es zwei natürliche Arbeitsstile, nach denen Sie Ihre Aufgaben im Büro oder zu Hause erledigen: Entweder mögen Sie es, in kleinen, konzentrierten Etappen zu arbeiten oder lieber in längeren Einheiten. Und so können wir den »Sprinter« und den »Marathon-Arbeiter« unterscheiden.

Viele kreative Chaoten zählen eher zu den Sprintern. Sie sind am effektivsten, wenn sie sich kurz und mit vollem Einsatz mit einem Thema beschäftigen. Ihre Produktivität sinkt rapide, sobald sie sich zwingen, zu lange Phasen mit ein und derselben Aktivität zu verbringen.

Zählen Sie sich hingegen zu der Sorte, die sagt: »Ach, nur eine Stunde Zeit? Da brauche ich ja jetzt gar nicht erst anzufangen …«, und ist es keine Ausrede für Ihre »Aufschieberitis«, sind Sie vermutlich ein »Marathon-Arbeiter«. Dieser ist effizienter und produktiver, wenn er längere Arbeitsphasen hat, in denen ihn nichts ablenkt, und er kann ich prima auch über mehrere Stunden auf eine Sache konzentrieren.

Natürlich gibt es – wie so oft – auch Mischtypen.

Ich selbst bin eher ein Mischtyp. Wenn ich eine Aufgabe erledigen will, bei der ich Brainstormen will, bei der ich konzentriert etwas erschaffen will, dann blocke ich mir längere Zeitinseln in meinem Kalender. Ich fühle mich dann wie ein Künstler, der sich in seine Klause zurückzieht, und will beispielsweise am aktuellen Buch in Ruhe arbeiten. Zwischendurch gönne ich mir zwar Mini-Pausen zur Erholung, um Tee zu kochen oder E-Mails zu beantworten, aber der Tag liegt wie eine Blumenwiese vor mir, über die ich gemütlich spazieren kann. Allerdings ist nach zwei Monaten intensiver Arbeit am Buch dann auch die Luft raus und es ist wieder Zeit für einen Wechsel. Müsste ich ein Jahr an einem Buch schreiben, würde ich einen Anfall bekommen.

Habe ich hingegen kleinere Aufgaben zu erledigen, dann motivieren mich kurze Zeitinseln zwischen anderen Terminen besser, noch schnell dies und jenes zu erledigen. Hätte ich dafür einen ganzen Tag Zeit, würde ich mit Sicherheit nicht so viel abarbeiten und mich eher ablenken lassen.

Sprinter oder Marathon-Arbeiter – Wie schätzen Sie sich ein?

○ Ich bin eher ein Sprinter.
○ Ich bin eher ein Marathon-Arbeiter.
○ Ich bin ein Mischtyp.

Tipps für Sprinter und Marathon-Arbeiter[45]:

Sprinter	Marathon-Arbeiter
• Gestalten Sie Ihre Tage so, dass Sie bewusst pro Aufgabe kleine Sprint-Zeiteinheiten vorsehen. • Halten Sie Verabredungen und Routinetätigkeiten kurz. • Wechseln Sie häufig zwischen verschiedenen Aufgabentypen. • Beginnen Sie eine andere Aufgabe, sobald Ihre Aufmerksamkeit sinkt, und kehren Sie später zurück. Notieren Sie, welcher nächste Schritt bei der auf Halde gelegten Aufgabe zu gehen ist, bevor Sie wechseln. • Teilen Sie größere Aufgaben in kleine Sprint-Etappen ein, die Sie als Zwischenschritte in Ihre Tageskonzepte aufnehmen.	• Gestalten Sie Ihre Tage so, dass Sie ausreichend ungestörte Zeitinseln gewinnen, zum Beispiel ganze Tage frei von Terminen. Schotten Sie sich vor Störungen ab (Telefon aus, Anrufbeantworter an, Tür zu). • Sammeln Sie kleinere Arbeiten und erledigen Sie diese dann en bloc, das entspricht Ihnen. • Zerlegen Sie größere Projekte in mittelgroße Etappen, die Sie als Zwischenschritte in Ihre Tagesplanung aufnehmen und damit Lücken im Kalender nutzen. • Die wirklich langen und tatsächlich ungestörten Zeitinseln reservieren Sie für Aufgaben, bei denen Sie viel Aufmerksamkeit brauchen.
Vorteil Ihres Arbeitsstils: Sie nutzen sprichwörtlich jede freie Minute und sind unter Zeitdruck sehr produktiv. Für Sie lohnt es immer, etwas anzufangen.	**Vorteil Ihres Arbeitsstils:** In der Ruhe eines längeren Arbeitsblockes kann mehr Kreativität entstehen und Ihre Arbeit mehr Tiefe und Qualität erhalten.
Fallstricke Ihres Arbeitsstils: In der Regel werden sich bei Ihnen viele halbfertige und unerledigte Aufgaben ansameln. Manche Menschen lähmt dies, weil sie nie fertig werden und immer etwas zu tun ist. Wägen Sie ab, wann Ihnen das Abschließen einer Aufgabe ein besseres Gefühl gibt, und überbrücken Sie unter Umständen ein Leistungstief mit der Aussicht auf eine bald vollendete Aufgabe auf Ihrer Liste. Beobachten Sie auch, ob Sie in Ihren Kurzintervallen die gewünschte Leistung bringen und wirklich kreativ sein können oder ob die kleinen Zeitinseln eher minder gute Schnellschüsse produzieren.	**Fallstricke Ihres Arbeitsstils:** Je mehr Zeit Sie sich für eine Aufgabe nehmen, desto mehr brauchen Sie auch. Kommt dann noch ein gewisser Perfektionismus dazu, kann es sein, dass Sie nie ausreichend große Zeitinseln finden werden, bei denen es sich in Ihren Augen lohnt, überhaupt anzufangen. Lernen Sie das 80/20-Prinzip kennen. Denken Sie daran: Auch für Sie gilt die 70-Minuten-Regel der Chronobiologen: Legen Sie die Arbeit beiseite, wenn die Leistungsfähigkeit sinkt und Sie sich nicht mehr richtig konzentrieren können. Sonst sind Sie zwar ausdauernd, aber insgesamt dennoch unproduktiv.

Fazit: Es gilt nicht, 08/15-Vorgaben zu folgen, sondern dem persönlichen Arbeitsstil. Wenn Sie sich so organisieren, wie Sie und Ihre innere Uhr wirklich ticken, werden Sie Ihre Aufgaben mit mehr Elan und Zufriedenheit durchführen.

Grund 3: Veränderungen machen glücklich

Laut Motivationsforschung agieren wir – vereinfacht gesagt – nur aus zwei Gründen:

1. Vermeidung von Schmerz
2. Gewinn von Lust/Freude/Wohlbefinden

Tauchen wir kurz ein in die Neurobiologie, denn was uns Schmerz oder Lust bereitet, das können wir ganz einfach in unseren grauen Zellen beobachten.

Das menschliche Gehirn arbeitet mit einem Belohnungssystem, das immer dann auf äußere Reize anspringt, wenn diese sich »positiv vom übrigen Gewühl der Sinne abheben«, erklärt Gehirnexperte Manfred Spitzer.[46] Ein Stückchen Schokolade, ein nettes Gespräch mit dem Kollegen, gemeinsames Lachen im Büro oder das Gefühl, etwas gelernt zu haben – all diese Reize setzen das gleiche System in Gang: Im Gehirn, genauer in »Area A 10«, werden Neuronen aktiv, die den Neurotransmitter Dopamin ausschütten. Ein Teil der Nervenfasern aktiviert weitere Nervenzellen (im Nucleus accumbens), die ihrerseits opiumähnliche Stoffe im Frontalhirn ausschütten, die Endorphine. Diese sind für unser Glücksgefühl verantwortlich. Das Ergebnis: Unsere Stimmung steigt, wir fühlen uns gut. Und das zieht einiges nach sich.

Sind wir begeistert, aktiviert sich im Mittelhirn das Belohnungszentrum und so stellt sich die Bereitschaft zu Höchstleistungen und neuem Verhalten ein. »Die durch Emotionen ausgeschütteten Botenstoffe des Dopamin- und Opiatsystems wirken wie Dünger auf Nervenzellen«, erklärte Neurobiologe Gerald Hüther in einem Interview.[47] Unter ihrem Einfluss bilden sich neue Nervenverbindungen, die in der Zukunft unser Verhalten beeinflussen. Und je mehr solcher emotionaler Erfahrungen wir machen, desto mehr verdichten diese sich in unseren Köpfen zu unserer inneren Haltung, zum sogenannten Mind-Set.

Das ist wie in der Natur: Je häufiger und je mehr Menschen auf einer bestimmten Strecke über eine Wiese laufen, desto schneller entsteht ein Trampelpfad. Beispielsweise als Abkürzung vom Parkplatz zum Bahnsteig. Viele Gemeinden bauen solche Trampelpfade mittelfristig zu kleinen Wegen aus. Mit dem Effekt, dass noch mehr Menschen diese Wege nutzen. Genauso entsteht ein Mind-Set: Je häufiger wir bestimmte Areale nutzen, desto schneller entstehen feste Wege, die sich dann natürlich noch leichter nutzen lassen.

Das Mind-Set bestimmt,

- was jedem Menschen individuell wichtig ist,
- wie sich ein Mensch in einer bestimmten Situation verhält und
- wie viel Energie er zu investieren bereit ist.

Die spannende Frage lautet: Was führt bei Ihnen dazu, dass das Dopamin seinen Siegeszug antreten kann? Wann hebt sich ein Reiz bei Ihnen »positiv vom übrigen Gewühl der Sinne« ab? Welcher Reiz sorgt bei Ihnen dafür, dass Sie etwas tun, um Freude zu gewinnen?

Unabhängig davon, was Sie jetzt konkret aufschreiben würden, eines ist wissenschaftlich erwiesen: Allein die Tatsache, dass etwas neu ist, bedeutet für das menschliche Gehirn schon eine angenehme Erfahrung, fanden Forscher der Universität Magdeburg in einem Versuch heraus. Sie steckten Probanden in einen Magnetresonanztomographen und ließen sie Bilder bekannter und unbekannter Objekte betrachten. »Das Belohnzentrum ist mit dem Sinneseindruck des Neuen fest verdrahtet«, erklärt der Leiter der Arbeitsgruppe für kognitive Neurologie, Emrah Düzel, die Ergebnisse. Seine Schlussfolgerung: »Wir sind von Natur aus Entdecker! Sogar schon die Erwartung, dass bald etwas Neues passiert, hat diesen Effekt.«[48]

Wir sind also von Natur aus Entdecker und besonders kreative Chaoten lieben

- alles, was neu ist (statt erprobt und eingeführt),
- alles, was mit Menschen zu tun hat (statt mit Sachen oder Fakten),
- alles, was spielerisch ist (statt ernst und »erwachsen«),
- alles, wobei man etwas lernen und weiterentwickeln kann (statt »Das haben wir schon immer so gemacht«).

Veränderung in der richtigen Dosis

Doch mal wieder stehen sie damit im Vergleich zu anderen Menschen in unserer Gesellschaft ziemlich alleine da. Einer Statistik zufolge sind

83 Prozent der Menschen nämlich Bewahrer, nur 17 Prozent der Menschen sind Veränderer.[49]

Bewahrer	Veränderer
• schätzen, was ist • achten darauf, dass erhalten bleibt, was ist • erinnern sich gerne • nehmen die Gegenwart als eine Folge der Vergangenheit wahr • sehen Bestand als wichtiges Gut an • verändern sich ihr Leben lang recht wenig • tun sich mit Veränderungen, die von außen initiiert werden, meist sehr schwer	• lieben Neues • sind ständig dabei, Dinge umzugestalten • sehen die Gegenwart als Sprungbrett in die Zukunft • finden Bestehendes meist langweilig • reizt es, Dinge auszuprobieren • sind ihr Leben lang eher unbeständig, verändern sich • springen schnell auf neue Reize an, ohne dass das Alte überhaupt abgeschlossen werden konnte

Und das kann im Alltag, vor allem in einer Partnerschaft, für eine Menge Streit sorgen. Dann nämlich, wenn sich einer sträubt, etwas Neues auszuprobieren, weil das Alte sich doch bewährt hat: Warum zu einer neuen Zahnpasta, einem neuen Brot oder einem neuen Urlaubsdomizil wechseln, wenn das Bewährte doch völlig zufriedenstellend ist? Viele leben lieber so – als Bewahrer des Bewährten.

Andere hingegen lieben das Neue, die Veränderung, den Wechsel. Und Sie fragen sich: »Wie viel Veränderung ist normal und wann habe ich einfach maßlos übertrieben?« Mit Sicherheit ist Ihre Veränderung normal, sobald Sie Ihre »Belohnung« erhalten haben.

Grund 4: Sie haben Ihre Belohnung erhalten

Viele sagen: »Ich mache das jetzt erst einmal fertig und dann beginne ich mit etwas Neuem.« Wie Sie bereits wissen, verstehen jedoch Systematiker und kreative Chaoten etwas völlig anderes unter dem Begriff »fertig werden«, weil jeder Mensch eine andere Definition davon hat, eine eigene Sichtweise, wann er am Ende einer Tätigkeit oder Sache angelangt ist.

Manche verweilen aus Interesse länger bei einem Thema. Andere lieben es hingegen, wie eine Honigbiene vom einen zum anderen zu fliegen, beschreibt es US-Autorin Barbara Sher.[50]

Das Bild von der Honigbiene gefiel mir und machte mich neugierig – daher fragte ich gleich beim Deutschen Imkerbund e. V. nach, warum Bienen denn eigentlich von Blüte zu Blüte schwirren. Hier die Erklärung: »Im Zuge ihres Sammeleifers verbleibt die Biene so lange auf einer Blüte, bis die gesamte Nektarmenge in Reichweite ihres Rüssels aufgesaugt ist. Mit der Länge des Bienenrüssels sind ihr bei der Nektaraufnahme Grenzen gesetzt aufgrund des unterschiedlichen Blütenaufbaus: Auf der Sonnenblume beispielsweise erreicht sie den Nektar gut. Bei den langen Röhrenblüten des Rotklees aber langt ihr Rüssel nicht bis auf den Grund. Dies gelingt aber den größeren Hummeln.

Der Inhalt der Honigblase, quasi der Magen der Honigbiene, fasst maximal 50–60 µl beziehungsweise 50–70 mg Inhalt. Bis eine solche Ladung für den Heimflug in den Bienenstock gesammelt ist, fliegt die Biene je nach Ergiebigkeit eine bis mehrere Hundert Blüten an.«[51]

Honigbienen holen also so viel Nektar wie möglich an einer Blume und fliegen dann weiter zur nächsten. Nie würde einer Honigbiene in den Sinn kommen: Oh, in dieser Blüte steckt doch noch so viel mehr Nektar, den muss ich jetzt restlos aussaugen! Aber wie zum Teufel bekomme ich jetzt meinen Rüssel länger, damit das geht? Nein, sie hat eine konkrete Vorstellung davon, wann sie an einer Blüte »fertig« ist – nämlich dann, wenn kein Nektar mehr in Reichweite ist. So haben die Hummeln auch noch etwas davon, denn sie kommen eben naturgemäß auch an den restlichen Nektar.

Würden Sie deswegen eine Biene schimpfen: »Jetzt mach doch mal eine Blüte richtig leer, bevor du weiterfliegst! Konzentriere dich doch mal auf die eine!« Nein, denn so sind Honigbienen eben, das ist ihre Natur. Und das ist aus zweierlei Gründen gut: Zum einen erhält jede Honigsorte erst durch den Mix ihren ganz besonderen Geschmack – und was es in Sachen Bestäubung bringt, weiß bestimmt jeder noch aus dem Biologieunterricht.

Kreative Chaoten sind wie Honigbienen. Es ist ihre Natur, von einer Blüte zur nächsten zu fliegen. Wenn sie das tun dürfen, dann kommen auch wertvolle Ergebnisse heraus.

Die Frage, die Sie sich jetzt lediglich beantworten müssen, ist: Wann sind Sie fertig? Wann haben Sie genug vom Nektar gesaugt?

Übung: Wann ebbt das Interesse wieder ab?[52]

Bitte erinnern Sie sich an drei Situationen, in denen Sie sich mit Feuereifer auf eine neue Tätigkeit gestürzt haben.

Was hat Ihnen dabei am meisten Freude bereitet?

Wann war dann bei Ihnen die Luft raus?

An welchem Punkt ebbte das Interesse wieder ab?

Welchen »Nektar« hatten Sie da bereits gesammelt?

Welches Muster entdecken Sie dabei?

Martina (36) erinnerte sich an die Situation, als die Aschewolke über Europa im Frühjahr 2010 den Flugverkehr lahmlegte und sie kurzerhand mit ihrem eigenen Auto Freunde und Bekannte quer durch Europa kutschierte. »Die Idee entstand nach einem Hilferuf eines Freundes, der von München nach Dresden musste und weder Mietwagen noch Bahnticket ergattern konnte. Danach fuhr ich einen Bekannten von Furth im Wald nach London und eine Freundin von Berlin nach Hamburg. Alle sagten, es sei super gewesen, mit mir zu fahren, so nett und angenehm und ich solle doch einen privaten Chauffeurdienst für Langstrecken aufmachen. Doch da begann mich das ewige Sitzen im Auto schon zu langweilen, ich hatte auch keinen blassen Schimmer, wie ich die Preise dafür kalkulieren sollte – meine Bekannten kutschierte ich ja umsonst – und wie ich nach Auflösung der Aschewolke überhaupt an Kunden herankommen sollte. Und mich gruselte vor der Bürokratie, einen solchen Fahrdienst offiziell anzumelden.« – »Was hat Ihnen Spaß gemacht am Taxi spielen?«, fragte ich nach. Martina dachte nach. »Ich weiß es nicht. Die anderen saßen halt in der Patsche, es herrschte Ausnahmezustand in Europa, ich hatte Zeit, ein Auto und konnte helfen.« Martina blickte vor sich hin, dann begann sie zu strahlen. »Ah, Sie meinen, mein Nektar beschränkt sich darauf, anderen in einer Notsituation unter die Arme zu greifen? Ja, das stimmt. Wann immer ich in Ausnahmesituationen helfen kann, dann blühe ich regelrecht auf. Das war mir bislang gar nicht so klar.«*

Wann blühen Sie auf? Es lohnt sich, nach diesem speziellen Zeitpunkt zu suchen, denn genau an diesem Punkt haben Sie Ihre Portion Nektar erhalten und können weiterfliegen. Im Klartext: Niemand kann Ihnen vorschreiben, wann eine Aufgabe, ein Projekt »fertig« ist. Sie selbst bestimmen, wie tief Sie in ein Thema einsteigen wollen. Wie Sie diese Erkenntnis auf den Beruf übertragen können erfahren Sie ab S. 181.

Der deutsche Philosoph Friedrich Nietzsche sagte einst:»Eine Schlange, die sich nicht häutet, stirbt.« Warum häutet sich eine Schlange? Wohl kaum, weil sie sich auf Biegen und Brechen verändern will. Sie häutet sich, weil sie wächst. Das ist wie bei allem in der Natur: Alles verändert sich, solange es wächst. Was zu wachsen aufhört, stirbt. Ähnlich ist es beim Menschen: Wir müssen wachsen im Sinne von Veränderung, um nicht krank zu werden.

Ebenso klar ist, dass eine Schlange, die sich täglich häutet, ebenfalls sehr schnell sterben würde. Auf den Menschen übertragen: Veränderungen gehören zum Leben – es kommt aber auf die richtige Dosis an.

Kinder, die noch völlig frei von gesellschaftlichen Zwängen agieren können, begeistern sich 50- bis 100-mal am Tag für die kleinsten und einfachsten Dinge.»Jedes Mal ergießen sich neuroplastische Botenstoffe über ihr Gehirn, deshalb lernen sie so schnell«, erklärt Neurobiologe Hüther.»Dann werden sie erwachsen und die emotionale Begeisterungsdusche kommt seltener zum Einsatz – bei manchen seit Jahren nicht mehr.«[53] Der Tipp des Neurobiologen an die Erwachsenen: Öfter einmal etwas ausprobieren und anders machen. Aus den gewonnenen positiven Erfahrungen entstünde schließlich die innere Haltung, dass Veränderung Freude macht. Und so können wir wachsen.

Wie finden Sie nun die für Sie und Ihr Umfeld richtige Dosis Veränderung? Ganz einfach: Verändern Sie Dinge, Aktivitäten und Umstände, die nur Sie allein betreffen, in dem Tempo, das Ihnen gefällt. Toben Sie sich hier ruhig aus. Sind von Ihren Veränderungswünschen andere betroffen, suchen Sie das Gespräch mit Ihren Mitmenschen und diskutieren Sie die jeweiligen Wünsche. Finden Sie Kompromisse und eine Balance zwischen Bewahren und Verändern.

Machen Sie sich bewusst, dass sich unsere Arbeitswelt ohnehin verändert, hin zum schnellen Wechsel.»Wir werden zu Quartalssäufern der Arbeit: Phasen extremen Engagements wechseln mit Rekreations- und Kreationsphasen ab«, prognostiziert Zukunftsforscher Georges T. Roos.[54] Projektbezogenes Arbeiten löst zunehmend feste Arbeitsverhältnisse, ja sogar lebenslange Mitgliedschaften in Vereinen und Institutionen ab[55]. Die gesamte Gesellschaft wird »unverbindlicher« – mit allen Vor- und Nachteilen.

Flucht vor dem Stillstand?

Untersuchen Sie von Zeit zu Zeit kritisch, ob Ihr persönlicher Drang nach Abwechslung eine Flucht vor dem Stillstand ist. Wie Sie in Kapitel 2 (S. 58 Wertequadrat) erfahren haben, liegt die gesunde Art, die Dinge zu handhaben, irgendwo in der Mitte. Ist Ihr Änderungswille fast schon überzogener Aktionismus oder liegt er noch im grünen Bereich? Feedback aus Ihrem (kreativ-chaotischen) Umfeld kann helfen. Finden Sie die Portion an Abwechslung, die Ihnen guttut.

Lassen Sie nicht hetzen, aber seien Sie sich bewusst: Wenn Sie sich nie festlegen wollen, dann fehlen Ihnen die nötigen Leitsterne, die Ihnen den Weg weisen, und Sie berauben sich womöglich selbst der Möglichkeit, viele große Erfolge zu feiern. In Kapitel 14 werden wir uns noch mit Ihren Leitsternen befassen. Lösen Sie Ihre (mögliche) Angst vor Verbindlichkeit – denn nichts muss für die kreativen Chaoten für die Ewigkeit in Stein gemeißelt sein.

Schulen Sie auch Ihren Blick dafür, ob Sie unter Umständen an der Hetzkrankheit leiden. Dies wäre der Fall, wenn Sie ständig in puren Aktionismus verfallen, wenn Sie in keiner Situation mehr entspannen können und verlernt haben, in Ruhe auch mal genussvoll rein gar nichts zu tun.

Bunte Feder 7: Ihr Tempo

»Nimm die Dinge, wie sie kommen.
Wenn du sie so schnell verarbeiten kannst.«

Sam Ewing (1920–2001), amerikanischer Journalist

und Humorist

Überdurchschnittlich viele kreative Chaoten, allen voran die Ideensprudler, sind immens schnell. Sie verstehen schnell. Sie denken schnell. Sie reden schnell. Sie sind schnell Feuer und Flamme.

Mit diesem Talent eignen sie sich perfekt für Tätigkeiten, in denen schnelles Reagieren erforderlich ist, in denen sie sich schnell in neue Themen einarbeiten müssen, in denen sich ständig etwas verändern kann – und schnell weitere Neuerungen und Herausforderungen zu erwarten sind.

Es ist möglich, dass sie dadurch permanent eine hohe innere Unruhe verspüren, ein Getriebensein, das mit dem Gefühl einhergehen kann, mit angezogener Handbremse durchs Leben zu ruckeln, wenn sie im beruflichen oder auch im privaten Alltag das gewünschte Tempo nicht an den Tag legen können, weil es vielleicht andere Menschen gibt, auf die es Rücksicht zu nehmen gilt.

Rasende Gedanken – und Gedankensprünge

Adrian hat das Gefühl, mit seinen Talenten immer wieder ausgebremst zu werden: »Alle Kollegen bremsen mich runter, ich bin einfach zu schnell für sie. Dabei haben mir meine Talente schon so häufig weitergeholfen, wenn ich schwierige Jobs angenommen habe und ich mich schnell in mir zuvor unbekannte Themen einarbeiten musste.«

Sehr viele Berufstätige arbeiten und denken – im Vergleich zu den kreativ-chaotischen Sprintern – einfach langsamer, fast schon behäbig. Besonders Systematiker arbeiten ihre Aufgaben lieber in Ruhe ab, was an sich nichts Schlechtes ist. Nicht umsonst heißt es: In der Ruhe liegt die

Kraft. Manche Dinge gelingen besser, wenn sie mit der nötigen Muße getan werden.

Allerdings können diese unterschiedlichen Arbeits- und Denkgeschwindigkeiten für viel Zoff, Missmut und Missverständnisse sorgen. Was können Sie also tun, um Ihr Tempo-Talent ausreichend auszuleben und gleichzeitig Reibereien mit Kollegen oder Geschäftspartnern zu vermeiden?

Idee 1: Leben Sie Ihr schnelles Denken und Reden aus, wenn Sie mit Gleichgesinnten unterwegs sind. Schaffen Sie sich nach und nach ein Umfeld mit ähnlich schnell getakteten Menschen.

Idee 2: Suchen Sie sich Tätigkeiten, bei denen Ihr hohes Tempo als Mehrwert zusätzlich entlohnt wird: Welche Firma, welche Abteilung könnte an Ihrem Talent Interesse haben? Welche Kunden könnten an Ihnen als Dienstleister oder Zulieferer ein besonderes Interesse haben – und das hohe Tempo zusätzlich als Benefit zu Ihrer Kernaufgabe vergüten? Schnelligkeit, egal ob bei der Lieferung von Waren oder der Einarbeitung in neue Themengebiete, ist für Ihren Arbeit- oder Auftraggeber Gold wert. Daher können Sie getrost entsprechend mehr für Ihre – fachlich gute (!) – Leistung verlangen. Begreifen Sie Ihre Fähigkeit, in kurzer Zeit gute Arbeit zu leisten als echtes Talent! (Vgl. S. 201 ff.)

Idee 3: Wenn Sie wollen, dass andere bei Ihrem Tempo mithalten können, dann helfen Sie sich mit ein paar Strategien (siehe unten).

Ich erinnere mich an ein Interview, das ich als Journalistin der Süddeutschen Zeitung mit einem Maler machte, der mir folgende Begebenheit berichtete: Eines Tages stand er in Südfrankreich an der Uferpromenade und malte ein Bild von der Festung auf einer kleinen Insel vor Marseille. Ein Pärchen trat zu ihm, bewunderte sein Bild, seinen Stil und fragte, ob er ihnen nicht auch ein Bild von einem anderen Standpunkt im Hafen malen könne.

»Natürlich«, meinte er, packte seine Staffelei, rückte alles an die gewünschte Stelle und unter den Augen der Touristen entstand innerhalb von 30 Minuten das Wunschmotiv. Das Pärchen war glücklich. »Das macht dann 1 000 Euro«, sagte er. Die Touristen waren entsetzt: »1 000 Euro für eine halbe Stunde Malerei? Das ist ja Wucher!« »Nein«, entgegnete der Maler. »Sie zahlen nicht 1 000 Euro für

eine halbe Stunde, sondern Sie zahlen 1 000 Euro dafür, dass ich 30 lange Jahre geübt habe, damit Sie Ihr Bild in nur einer halben Stunde erhalten.«

Sprechweise und Kompetenz

Prinzipiell ist es schon einmal gut, wenn Sie zügig und flüssig sprechen. Eine Studie des Herder-Institutes der Universität Leipzig hat mit 40 deutschen Probanden untersucht, wie Redner am besten wirken sollten.[56] Die Antworten: kompetent, (selbst-)sicher, souverän, ruhig, ausgeglichen, angepasst (an die Hörer). Kompetenz erkenne man dabei an einer lauten, klaren, sicheren Stimme und sicherer, flüssiger Sprechweise. Eine weitere Studie unterstreicht, dass schnell sprechenden Menschen mehr Kompetenz zugeschrieben wird als langsam sprechenden, sogar bei exakt gleichem Inhalt. Wissenschaftler nennen das Phänomen »Subito-Effekt«[57]. Dabei filmten Forscher die Antworten einer Schülerin in einer mündlichen Abiturprüfung im Fach Geografie, die 19,5 Minuten dauerte und mit der Note 3 bewertet wurde. Anschließend wurde ein Drehbuch erstellt und die Abiturientin sprach den gleichen Text mit den gleichen Gesten in zwei Versionen: in einer 23-minütigen Version machte sie Pausen oder suchte nach Worten. Dabei sprach sie jedoch nicht übertrieben langsam oder stotterte. In der zweiten Fassung sprach sie zügig und redegewandt, die Aufnahme dauerte 16 Minuten. Anschließend zeigten man diese »Prüfungen« 81 Geografie-Lehrkräften aus 25 Gymnasien, die eine Bewertung abgeben sollten. Dabei erhielt die langsamste Fassung im Schnitt die Note 3,88, die schnellste Variante bekam eine Durchschnittsnote von 2,51 – bei exakt gleichem Inhalt! Der Rednerin wurde demnach in der schnellen Fassung von vornherein mehr zugetraut, sie wirkte souveräner und dadurch kompetenter auf die Lehrkräfte.

Im Klartext: besonders überlegtes und langsames Sprechen wirkt eher negativ, wer zügig und flüssig spricht, wirkt kompetent und schlau.

Wichtig: Verwechseln Sie dabei nicht überzeugenden Redefluss mit fieberhafter Dampfplauderei. Sie wollen ja keinen Wettbewerb im Schnellreden gewinnen, sondern mit Ihrem rascheren Redetempo Souveränität signalisieren, die Stimmigkeit Ihrer Argumente unterstreichen und zeigen: Hier spricht jemand, der in seinem Element ist und sich mit dem Thema auskennt. Natürlich sollte sich eine gute Rede oder Präsentation immer am Zuhörer orientieren. Wenn Sie also mit Ihren Ideen und Gedankensprüngen gut ankommen und Unterstützer finden wollen, dann gelingt Ihnen das nur so gut, wie die Zuhörer Ihnen folgen können und sich gut bei Ihnen aufgehoben fühlen. Das heißt: verständlich und in angemessener Geschwindigkeit sprechen.

Strukturen schaffen Verständnis

Im Grunde liegt das Problem gar nicht im hohen Tempo der kreativen Chaoten, zum Beispiel bei Reden und Präsentationen, sondern darin, dass sie unsortiert und oft sehr chaotisch ihren Gedanken freien Lauf lassen, inklusive riesiger Gedankensprünge – in der eigenen Wahrnehmung alles ganz schlüssig und logisch, aber in der Wahrnehmung der anderen völlig zusammenhanglos und schlichtweg wirr. Ohne Struktur bleiben Ihre Kollegen und Zuhörer auf der Strecke.

Nun ist das Strukturieren ja nicht gerade die Lieblingsbeschäftigung von kreativen Chaoten. Aber überlegen Sie: Möchten Sie andere Menschen von Ihren Ideen begeistern? Möchten Sie dabei die Unterstützung der anderen für Ihr Vorhaben gewinnen? Wenn ja, dann helfen Sie doch Ihren Zuhörern, Vorgesetzten, Kollegen oder Kunden mit einer gewissen Struktur, Ihren Gedankengängen besser zu folgen.

Warum sind Strukturen in Reden und Präsentationen sinnvoll für das Verständnis? Ganz einfach: Je naheliegender Gedanken sind und je klarer eine Abfolge ist, desto weniger Energie müssen die Zuhörer investieren, um wirklich alles zu verstehen. Je größer hingegen die Denkleistung der Zuhörer sein muss, desto mehr Energie verbrauchen sie – und steigen gedanklich eher aus, weil es ihnen zu kompliziert und anstrengend ist.

Gezielte Pausen

Eine ganz einfache Methode zur Strukturierung sind gezielte Pausen. Geben Sie ruhig in der Präsentation erst einmal Vollgas, um zu überzeugen, und steigen Sie dann in die Eisen, um das Gesagte auf die Zuhörer wirken zu lassen und eine gewisse Spannung sowie Verständnis zu erzeugen.

Simpler Trick: Atmen Sie bei allen Interpunktionszeichen ein und in Ruhe aus, dann wieder ein. Erst dann reden Sie weiter. So klingt das Erzählte automatisch weniger gehetzt und mehr wie aus einem Guss.

Das glauben Sie nicht? Aus der Rhetorik ist bekannt, dass Menschen ungefähr die Wortanzahl einer Ausatmung aufnehmen können. Das sind maximal sieben bis zwölf Wörter. Sobald ein Wort an unser Ohr trifft, braucht das menschliche Gehirn 0,25 Sekunden, um die darin enthaltene Botschaft zu entschlüsseln: Ist zu dieser Klangfolge ein Wort abgespeichert? Wenn ja, was verbinde ich damit? Das heißt, den Sinn des Gesagten erschließen wir uns erst nach dem Hören – dazu kann eine Wortpause ausreichend Zeit schaffen.

Gibt es solche Pausen nicht, weil Sie reden wie ein Wasserfall, hören die Zuhörer zwar Ihre Worte, verstehen aber nicht den Sinn. »Gedächtnis braucht Pausen. Sinn braucht Pausen«, erklärt Arno Fischbacher, Schauspieler und Stimmcoach.[58]

Klarer Aufbau

Versuchen Sie, Ihre Präsentation nach einer klaren Struktur aufzubauen, wie zum Beispiel der Dreierregel (Erstens, zweitens, drittens; Einleitung, Mittelteil, Schluss). Solche Eckpunkte geben den Zuhörern Orientierung – und damit haben Sie Energie frei gemacht, damit diese Ihren Inhalten folgen können.

Auch dies lässt sich wieder mit einem Experiment belegen: Psychologen ließen zwei Kandidaten vor einer Jury einen Vortrag halten. Inhaltlich waren beide genau gleich. Der eine wählte einen klaren Aufbau, während der andere völlig durcheinander die Fakten und Argumente präsentierte. Das Ergebnis: Der Kandidat mit dem klaren Aufbau wurde als deutlich kompetenter eingeschätzt als der wirre Redner.[59]

Das bedeutet natürlich, dass Sie sich im Vorfeld Ihrer Präsentationen oder vor spontanen Statements eine Struktur zurechtlegen sollten. Dafür dürfen Sie ruhig ein bisschen Hirnschmalz und Training investieren. Aber es lohnt sich wirklich. Wie gesagt: Tempo ist an sich gut. Wenn Sie bislang auch ohne Strukturen in Ihren Präsentationen prima klargekommen sind, weil vielleicht Ihr Umfeld ebenso schnelle Gedankensprünge machen kann wie Sie, nutzen Sie diese Tipps für Situationen, in denen Sie ein anderes Publikum vor sich haben. Nicht um den anderen einen Gefallen zu tun (was natürlich auch eine nette Geste ist), sondern vor allem, weil Sie damit Ihre Zuhörer besser auf Ihre Ideen einstimmen und von Ihren Vorhaben überzeugen können.

Übung: Wie schnell sind Sie und welche Vorteile hat das?

Bitte schätzen Sie sich selbst ein:

○ Ich habe ein hohes Tempo beim Arbeiten und/oder Sprechen.
○ Ich habe ein moderates Tempo.
○ Ich habe ein eher geruhsames Tempo.

Wie können Sie dank Ihres Tempos einen Mehrwert schaffen?
Wer wäre bereit, für Ihr Tempo extra Geld auszugeben?
Wo können Sie mit Ihrem Tempo punkten?

Beifahrer auf Gedankenreisen

Erklären Sie Ihren Gesprächspartnern, dass Sie Ihre Ideen gerne im Gespräch mit anderen entwickeln. Das kennen nämlich viele Menschen so überhaupt nicht. Viele denken gründlich nach, bevor sie etwas sagen, und spucken dann eine gut durchdachte, endgültige Lösung aus. Aus diesem Grund halten viele das, was Sie sagen, sofort für verbindlich – obwohl Sie eigentlich im Moment nur munter Ideen sprudeln lassen.

Kreative Chaoten generieren neue Ansätze am liebsten im Dialog und deshalb kommen dabei auch oft Dinge heraus, die nicht der Weisheit letzter Schluss sind, sondern nur eine Ansicht, die rasch wieder geändert werden kann, wenn neue Informationen oder Ideen auftauchen. Sie werfen Ideen wie bunte Bälle in den Raum und hoffen, dass andere sie aufgreifen und man gemeinsam jongliert, bis sich die beste Lösung ergibt.

Dieser Denkstil ist vor allem schwierig, wenn Sie eine Führungsposition innehaben, denn Ihre Mitarbeiter könnten unter Umständen Ihren ersten Gedanken sofort als endgültige Entscheidung betrachten, obwohl Sie das überhaupt nicht beabsichtigen. Die anderen greifen Ihren Ball nicht auf, sondern denken, die Lösung stehe bereits fest. Für Sie persönlich ist das natürlich eine unbefriedigende Situation. Zum einen, weil Ihnen das mangelnde Engagement der anderen missfällt. Zum anderen, weil so ja richtig gute Ideen gar nicht erst reifen können.

Darüber hinaus kann es dazu führen, dass Sie von Kollegen oder Freunden kritisiert werden, weil Sie immer den Ton angeben müssen, weil Sie immer so initiativ sind, weil immer alle machen müssen, was Sie sagen. Dabei haben Sie doch lediglich einen Vorschlag zur Diskussion gestellt – nur hat es leider keiner gemerkt.

Nehmen Sie daher am besten Ihre Kollegen und Geschäftspartner mit auf Ihre Gedankenreisen, erklären Sie Ihre Art der Ideen- und Lösungsfindung – und nehmen Sie sich auch einmal die Zeit, über wichtige Angelegenheiten zunächst selbst gründlich nachzudenken oder sich im Vorfeld mit Gleichgesinnten auszutauschen.

Bunte Feder 8: Ihr Können

»Talent bedeutet ein besseres Ergebnis
mit der gleichen Arbeit.«

Daniel Barenboim (*1942), Dirigent

In vielen Karriereratgebern und Berufsfindungsseminaren werden die Leser und Teilnehmer dazu angehalten, Ihre Fähigkeiten zu notieren.

Haben Sie das schon einmal ausprobiert? Ich schon. Vor einigen Jahren habe ich mich durch zehn (!) DIN-A4-Seiten mit möglichen Fähigkeiten geackert. Die Arbeitsanweisung lautete: »Bitte wählen Sie die Fähigkeiten aus, bei denen Sie am besten sind und die Sie am meisten mögen.« Und am Ende sollte dann mein Traumjob feststehen.

Ich machte mich also an die Arbeit. Erste Fähigkeit: Meine Hände oder Finger gebrauchen (einschließlich Zeichen geben oder massieren). Ja, das kann ich gut, ich tippe wie ein Weltmeister und massiere oft meinen Mann und die Kinder. Mache ich es gerne? Na ja, noch lieber lasse ich mich selbst massieren. 2 von 7 Punkten.

Hände und Augen koordiniert benutzen. Aber klar. Gut und gerne, also 7 von 7 Punkten. Obwohl … wenn ich jetzt unter dem Mikroskop eine kleine Uhr zusammenbauen müsste, da sähe ich alt aus. Also doch 0 von 7.

Den ganzen Körper koordinieren? Logisch, ich tanze für mein Leben gern und nach Aussage meiner Tanzpartner sehr gut – 7 von 7. Aber halt! Wenn ich mir Capoeira[60]-Tänzer anschaue das würde ich total gerne können, *das* ist Körperkoordination. Also doch 0 von 7.

Ich ackerte mich durch die Spalten und stellte am Ende fest: Eigentlich kann ich alles ein bisschen, habe vieles aber nie ausgebaut, weil es mir nicht wichtig ist. Einiges konnte ich früher mal super, heute mangels Übung nicht mehr. Vieles, was ich ganz gut kann, können andere besser. Sehr viel von dem, was ich kann, mag ich nicht besonders. Oder will es zum Beispiel gar nicht als Beruf ausüben. Vieles, was ich spannend fände, kann ich (noch) nicht, will ich aber irgendwann noch lernen.

Fazit: Entweder leide ich an kompletter Selbstüberschätzung (»Ich kann fast alles – ein bisschen«) oder ich haben einen riesigen Minderwertig-keitskomplex (»XY kann es besser!«).

Am Ende fühlte ich mich wirklich schlecht. Völlig unzufrieden. Aber immerhin führte diese Erfahrung dazu, dass ich begann, mich intensiv mit dem auseinanderzusetzen, was wir »können«.

Was ist »Können«?

Viele sind der Meinung, dass das, was sie können, nichts Besonderes sei, eben etwas Selbstverständliches. Ihr Können erscheint ihnen im Vergleich zu anderen Menschen nicht der Rede wert oder – noch schlimmer – nicht gut genug, um als wirkliches Können zu gelten. Außerdem wird unter »Können« oftmals das verstanden, was wir »tun können«, also im Sinne von »ausüben«. Hier liegt der Fehler bei der Definition. Denn dieses Kön-nen, bei dem man »weiß, wie etwas geht«, und die dafür nötigen Handgriffe kennt, ist schlichtweg eine *Fertigkeit*. Und Fertigkeiten sind erlernbar.

In einem Shiatsu-Kurs erlernen Sie die Fertigkeit des Massierens. Dies können Sie jedoch nur, wenn Sie die *Fähigkeit* mitbringen, Ihre Hände koor-diniert zu bewegen. Wobei Sie diese Fähigkeit wiederum trainieren können, sodass sich alles gegenseitig beeinflusst und zu einer echten Stärke ausge-baut werden kann. So entsteht nach und nach eine wertvolle Kompetenz.

Fertigkeiten lassen sich in der Regel messen. Es lässt sich zum Beispiel einfach feststellen, wer besser eine Uhr unter dem Mikroskop zusammen-bauen kann oder wer bei Capoeira die schwierigeren Figuren tanzt.

Fähigkeiten hingegen sind nicht ohne Weiteres messbar. Jeder kann je-doch an sich selbst beobachten, welche Fertigkeiten er mühelos erlernt, welche Aufgaben ihm leicht von der Hand gehen, in welchen Bereichen er aufblüht und Flow-Zustände erlebt, womit er andere Menschen begeistern kann et cetera. In der Regel liegen genau hier die Talente.

Ein Beispiel: Selbst wenn ein Masseur alle Kurse der Welt gemacht hat – wenn ihm das Einfühlungsvermögen dafür fehlt, was sein Kunde ge-rade braucht, wenn er einfach nach Schema F sein Programm abspult, wie er es in der Schule gelernt hat, dann hat er zwar handwerklich gut gearbei-tet, aber der Kunde kommt möglicherweise dennoch nicht wieder. Weil ihn zum Beispiel genervt hat, dass der Masseur ohne Punkt und Komma gequatscht hat oder der Druck bei der Massage einfach zu lasch war.

Können umfasst Fähigkeit und Fertigkeit [61]

Können	
Fähigkeit	**Fertigkeit**
Fähigkeiten sind angeboren oder durch äußere Umstände bestimmt. Sie müssen demnach nicht erworben werden.	**Fertigkeiten** sind erlernte oder erworbene Anteile des Verhaltens, beispielsweise Klavier spielen, lesen, schreiben, rechnen, sprechen, Fußball spielen et cetera.
Viele Fähigkeiten können durch Training verbessert werden. Deshalb gilt die grundlegende Fähigkeit als Voraussetzung für die Realisierung einer Fertigkeit.	Der Erwerb einer Fertigkeit ist nicht ausschließlich von Begabungen abhängig, sondern ebenso von Übung, Vorwissen und erlernten Fertigkeiten, Erfahrungen, Reife, Kompetenz sowie Motivation und Willen.
Bringt jemand spezielle oder überdurchschnittliche Fähigkeit zum Erlernen einer Fertigkeit mit, so spricht man von Talent oder Begabung (z. B. hohe motorische Geschicklichkeit).	Der Erwerb einer neuen Fertigkeit setzt bestimmte Fähigkeiten und/oder Fertigkeiten voraus.

Stärke =
Fähigkeit x
Fertigkeit/Training/Wissen

Wertvolle Kompetenz =
Stärke x Talent/Präferenz

Soft Skills – weiche Fähigkeiten

»Einfühlungsvermögen« als Fähigkeit? Nein, sagen Sie, das ist doch keine Fähigkeit, sondern ein Soft Skill. Ja, Sie haben recht. Das ist die neudeutsche Bezeichnung für die Gabe, die Kompetenzen, die neben der reinen Fachkompetenz den beruflichen und privaten Erfolg bestimmen.

Internationale Studien zeigen, dass Fachkompetenzen rund 50 Prozent des beruflichen Erfolges ausmachen[62]. Die andere Hälfte geht auf das Konto der Soft Skills, also der »weichen Fähigkeiten« wie

- soziale Kompetenz (z. B. Teamfähigkeit, Empathie, Networking),
- kommunikative Kompetenz (Rhetorik, Dialogbereitschaft, Konfliktlösung),
- personale Kompetenz (konstruktive Lebenseinstellung, Lernkompetenz, Selbstvermarktung),
- Führungskompetenz (Delegieren),
- Umsetzungskompetenz (Entscheidungen, Initiative, Kreativität, Zeitmanagement).
- mentale Kompetenz (Einstellungen, Haltungen, Glaubenssätze, Stressbewältigung).

Soft Skills gelten als sogenannte Schlüsselqualifikationen, also als »Meta-Fähigkeiten«, die über die rein fachlichen Kenntnisse hinausgehen. Sie umfassen eine Reihe von persönlichen Eigenschaften, Einstellungen, Fähigkeiten und Fertigkeiten (Methoden), besonders aus den Bereichen Kommunikation, Ausstrahlung, Arbeitstechniken und Motivation.

Einmal erlernte Softskills wie Zeitmanagement-, Präsentations-, oder Schlagfertigkeitstechniken können Sie über die Zeit hinweg und unabhängig von Ihrem aktuellen Job einsetzen und damit Vorteile erzielen.

Sie erleben es täglich selbst: Die Qualität unserer Arbeit (also das Ergebnis und dessen Wahrnehmung durch andere) hängt oft viel stärker davon ab, *wie* etwas getan und *wie* etwas gesagt wird als davon, *was* getan wurde. Die gute Nachricht: Kreative Chaoten besitzen von Natur aus sehr viele dieser so wichtigen Soft Skills aufgrund ihrer Stärken und Talente. Die Unterstützer liegen im Feld der sozialen und kommunikativen Kompetenzen weit vorne, die Ideensprudler im Bereich der personalen und Umsetzungskompetenz und die Informationssammler ebenfalls im Bereich der personalen Kompetenz.

Wenn zur fachlichen Stärke, zu den entsprechenden Soft Skills, der Erfahrung und dem Training noch ein Händchen, ein Talent für die Bewältigung der aktuellen Aufgabenstellung kommt, ist alles perfekt.

Hängen Talent und Fertigkeiten zusammen?

Brillante Leistungen kann es auch ohne Talent geben, meint Buchautor Geoff Colvin:»Der Aspekt, der großartige Leistungen am treffendsten zu erklären scheint, wird von den Wissenschaftlern ›bewusstes Üben‹ genannt.«[63] Malcolm Gladwell, Autor des Bestsellers *Überflieger,* spricht von der magischen Zahl 10000. 10000 Übungsstunden seien nötig, um Kompetenz von Weltrang zu erlangen.»Selbst Mozart, das größte Wunderkind der Musikgeschichte, kam erst in Schwung, nachdem er seine 10000 Stunden absolviert hatte. Man übt nicht erst dann, wenn man schon gut ist. Man übt, um gut zu werden.«[64]

»Nehmen Sie als Beispiel einen genialen Pianisten. Ohne ständiges Training wäre er kein großer Musiker geworden. Andererseits: Ohne die genetische Voraussetzung würde selbst tägliches Üben nichts nützen«, sagt hingegen Professor Karl Zilles, Chef des Instituts für Hirnforschung in Düsseldorf.[65]

Auf Talentsuche im Gehirn

Hilft uns vielleicht ein Blick ins menschliche Gehirn, um treffsicher abzulesen, wo unsere Talente liegen und diese dann gezielt schulen? Für viele ehrgeizige Eltern wäre dies der absolute Traum, könnten sie ihre Kinder doch noch besser in Richtung Genie drillen. Und für uns Suchende, die ihr Potenzial wirklich ausleben möchten, wäre es der Freifahrtschein für den »richtigen Weg«.

Technisch möglich sei es bereits, Talent im Gehirn zu messen, behaupten Neurowissenschaftler um Richard Haier von der University of California in Irvine. An ihrer Studie nahmen 40 junge Menschen teil. Sie absolvierten zunächst Tests zu logischem Denken, Zahlenverständnis, Gedächtnis und räumlichem Vorstellungsvermögen. Anschließend untersuchten die Forscher mittels Magnetresonanztomographen ihre Hirnstrukturen und suchten nach Zusammenhängen zwischen den Testergebnissen und messbaren Unterschieden im Hirn.

Und tatsächlich: Probanden, die sehr gut beim logischen Denken waren, hatten im Stirnhirn mehr Zellen als weniger gute Probanden. Deutlich mehr graue Zellen im Kleinhirn wiesen diejenigen Studienteilnehmer auf, die beim Check des räumlichen Vorstellungsvermögens vorne lagen.

Haier ist vom praktischen Nutzen seiner Schnappschüsse überzeugt, da sie die Stärken und Schwächen eines Menschen zeigen. »Damit gibt es die Möglichkeit, dass Hirnscans einzigartige Informationen liefern, die für die Berufswahl hilfreich sind.« Zwar stünde diese Forschung erst am Anfang, dennoch ist er der Meinung: »Das eine ist die Wahl eines Berufs nach Interesse, das andere ist die Frage, ob man gut darin ist. Beides hat etwas mit den Eigenschaften des Gehirns zu tun. Ein Schnappschuss aus dem Hirnscanner kann daher hilfreich sein.«[66]

Was zeigt beispielsweise ein Blick in das Hirn von Albert Einstein? Die kanadische Forscherin Sandra Witelson nahm es unter die Lupe und verglich es mit 91 Gehirnen von Personen mit durchschnittlicher Intelligenz. Und tatsächlich: Auffallend waren dabei enorme Ausprägungen der beiden unteren Scheitellappen des Physikers, die sich oberhalb der Ohren befinden und um 15 Prozent breiter waren als die Areale der Vergleichshirne. Ihre Aufgabe: räumliches Erkennen, mathematisches Denken sowie das Vorstellungsvermögen für Bewegungen – Begabungen, über die Einstein zweifellos verfügte.[67]

Britische Forscher konnten mittels Hirnscan feststellen, dass Gedächtniskünstler deutlich bildhafter denken als untrainierte »Merker« (Menschen, die sich was merken)[68] und dass Taxifahrer einen deutlich größeren Hippocampus besitzen als Vergleichspersonen. Doch das nur, solange sie aktiv Taxi fahren. Neurologe Neil Burgess vom University College London und seine Kollegin Eleanor Maguire bewiesen, dass eine gute Orientierung eine Frage des Trainings ist: In der rechten Hälfte des Hippocampus, der im vorderen Bereich des Gehirns sitzt, werden räumliche Erinnerungen angelegt und sie wächst und schrumpft je nach Anforderungen. Gehen die Taxifahrer in Rente, schrumpft der Hippocampus wieder.[69]

Das bringt uns zur Kernfrage zurück: Sind diese Hirnareale aktiver und größer, weil hier echte Talente schlummern, oder sind sie so ausgeprägt, weil sie verstärkt genutzt werden? An dieser Fragestellung werden Wissenschaftler sicher noch eine Zeitlang zu knabbern haben. Meiner Ansicht nach ist das gar nicht schlecht, denn mich beunruhigt die Aussicht, dass Eltern die Gehirne ihrer Babys vielleicht irgendwann einmal per Hirnscan untersuchen lassen und sich sagen: »Toll, ein begnadeter Logiker, der muss Schachweltmeister werden!« Oder: »Oh, schaut nur, das Bildareal ist deutlich größer, unser Kind muss auf die Kunstakademie und in die Fußstapfen von Picasso treten!«

Es ist doch viel schöner und erfüllender, wenn unsere Kinder die Möglichkeit haben, sich auszutoben, zu experimentieren, ihre Begabungen zu entdecken und jede Menge Erfahrungen zu sammeln, oder nicht? Wer hört schon gerne, dass sein Lebensweg quasi vorherbestimmt ist – aufgrund eines Hirnscans? Also ich jedenfalls finde diese Vorstellung furchtbar, vor allem furchtbar einschränkend.

Seien Sie Ihr eigener Talentscout

Im Prinzip macht es nichts, dass wir kein gläsernes Gehirn haben, denn besonders bei den kreativen Chaoten könnte vermutlich ein Hirnscan die Frage nach unseren vielen Begabungen und Interessen ohnehin nicht umfassend klären. Beobachten Sie sich im Alltag einfach einmal bewusster, dann werden Sie unweigerlich auf Ihre wahren Talente stoßen.

Warum? Ganz einfach: Weil Sie wissbegierig sind, werden Sie – wenn Sie diese Wissbegierde auf sich selbst lenken – Ihre wahren Leidenschaften finden.

Um also den »richtigen« Beruf zu finden, ist es für kreative Chaoten völlig sinnlos, eine Liste von Fähigkeiten und Fertigkeiten aufzustellen. Denn schnell könnten sie damit mehrere Bücher füllen und sehen dennoch nicht klarer. Warum zählt »Können« aber dennoch als bunte Feder? Je bewusster Ihnen ist, was Sie alles an Fähigkeiten und Begabungen in Ihrem Lebensrucksack haben, desto mehr neue bunte Federn können daraus entstehen und Ihr Gefieder kann noch farbenprächtiger schillern. Eine konkrete Übung zu Ihrem »Können« finden Sie allerdings bewusst noch nicht in diesem Kapitel. Damit das Ganze für Sie eine sinnvolle Ordnung sowie Klarheit für Ihre berufliche Ausrichtung gibt, vertagen wir das Ganze auf ein späteres Kapitel, S. 151 ff.

Von der Angst, als Hochstapler entlarvt zu werden

Bleiben wir noch einen Moment bei der Vielzahl Ihrer Interessen und Fertigkeiten. Sind Sie stolz, welche Bandbreite an Themen Sie bereits gescannt haben? Oder beschleicht Sie doch hin und wieder der Gedanke: »Na ja, ich kratze ja nur überall an der Oberfläche, hoffentlich bohrt keiner tiefer und stellt fest, dass ich eigentlich gar nichts darüber weiß!«?

Viele kreative Chaoten feiern Erfolge. Sie erzielen Topleistungen. Sie erhalten gute Noten. Und doch fühlen sich etliche als »Hochstapler«, denen all dies unverdient in den Schoß gefallen ist. Sie machen den Zufall, das Glück, ihre Beziehungen oder ihren Charme verantwortlich für die gute Beurteilung. Und sie glauben, dass sie ihr Umfeld wissentlich täuschen, halten ihre Erfolge für unecht.

Dieses Phänomen ist in der Wissenschaft bekannt. Psychologen nennen es »Impostor-Syndrom« (englisch für Betrüger, Hochstapler). Bereits seit den Siebzigerjahren untersuchen Wissenschaftler wie zum Beispiel die Psychologin Pauline Clance von der Georgia State University in Atlanta, wie es dazu kommt.

In Deutschland widmete sich Christine Roth an der Universität Heidelberg in ihrer Diplomarbeit diesem wenig erforschten Thema.[70] Ihre These: Betroffene hätten einen extremen Anspruch an sich, perfekt zu sein. Sie würden von sich erwarten, alles fehlerfrei und mit Leichtigkeit zu schaffen, und seien sich ihrer eigenen Schwächen schmerzhaft bewusst, während sie auf der anderen Seite die Stärken und Fähigkeiten anderer stark überschätzen.

Klar, mit einer solchen Einstellung kann man ja nur den Kürzeren ziehen. Man ist schließlich kein Übermensch oder Superheld, es ist praktisch unmöglich, den eigenen, extrem hoch gesteckten Standards gerecht zu werden. Das wirkt sich wiederum negativ auf das Selbstwertgefühl aus.

Aber wie kann es sein, dass Personen, die stets gute, häufig sogar überdurchschnittliche Leistungen erbringen, selbst nicht an ihre Fähigkeiten glauben können? Warum werten sie Lob und Anerkennung, ja sogar objektive Beweise ihrer Fähigkeiten und Erfolge ab?

Einige von ihnen haben womöglich Angst vor den »negativen Konsequenzen des Erfolgs« – mehr Verantwortung, fordernde Aufgaben. Und besonders Frauen haben Angst, bedrohlich und zu maskulin zu wirken, und spielen deshalb Erfolge eher herunter. »Gerade dann, wenn der Erfolg als untypisch für Geschlecht, Familie oder Ethnie gesehen wird, kann es zu Schuldgefühlen kommen«, schreibt Christine Roth. Außerdem befürchten Impostor-Betroffene, dass sie gute Leistungen, die sie früher erbracht haben, nicht wieder erreichen können und sie deshalb als Hochstapler »enttarnt« werden.

Deshalb wenden die Betroffenen eine von zwei Strategien an, damit der vermeintliche Schwindel nicht auffliegt: Overdoing oder Underdoing.

Overdoing, Underdoing und das Vertrauen in Ihre Talente

Beim *Overdoing* bereiten sie sich übertrieben lange und intensiv auf eine Leistungssituation vor und steigern damit natürlich die Chance auf ein gutes Ergebnis. Klappt alles, schreiben sie den Erfolg jedoch nicht den eigenen Fähigkeiten zu, sondern der Tatsache, dass sie sich eben so sehr angestrengt hätten. Da sie genau wissen, dass nicht jedes Mal eine solch intensive Vorbereitungszeit möglich ist, verstärkt sich die Angst, in Zukunft eine ähnlich gute Leistung nicht mehr erbringen zu können.

Beim *Underdoing* sabotieren sich die Betroffenen selbst, indem sie sich kaum vorbereiten, zu spät anfangen oder sich ablenken lassen, zum Beispiel am Abend vor der Prüfung oder Präsentation noch ein Gläschen in guter Gesellschaft kippen. All dies schützt davor, dass sie sich nicht selbst dafür verantwortlich machen müssen, wenn der gewünschte Erfolg ausbleibt. Man ist nicht schuld am Versagen oder man hätte ja gekonnt, wenn man nur gewollt hätte. Gelingt die Aufgabe jedoch gut, schreiben Impostor-Betroffene dies nicht den eigenen Fähigkeiten zu, sondern dem Glück. Und das lässt den Underdoer unsicher in die Zukunft blicken.

Was kann helfen? Die Zweifler müssten lernen, Erfolge ihren eigenen Fähigkeiten zuzuschreiben. Und vor allem müssten sie ihr Selbstwertgefühl aufbauen, sagen die Wissenschaftler. Ein Weg ist die Relativierung der hohen Ansprüche, die wir glauben erfüllen zu müssen. Es sind die vielen kleinen Teufelchen, die auf unseren Schultern sitzen und uns einreden »Du musst perfekt sein!«, »Du musst alles auf Anhieb können!«, »Sei nicht so drängend!« oder »Eigenlob stinkt!«, die bei uns Minderwertigkeitsgefühle erzeugen. (Übungen, wie Sie diese loswerden, haben Sie schon auf S. 55 ff. kennengelernt.)

Wie können wir lernen, dass unser Erfolg wirklich auf unsere eigenen Fähigkeiten zurückzuführen ist? Viele versuchen, dafür Bestätigung in Form von Lob einzuholen. Was häufig bei den anderen als »Fishing for compliments« ankommt, weil diese sich einfach nicht vorstellen können, dass die doch offensichtlich Erfolgreichen innerlich total unsicher sind.

Andere suchen händeringend nach einer Skala, die zeigt, ob sie gut genug waren, die Erwartungen der anderen erfüllt haben, dass sie ausreichend Einsatz gezeigt haben und der Arbeitsaufwand angemessen war. Eine Skala, auf der sie ablesen können, dass sie sich den Erfolg redlich verdient haben

Beides ist schwierig. Ein besserer Weg führt über das eigene Selbstwertgefühl, indem Sie sich von Zeit zu Zeit aus dem Alltag ausklinken und in Ruhe über Ihre Wünsche und Ziele nachdenken und darüber, welchen »Preis« Sie bereit sind, für das Erreichen eines Zieles zu zahlen. Also welchen Einsatz Sie leisten wollen. Das können zum Beispiel lange Arbeitsstunden und Leistungsbereitschaft sein, die Sie investieren, aber auch Vertrauen, das Sie in eine neue Beziehung setzen, die Sie von Grund auf aufbauen, hegen und pflegen und damit Ihren Partner (egal ob privat oder geschäftlich) und seine Unterstützung für sich gewinnen.

Wenn Sie bereit sind, Ihren Einsatz zu leisten, ist es auch Ihr Verdienst, wenn am Ende alles klappt. Lernen Sie auch, für sich zu entscheiden, was ein richtiger Erfolg für Sie war und was eine Herausforderung, die Sie wirklich im Schlaf meistern konnten. Denn es kann schon sein, dass Ihnen einige Erfolge unverdient erscheinen, weil die Herausforderung dabei für Sie tatsächlich nicht hoch genug war. Auf Dauer ist Unterforderung genauso problematisch wie eine permanente Überforderung.

Zwischen Boreout und Burnout

Wir fühlen uns glücklich und zufrieden, wenn unsere Fähigkeiten in etwa zu den Herausforderungen passen und wir selbst daran wachsen können. Werden jedoch zu hohe Ansprüche an uns gestellt, kommt es durch die Überlastung zu negativem Stress und auf Dauer in vielen Fällen zum Burnout-Syndrom.

Sind die Herausforderungen jedoch wesentlich niedriger als die dafür nötigen Fähigkeiten, kommt schnell Langeweile auf. Fehlt es sowohl an Herausforderungen als auch an Kompetenzen, stellt sich ein Gefühl der Apathie ein – ein Effekt, den das Gallup-Institut seit einigen Jahren immer wieder in der Arbeitswelt misst und der zeigt, dass viele Berufstätige mittlerweile innerlich gekündigt haben.

Das Gegenteil des Burnout-Syndroms kennt man seit einigen Jahren als Boreout-Syndrom, also den Umstand, dass manche Menschen sich in ihren Jobs fast zu Tode langweilen. Aus Angst, ihren Job zu verlieren, tun sie jedoch immer ganz beschäftigt und gestresst. Der Stress entsteht tatsächlich, aber nicht von der Arbeit, sondern schlichtweg aufgrund der permanenten Unterforderung und Frustration.

Gut, sagen Sie jetzt vielleicht, auf Sie als Ideensprudler oder hilfsbereiter Mensch trifft Boreout ohnehin nie zu. Sie haben schließlich immer etwas zu tun und meist könnten die Tage doppelt so viele Stunden haben und Sie würden trotzdem nicht alles unterbringen. Stimmt, bei kreativen Chaoten führt viel eher der Umstand zur Langeweile, dass sie ihr Potenzial, ihre Fähigkeiten nie voll ausschöpfen können, weil die Herausforderungen zu gering sind. Oder weil sie in so rasantem Tempo lernen, sich so schnell neue Fähigkeiten und Kompetenzen aneignen, dass die Anforderungen dem Wissen nicht mehr gerecht werden.

Achten Sie deshalb bewusst darauf, dass Ihre Herausforderungen im gleichen Maß wachsen wie Ihre Fähigkeiten. Und das bedeutet für Sie als kreativer Chaot: viel Abwechslung in den Alltag bringen, viel Neues ausprobieren.

Eine Berufsberatung, die Ihnen am Ende sagen kann, welches Ihr (angeblicher) Traumjob ist, ist für kreative Chaoten völlig ungeeignet. Ihnen helfen Fragen wie »Was kann ich gut?« und »Was mag ich gerne?« nur für eine Momentaufnahme, die in zwei Wochen schon wieder völlig veraltet sein kann. Ein »Berufsstempel«, der Sie auf eine Tätigkeit festlegt und auf eine (!) Kernkompetenz reduziert, mag für systematische Menschen funktionieren, für Sie als kreativer Chaot definitiv nicht. Ihr Motor für gute Leistung und ein zufriedenes Gefühl im Beruf ist das ständige Anpassen der Anforderungen an den derzeitigen Stand Ihrer Fähigkeiten. Das gelingt jedoch nur im passenden Umfeld mit der Freiheit, zu wachsen. Nur dann sind Sie wirklich gut.

Bunte Feder 9: Ihr Ideenreichtum

»Unter kleinen Kindern ist die Kreativität
so weit verbreitet wie triefende Nasen …
Aber unter Erwachsenen ist sie recht selten.«

Joe Renzulli (*1936), US-amerikanischer Experte für Begabung

Lange Zeit waren sich die Wissenschaftler einig, kreative Leistung könne nicht direkt gemessen werden. Das machte es kreativen Menschen sehr schwer, den Wert ihrer – zunächst unsichtbaren – Arbeit selbst zu schätzen und anderen entsprechend zu verkaufen. Mit dem Ergebnis, dass Ideenreichtum und Kreativität von kurzsichtigen, knorrigen Zahlenkontrolleuren als Zeit- und Ressourcenverschwendung und als ineffektiv abgestempelt wurden.

»In den meisten Unternehmen wird Kreativität viel häufiger getötet als gefördert«, beobachtet Teresa Amabile von der Harvard University, die seit drei Jahrzehnten den Zusammenhang zwischen Kreativität und Arbeitsstrukturen untersucht.[71] Der Hauptgrund: Die meisten Unternehmensstrukturen sind auf rationale, effiziente und klar definierte Abläufe ausgerichtet. Doch was im operativen Geschäft Sinn macht, ist für kreative Denkprozesse tödlich.

Sie als Ideensprudler beißen dann natürlich auf Granit, wenn Sie mit Ihren Ideen landen wollen und wenn Sie versuchen, Strukturen zu ändern oder andere Arbeitsweisen einzuführen.

Kreativität als Unternehmenswert

Doch wirklich innovative Unternehmen wie Apple, Nokia, Google, Amazon, Fiat, Procter & Gamble, Virgin Group oder Facebook machen vor, wie aus Ideen echte Werte werden. Die Grundvoraussetzung: Diese Unternehmen haben nicht einfach Tools und Prozesse geschaffen, um kreative Prozesse auszulösen. Nein, diese Unternehmen haben »Kreativität tief in ihrer DNA verankert«, schreibt Jens-Uwe Meyer in seinem Buch *Kreativ trotz Krawatte*.[72]

In diesen Häusern – so Meyer – sei die gesamte Unternehmensdenke auf Kommunikation, Austausch, Freiheit und Vertrauen ausgerichtet. und dahinter stünden klare Unternehmensvisionen. Amazon-Chef Jeff Bezos will »Geschichte schreiben (…) die kundenorientierteste Firma der Welt (werden, in der) Menschen alles entdecken und finden können, was sie online kaufen können.« [73]

Wer für Google arbeitet, der leiste nicht etwas »für eine abstrakte Umsatzrendite. Sondern für eine bessere Welt«[74]. Nintendo rollte den Markt mit der Spielekonsole Wii auf und Präsident Satoru Itawa brachte die Strategie auf den Punkt: »Wir treten nicht gegen Sony und Microsoft an. Wir kämpfen gegen das Desinteresse von Menschen an, die kein Interesse an Videospielen haben.«[75] Statt alte Märkte zu bedienen, werden von innovativen Unternehmen neue Märkte geschaffen.

Wie ein Mantra wiederholen Vordenker die neue Regel: Nur innovative Keimzellen, die kreative Dream-Teams als festen Bestandteil ihrer Unternehmensphilosophie sehen, werden die Märkte von morgen beherrschen.

Wie unersetzlich Kreativität ist und wie deutlich sie den Unternehmenswert beeinflusst, ließ sich Anfang 2010 beobachten, als Apple-Chef Steve Jobs eine Auszeit wegen Krankheit ankündigte. Er verriet nichts über seinen Gesundheitszustand, machte keine Angaben, wann er voraussichtlich wieder zurück sein würde. Das Resultat: Die Apple-Aktie brach ein und das Unternehmen verlor an der Frankfurter Börse zeitweise mehr als 20 Milliarden Dollar an Wert. Kann man den Wert von Kreativität besser messen? Wohl kaum!

Jobs gilt als der kreative Kopf von Apple. Sein Motto und das des Unternehmens »Think different« ist der Wahlspruch aller kreativen Chaoten. Es bedeutet, dass »Andersdenken und Anderssein« erlaubt und erwünscht sind – als Grundvoraussetzung für echten Erfolg.

Aber nicht von allein. Denn die Tatsache, dass jemand kreativ ist, vor Ideen sprudelt, neue Szenarien entwickelt oder die Regeln bricht, hat zunächst keinerlei wirtschaftlichen Wert.

Kreativität muss Marktwert bringen

Kreativität und Ideenreichtum als Selbstzweck sind wertlos. Sie sind nur dann eine wertvolle Quelle, wenn sie einem strategischen Ziel dienen. Und in der Berufswelt heißt das: Die Ideen der »Spinner« müssen sinnvoll sein.

Stellen Sie sich vor, in einer Kreativaktion, für die Millionen Steuergelder ausgegeben werden, gestalten Künstler alle Autobahnfahrstreifen zwischen Flensburg und Innsbruck in den schillerndsten Farben. Wochenlang sind dafür die Straßen gesperrt, und sobald der Verkehr wieder rollen darf, ist die Freude zunächst groß. Aber hat es Sinn gemacht? Im Grunde kostete es nur Geld und hat keinerlei Effekt – außer dass es (hoffentlich) hübsch anzuschauen ist, und selbst das bleibt ja Geschmackssache. Würden die Autofahrer jetzt freudestrahlend sagen:»Ich stehe zwar nach wie vor im Stau, aber das macht nichts! Ich kann mir schließlich jetzt die Zeit mit dem Betrachten der bunten Straßenmalerei vertreiben. Es macht mir auch nichts aus, dass die Regierung schon wieder die Steuern erhöht hat.« Wohl kaum.

Wie Thomas Edison (1847–1931) sagte:»Was sich nicht verkaufen lässt, das will ich auch nicht erfinden.« Neue Ideen bleiben so lange wertlose Spinnereien, bis jemand etwas daraus macht. Viele Ideensprudler sind sich dessen bewusst und häufig frustriert, weil sie zwar eine Menge genialer Geistesblitze haben, aber nichts davon umsetzen können. Sie stoßen auf so manche Goldader, diskutieren vielleicht mit ihren Freunden darüber, wie genial es wäre, Bierträger in zwei Hälften teilen zu können, um weniger schwer schleppen zu müssen, oder wie cool es wäre, einen Autocomputer zu haben, der einem genau ansagt, wie man fahren muss, um an ein bestimmtes Ziel zu kommen und damit die lästige Landkartenkramerei überflüssig zu machen.

Das gibt es doch alles längst, sagen Sie? Klar, heute schon, aber vor 25 Jahren, als einige Goldnasen beisammensaßen und solche Geschäftsideen diskutierten, war es definitiv Zukunftsmusik.

Fazit: Ideen allein reichen nicht. Sie müssen sinnvoll und umsetzbar sein. Was können Sie als Ideensprudler tun, um Ihre bunte Feder Ideenreichtum besser zu nutzen und Ihre Ideen zu verwirklichen?

Synergien in Dream-Teams

Steve Jobs hätte den kometenhaften Aufstieg alleine nicht geschafft. Er – Nervensäge, Einzelgänger, Schulrebell, Studienabbrecher – hat immer an sich, seine Berufung und Vision geglaubt. Um aber seine Ideen auf die Straße zu bringen, brauchte er einen Synergiepartner, den er nach einer bewegten Jugend in der Person von Steven Wozniak traf. Im Duo war Jobs dann der kreative Spinner und Wozniak setzte seine verrückten Ideen um. Der sprunghafte Jobs hätte damals nicht das Durchhaltevermögen und die technischen Fähigkeiten gehabt, den Macintosh zu bauen. Und Wozniak fehlten das charismatische Auftreten und die genialen Marketingideen, meinen Biografen.[76]

Heute ist es Tim Cook, nach Jobs die Nummer zwei im Unternehmen, der für Ausgleich sorgt.»In puncto Arbeit gilt Cook, der passionierte Fahrradfahrer und Energieriegel-Esser, als ebenso exzessiv wie Jobs. Weltweite Telefonkonferenzen hält er, wenn es sein muss, schon mal Sonntagnacht ab. Bei Apple hat sich Cook viele Meriten verdient. Er optimierte den Vertrieb, lagerte die Produktion größtenteils aus und verschaffte dem IT-Konzern damit viel finanziellen Spielraum. Doch während Jobs bei öffentlichen Auftritten Funken erzeugen kann, ist Cook analytisch und detailorientiert. Kritiker sagen, er sei mehr Buchhalter als Prediger, mehr Arbeitstier als Visionär«, beschreibt der *Spiegel* den Manager.[77]

Auch bei Google spielen sich die charakterstarken Talente aus mehreren Talent-Welten die Staffelhölzer gekonnt zu. Die »institutionalisierte Schizophrenie zwischen Tüftlern und aufgeräumten Managern« sei das Erfolgsgeheimnis von Google, meint David Vise, ehemaliger Reporter der *Washington Post* und Autor der bislang in 24 Sprachen übersetzten Firmenbiografie *The Google Story*.[78]

Um aus sich und seinem Team das Beste herauszuholen, gilt es also, die jeweiligen Stärken zu erkennen und sich gegenseitig zu ergänzen. Informationssammler übergeben das Staffelholz an die Ideensprudler, diese geben es weiter an die Macher, diese an die Systematiker und diese wiederum an die Controller (vgl. dazu auch S. 79 ff.).

Suchen Sie sich also Unternehmen oder Geschäftspartner, bei denen dieses Staffelholzprinzip bereits praktiziert wird oder eingeführt werden kann.

Unternehmen verändern ihre DNA

Unternehmen mit der passenden Denke gibt es. Denn immer mehr Firmen ist klar: Nur wer den Nährboden für innovative Köpfe schafft, der kann am Markt überleben. Und das gehen sie sehr strategisch an.

Unter dem neuen Schlagwort »organisationale Kreativität« versuchen sie, kreative Mitarbeiter zu gewinnen und an sich zu binden sowie bahnbrechende Innovationen zu entwickeln. [79]

Denn sie wissen: Vorbei sind die Zeiten, in denen sich die Ideensprudler mit traditionellen Arbeitsplätzen zufriedengaben. Wer im Web Songs tausche, gemeinsam an Wikis oder Open-Source-Programmen schreibe, wer mit Instant Messaging, Chatgroups und Online-Multiplayer-Spielen aufgewachsen sei, der frage an seinem neuen Schreibtisch – zu Recht – ebenfalls nach Freiheit, Offenheit und gleichberechtigter Zusammenarbeit, meinen die Querdenker Anja Förster und Peter Kreuz in *Nur Tote bleiben liegen.*[80]

Deshalb schaffen innovative und erfolgreiche Unternehmen jetzt die Voraussetzungen für die Entstehung brillanter Ideen. Diese sind nicht zwingend eine Frage von Größe oder Weltbekanntheit. Das sieht man zum Beispiel bei dem Maschinenbauunternehmen Voith, einem traditionsreichen Familienbetrieb am Rande der Schwäbischen Alb.

Freiraum für »Spinner«

Seit 140 Jahren konstruiert das Maschinenbauunternehmer Voith langlebige Papiermaschinen. Der Clou: Die neueren Maschinen unterscheiden sich durch eingebaute Innovationen so maßgeblich von den alten, dass diese schlicht überaltet erscheinen, selbst wenn sie noch einwandfrei viele Jahre laufen würden. »Innovation ist, wenn unsere Kunden ein altes Produkt für ein neues verschrotten«, formulierte es Helmut Kormann, lange Jahre Vorstandsvorsitzender der Voith AG, in einem Interview mit dem Wirtschaftsmagazin *Brand Eins.*[81] Und an Innovationen mangelt es in dem Unternehmen nicht: Über 10 000 Patente gehen auf das Konto des Weltkonzerns – jährlich kommen neue hinzu.

Diese Innovationskraft schafft Voith mit »institutionellem Innovationsmanagement«, eine Art Stufenprinzip der Kreativität. Auf der untersten Stufe steht die »Basiskreativität«, gleichbedeutend mit dem Tagesgeschäft und solider Ingenieursarbeit. Hier finden kaum Ausflüge ins Reich der Spinnereien statt. Auf der darüberliegenden Stufe sind schon mehr kreative Impulse gefragt – mit dem Ziel, weitere Marktanteile in bereits bestehenden Geschäftsfeldern zu erobern. Auf der obersten Stufe sind der Kreativität zunächst keine Grenzen gesetzt – ungefiltertes, unein-geschränktes Herumspinnen und Ideensprudeln sind absolut erwünscht. Warum das Ganze? Um neue Geschäftsfelder zu entdecken, Innovationen zu fördern et cetera. Aber natürlich wird nicht nur grenzenlos gesponnen, ab einem gewissen Punkt muss konkret entschieden werden, welche Ideen weiterverfolgt werden sollen, weil sie einen Mehrwert bringen, und welche nicht.

Mit »Scientific@Voith« holt sich das Unternehmen sogar Wissenschaft-ler aus den verschiedensten Disziplinen ins Haus, darunter Astronomen oder Meteorologen, die nichts mit dem Tagesgeschäft am Hut haben, sondern einfach nur an neuen Ideen tüfteln sollen. Aber auch andere Ab-teilungen dürfen Mitarbeiter zur Kreativarbeit freistellen. So streckt das Unternehmen seine Fühler in viele Bereiche aus. Und ist auch bereit, für die Entwicklung von Innovationen auch mal richtig tief in die Tasche zu greifen: »Bei Voith wird keine Idee, von der wir überzeugt sind, mehr am Geld scheitern«, so Kormann.[82]

Auch Google gesteht seinen Entwicklern 20 Prozent ihrer Arbeitszeit als »Kreativ-Zeit« zu. Das ist insgesamt ein ganzer Tag pro Woche zur freien Verfügung, um mit neuen Ideen zu spielen oder an Projekten zu tüfteln – völlig unabhängig vom Tagesgeschäft. »Die Regelung schafft eine Art Inkubator für neue Produkte innerhalb eines großen Unterneh-mens«, sagte Yan-David Erlich, der bis Februar 2006 bei Google arbeitete, dem Wirtschaftsmagazin *Brand Eins*.[83] »Man bekommt als Produktma-nager nur Ingenieure für ein Projekt, wenn es Potenzial hat. Aber ohne Ingenieure, die etwas entwickeln, kann man das nicht abschätzen. Das ist eigentlich eine Zwickmühle, aber die Regelung der Kreativ-Zeit bie-tet einen Ausweg.« Ob die Ingenieure einige Stunden täglich oder gleich einen ganzen Tag ihren Projekten widmen, sei ihnen freigestellt. Produkt-magager bei Google dürften sich auch gern bei mehreren Gruppen oder Projekten einbringen.

Querdenker und Quereinsteiger willkommen

Immer mehr Unternehmen etablieren spezielle Programme, um kreative Köpfe ins Haus zu holen und ihnen freie Zeit garantieren. Viele rekrutie-ren dabei mit Vorliebe Mitarbeiter aus völlig fremden Disziplinen, wie es bei Voith praktiziert wird. Der Vorteil ist: Solche Mitarbeiter denken quer, weil sie aus einer anderen Fachrichtung kommen. Sie sehen das Unternehmen und die Prozesse dort mit anderen Augen.

Leidenschaft für ein Gebiet ist gefragter denn je, denn sie ist die Grundlage für die Entstehung kreativer Ideen. Die Unternehmer wollen frische Ideen unvoreingenommener Menschen und holen sie sich über Workshops, für Praktika oder in Festanstellung aus allen möglichen Branchen ins Haus. Sie wissen, dass sie sonst aufgrund der Routine und des vorhandenen Wissens höchstens naheliegende Ideen hervorbringen können, aber nichts Bahnbrechendes. Oder wie US-Staatsmann Benjamin Franklin (1706–1790) es einst formulierte: »Die Definition von Wahnsinn ist: Immer wieder das Gleiche zu tun und gleichzeitig unterschiedliche Ergebnisse zu erwarten.«

Ein unverstellter, naiver Blick hilft, Dinge mit ganz anderen Augen zu betrachten. Wer die vermeintlich eisernen Regeln nicht kennt, fühlt sich auch nicht verpflichtet, sie einzuhalten. Und wer neu ins Team kommt, hat oftmals mehr Schneid und besitzt die Frechheit, sie einfach einmal zu brechen. So wie Richard Branson, Gründer der Virgin Stores. Durch einen Zufall kam er 1971 darauf, dass sich die hohen britischen Steuern auf Schallplatten umgehen ließen, wenn man sie nach Belgien exportierte und danach sofort wieder einführte. »Zwei-, dreimal noch wiederholte er den billigen Coup, dann schlug der Zoll zu. Nach einer unbequemen Nacht im Gefängnis und einem weinerlichen Anruf bei seinen Eltern, die Kaution vorstrecken mussten, war er zurück im Büro,« schreibt die *Zeit* in einem Porträt über den Regelbrecher Branson.[84]

Und auch die Summe Ihrer Erfahrungen hilft, neue Lösungen zu finden. »Sie waren früher Verkäufer, haben dann ein Jahr als Surflehrer gearbeitet und lassen sich jetzt zum Programmierer ausbilden?«, schreibt Jens-Uwe Meyer[85]. »Herzlichen Glückwunsch! Sie haben die besten Voraussetzungen, um Programme zu entwickeln, die sich durch neue Ideen zur Nutzerfreundlichkeit auszeichnen. Warum? Weil Sie wissen, wie Kunden an neue Produkte herangehen und wonach sie suchen. Und weil Sie als Surflehrer gelernt haben, Menschen die Angst vor dem Neuen und Ungewöhnlichen zu nehmen.«

Danke, Jens-Uwe Meyer, Sie sprechen mir aus dem Herzen! Das ist genau der rote Faden, den ich mit vielen kreativen Chaoten im Coaching erarbeite und der ihnen hilft, Arbeitgeber oder Kunden mit ihren bunten Federn zu begeistern (vgl. S. 215 ff.).

Seien Sie stolz auf Ihren bunten Lebenslauf. Jede Erfahrung, die Sie gemacht haben, all das Wissen, die Erfahrungen und Fähigkeiten, die in Ihnen stecken, machen Sie zu einem wertvollen Ideenlieferanten. Suchen Sie sich die Unternehmen, Kunden und Geschäftspartner, die auf bunte Vögel wie Sie gewartet haben.

Und achten Sie darauf, dass Ideen wirklich ungestört fließen können und umgesetzt werden. Dabei ist auch die Größe der Kreativteams wichtig. Bei Amazon geht man beispielsweise nach der »Two Pizza Rule« vor, das bedeutet: Ein Team, das man mit zwei Pizzen satt bekommt, hat die ideale Größe. Das macht – je nach Appetit – drei bis sieben Mitglieder. Günstig sei auch eine ungerade Anzahl an Tüftlern, so gebe es nie ein Patt bei Entscheidungen.[86] Kleine, überschaubare Teams können vorwärtssprinten und neue Keimzellen für Innovationen schaffen, während hinter ihnen neue Geschäftszweige entstehen.

Unfertige Ideen zulassen

Viele kreative Chaoten haben überhaupt keine Ambitionen, aus ihren Ideen Prototypen herzustellen oder eine Markteinführung zu begleiten. Prima, wenn es in der Firma andere Mitarbeiter gibt, die diese Aufgabe übernehmen. Oder wenn der Arbeitgeber unfertige Ideen einfach in den Markt zur Reifung gibt. »Google kann es sich erlauben, neue Dienste ins Netz zu stellen, ohne vorher groß Marktforschung zu betreiben«, erklärt David Vise. »Google klebt ein Beta-Test-Etikett drauf, manchmal jahrelang, und wartet auf kostenloses Feedback von zig Millionen Nutzern, um es dann zu verfeinern.«[87]

Google-Mitgründer Larry Page sei an solchen Frühgeburten besonders interessiert. Er habe persönlich ein Auge auf die zahlreichen Projekte und wolle sie früh aufspüren. »Er schnappt sie den Ingenieuren weg, bevor sie ihre Ideen perfektionieren können, und stellt sie in die freie Wildbahn. Das hat Methode«, berichtet Vise weiter. Überdies suggeriere das Beta-Etikett den Nutzern einen Hauch von zukunftsweisender Innovation und Exklusivität, weil sie als Erste etwas Neues ausprobieren dürfen.

Ideenlieferanten ohne Vertrag

Sie denken, dass Sie nicht in die Unternehmen hineinkommen, in denen Sie als Ideensprudler Ihr ganzes Potenzial ausschöpfen könnten? Weil Sie zu alt sind, nicht umziehen können (wollen) oder aus anderen Gründen? Das Schöne an Kreativität ist, dass sie keine Grenzen kennt. Und dass Sie von überall für alle Unternehmen auf der Welt arbeiten können. Denn viele Führungskräfte wissen, dass die Intelligenz außerhalb des Unternehmens um ein Vielfaches größer ist als die innerhalb. Und dass es in Zeiten, in denen es Monate dauert, um einen guten Mitarbeiter zu finden und einzuarbeiten, auf schnellere Wege ankommt. So greifen immer mehr Firmen auf die Denkleistung anderer zu, ohne sie fest einzustellen. So wie Procter & Gamble.

Auf der Internetseite www.pgconnectdevelop.com richtete der Konzern eine Tüftlerplattform ein, auf der jedermann Vorschläge und Ideen einspeisen kann. Eine Erfolgsgeschichte: Ein Hobby-Chemiker hat mit den Experimenten im heimischen Labor die Grundlage für ein Produkt geschaffen, das heute 500 Millionen US-Dollar Umsatz einbringt.[88] Über 50 Prozent aller Produktinnovationen bei Procter & Gamble seien nachweislich auf die Zusammenarbeit mit externen Innovatoren zurückzuführen, schreibt der Konzern auf der Website[89], der im Rahmen der Handelsblatt Konferenz »Open Innovation« im Dezember 2010 als »Bester Gesamtkonzern« sogar mit dem Open Innovation Award 2010 ausgezeichnet wurde.[90]

Ideenreichtum erfordert Know-how

Können Sie Ihre Kreativität fördern? Ja, indem Sie sich das entsprechende Umfeld suchen, das Ihrer Kreativität einen guten Nährboden liefert. Und indem Sie Ihren Geist öffnen für alle neuen Eindrücke. Dazu zählt auch, dass Sie weiter lernen, denn Ideenreichtum ist nur so wertvoll wie das dazugehörige Know-how.

Ich erinnere mich bei diesem Thema an einen Team-Workshop, den ich vor einigen Jahren in einer Werbeagentur hielt. Eine Auszubildende war vom Typ her eindeutig eine Ideensprudlerin – und mächtig stolz darauf. Doch leider überschätzte sie ihre Fähigkeiten etwas, als sie in den Meetings der nächsten Wochen einen vermeintlich genialen Geistesblitz nach dem anderen aus dem Hut zog: Ideen für neue Kampagnen. Leider fehlte ihr zu diesem Zeitpunkt noch das nötige Know-how über die Märkte, die Kunden und den generellen Ablauf von Kampagnen, sodass ihre Ideen nur von geringem Nutzen waren.

Sie erinnern sich: Eine Idee ist nur so wertvoll, wie sie einem strategischen Ziel dient. Nur wenn Sie die nötigen Fähigkeiten mitbringen – oder sich entsprechende Sparringspartner suchen –, kann aus einer Idee etwas Brillantes entstehen.

Mentoren für kreative Chaoten

Manche kreative Chaoten berichten, dass sie sehr viele Ideen haben und einige Projekte in der Pipeline, die sie gerne umsetzen möchten, ihnen aber das nötige Geld fehlt. Umsetzen lassen sich also lediglich diejenigen, für die keine Investitionen – abgesehen von eigener Arbeitskraft und Zeit – nötig sind. Bei umfangreichen Projekte, die ohne Finanzierung nicht realisierbar sind, stehen sich kreative Chaoten oft genug selbst im Weg, weil sie absolut keine Lust haben, einen Businessplan zu schreiben und sich damit gezielt auf die Suche nach Geldgebern zu machen oder auf unbürokratischem Weg andere interessierte und fähige Leute mit ins Boot zu holen.

»Vielleicht ist es Geiz«, meint Marco, »weil ich einen künftigen finanziellen Erfolg nicht teilen will. Und ich will meine Projekte selbst realisieren, da soll mir keiner reinreden. Noch dazu, weil ich fest davon überzeugt bin, dass meine Projekte sehr gut und ›gigantisch‹ sind – da will ich keinen, der kritisiert.«

Was hilft in diesem Fall? Suchen Sie sich einen wertschätzenden Mentor, der ebenfalls kreativer Chaot ist (und damit Ihre Denke versteht) und der das, was Sie erreichen möchten, erfolgreich gemeistert hat. Der eigene Projekte auf die Beine gestellt oder Unternehmen gegründet und aufgebaut hat, die laufen und profitabel sind. Der sich in einer Festanstellung eine Nische geschaffen hat et cetera. Wo Sie einen solchen Mentor finden? Viele Branchenorganisationen und Verbände bieten mittlerweile Mentorenprogramme an und auch bei den Wirtschaftsjunioren oder -senioren können Sie wertvollen Input erhalten.

Hören Sie sich um in Ihrer Stadt, fragen Sie andere kreative Chaoten, wie und wo diese fündig geworden sind. Unterstützen Sie sich gegenseitig, knüpfen Sie ein enges Netzwerk mit Gleichgesinnten. Gemeinsam sind Sie stark!

Übung: Ideenreichtum und Wertschätzung

1. Wo können Sie derzeit in Ihrem Beruf Ideen einbringen, die andere umsetzen? Wann gelingt dies besser, wann nicht?
2. In welchen anderen Lebensbereichen gelingt dies (noch) besser?
3. Wer setzt jeweils um? Mit welcher Begeisterung?
4. Wo fühlen Sie sich wertgeschätzt mit Ihrer kreativ-chaotischen Art? Welche Menschen sind das, welche Situationen?
5. Was können Sie tun, um dank Ihrer Ideen beruflich erfolgreich zu sein? Wer kann Sie gut in seinem Unternehmen, in seinem Team brauchen? Wer könnte an Ihren Ideen als Selbständiger Bedarf haben?
6. Wo könnnen Sie diese Menschen/Unternehmen treffen, wie sie kontaktieren? Wen kennen Sie der dort jemanden kennt?

Bunte Feder 10: Ihre Wissbegierde

»Wer aufhört zu lernen, ist alt.
Er mag zwanzig oder achtzig sein.«

Henry Ford (1863–1947), amerikanischer Großindustrieller

Kreative Chaoten sind sehr wissbegierig. Sie saugen Informationen und Neuigkeiten auf wie ein Schwamm und lernen leidenschaftlich gerne. Dabei geht es ihnen in erster Linie um den *Prozess* des Lernens – das eigentliche Thema ist im Vergleich eher nebensächlich. Sie finden es spannend, neue Themenbereiche zu erkunden, und bekommen einen regelrechten Energiekick, wenn sie merken, dass sich Nichtwissen in Kompetenz verwandelt.

Der erste Kontakt mit neuen Fakten beschert ihnen ein prickelndes Gefühl, es folgen die ersten Versuche, das Gelernte anzuwenden oder weiterzugeben. Und je nach Passion für das aktuelle Thema üben sie jetzt so lange, bis sie als Krönung eine neue Fertigkeit beherrschen. Ein unwiderstehlicher Prozess. Und deshalb kein Wunder, dass kreative Chaoten überall dort, wo es etwas zu lernen gibt, laut »Hier!« schreien.

Steile Interessenkurve – zu beiden Seiten

Als kreativer Chaot sind Sie bestens informiert – vielleicht nicht unbedingt über das tagesaktuelle Weltgeschehen, aber über eine Vielzahl an Fachthemen und häufig über neue Trends in Gebieten, für die Sie ein hohes Grundintersse mitbringen. Daher sind Sie für zahlreiche Unternehmen ein wertvoller Sparringspartner, gehören häufig zu den »Early Adopters«, also zu den Trendsettern, die neue Produkte zuerst kaufen.

Sie kennen und nutzen alle zur Verfügung stehenden Informationskanäle. Sind Sie eher extrovertiert, sprechen Sie gerne und viel mit anderen Menschen, gehen auf Veranstaltungen und tauschen sich persönlich aus. Sind Sie eher introvertiert, nutzen Sie lieber schriftliche Informationsquellen, das Internet und Online-Netzwerke. Das Internet hat Ihre Möglichkeiten zum Wissenserwerb explodieren lassen und es kann passieren, dass Sie stundenlang in den Tiefen des Netzes verschwinden, um neues Wissen zusammenzutragen.

Als wissbegieriger Informationssammler sind Sie sehr begeisterungsfähig und hängen sich in neue, spannende Themen richtig rein. Sie arbeiten sich schnell in das neue Gebiet ein, strukturieren dieses Wissen mehr oder weniger übersichtlich und beglücken Ihr Umfeld mit den neu erworbenen Kenntnissen. Es ist gut möglich, dass Sie in Ihrem Leben zahlreiche verschiedene Ausbildungen absolviert haben, die – zumindest auf den ersten Blick – nicht unbedingt etwas miteinander zu tun haben müssen.

Problematisch kann allerdings sein, dass das Interesse ebenso schnell wieder erlischt, wie es aufgeflackert ist, was es auf den ersten Blick schwieriger macht, einen als sinnvoll erlebten Beruf (oder eine Berufung) zu finden.

Mit Ihrer bunten Feder Wissbegierde werden Sie von Ihrer Umwelt oft als sprunghaft wahrgenommen und haben tatsächlich Schwierigkeiten, Ihre berufliche Ausrichtung zu finden. Sie beherrschen viele verschiedene Dinge und sind ein echter Generalist. Sich festlegen zu müssen jagt Ihnen geradezu Angst ein, bis hin zu regelrechter Starre: Buchstäblich vor die Qual der Wahl gestellt, entscheiden Sie sich oft – für gar nichts. Und ärgern sich dann über sich selbst, dass Sie womöglich Chancen verbummeln.

Mitmenschen erleben Sie daher auch in manchen Situationen als entscheidungsunfähig und meinen vielleicht, Ihnen gute Ratschläge geben zu müssen.

Dabei verwechseln sie das (kurzfristiges) Expertenwissen des kreativen Chaoten mit echtem Interesse und ermutigen ihn, sich doch als Zauberer selbstständig zu machen. Schließlich habe er doch den VHS-Kurs gemacht, danach die Zauberschule besucht und schon mehrere Hundert Euro in Bücher und Zaubertrickzubehör investiert. Außerdem sei der Auftritt am Geburtstag der Nichte doch so toll gewesen. Die ganze Verwandtschaft war ja so begeistert!

Ich erinnere mich noch sehr gut, wie ein enger Freund von mir vor fünf Jahren ein Fernstudium zum Heilpraktiker begann und seine Eltern und Freunde damals fragten: »Und dann gibst du deine sichere Festanstellung auf und arbeitest als Heilpraktiker?« Er erwiderte: »Nein, ich mache jetzt erst einmal das Studium und dann schaue ich, was ich damit mache. Jetzt will ich es erst mal lernen.« Diese Antwort quittierten die anderen mit ungläubigem Kopfschütteln. Lernen aus reinem Spaß an der Freud? Für viele Menschen unvorstellbar. Für kreative Chaoten nicht.

Stress mit Ihrem Umfeld reduzieren

Solange es beim ungläubigen Kopfschütteln der Familie bleibt, ist alles noch im grünen Bereich. Ihre »Spinnerei« wird akzeptiert und Sie können sich mit Ihrer neuen Leidenschaft nach Herzenslust beschäftigen. Kritisch wird es allerdings, sobald Sie für Ihre Vielzahl an (privaten) Interessen die Haushaltskasse Ihrer Familie überstrapazieren.

Wenn ein Partner und vielleicht die Kinder darunter leiden, dass Sie zu viel Geld für Ihre aktuelle Leidenschaft ausgeben – und nach kurzer Zeit das Interesse verlieren, die Sachen ungenutzt herumliegen, die abonnierten Fachzeitschriften sich neben der Couch stapeln und die Bücher den Weg von der Tür zum Bett verbauen. Ausmisten? Keine Chance – es könnten ja noch ungehobene Wissensperlen darin stecken!

Besser: Klären Sie mit Ihrer Familie, welcher Anteil des Haushaltsbudgets für Ihre jeweilige Leidenschaft investiert werden darf.

Legen Sie fest, wie hoch die Stapel an Ausdrucken, Sammelmappen für Zeitungsausschnitte und Fachpublikationen sein dürfen. Und ob Sie unter Umständen Ihr eigenes kleines Reich einrichten können (Zimmerecke, Keller oder Dachgeschoss), die gemeinsam genutzten Räume hingegen wissensfreie Zonen sind.

Suchen Sie nach Möglichkeiten, Ihre neueste Leidenschaft gegenzufinanzieren. Mein Bekannter hat beispielsweise sein Fernstudium finanziert, indem er über Ebay selbst zusammengestellte Karteikarten mit Fragen zur Prüfungsvorbereitung verkauft hat. Sind Sie selbstständig, achten Sie darauf, dass Sie ein oder zwei gute Umsätze machen können mit Ihrem neuen Interessengebiet, dann können Sie zumindest einen Teil Ihrer Kosten von der Steuer absetzen. Für Festangestellte kann es genau aus diesem Grund sinnvoll sein, eine Nebenerwerbsgründung anzustreben. Lassen Sie sich am besten von einem guten Steuerberater helfen.

Beruflich punkten

Wie aber nutzen Sie diese bunte Feder für sich? Was bedeutet sie für Ihre Karriere?

Genial aufgehoben sind Sie mit diesem Talent natürlich in Positionen, die hohe Lernbereitschaft, Entdeckergeist und schnelle Wissensaneignung erfordern. Solche Bereiche lassen sich branchenübergreifend in jedem Berufsfeld finden. Entscheidend ist, wie eine Position ausgelegt ist – oder was *Sie* daraus machen (vgl. auch S. 218 ff.). Ein Speditionskaufmann kann jeden Tag mit vielen neuen Themen, Gesetzen, Sprachen und Vorschriften beschäftigt sein und sich schnell einarbeiten müssen, ebenso wie eine Assistentin der Geschäftsführung – vor allem wenn sie einen kreativ-chaotischen Chef hat! Achten Sie deshalb bei der Suche nach einer neuen Stelle oder neuen Kunden darauf, wer Ihre Wissbegierde dringend benötigt und bereit ist, für dieses Talent extra zu bezahlen, weil Sie damit einen echten Mehrwert bieten.Wer kann Ihnen das nötige Umfeld schaffen, sodass Sie – im Team, alleine oder in einer kleinen Gruppe – abseits der täglichen Routinearbeiten sich mit Ihren neuen Themen beschäftigen können?

Behalten Sie im Hinterkopf, dass wir momentan am Wendepunkt von der Informations- zur »Ideengesellschaft« stehen. Dabei sind Informationen oftmals nur wertvoll, wenn sie zur Ideenfindung beitragen. Und eine Idee ist nur so gut, wie sie ein Problem löst. Daher stellt sich die Frage: Welche Probleme sollen gelöst werden? Und damit sind wir direkt wieder bei Ihrem Talent, Wissen zu erwerben.

Das kann für Sie bedeuten, dass Sie Ihre Lust am Recherchieren und Lernen direkt mit Ihren Talenten als Ideensprudler koppeln. So wie Thomas Alva Edison, der übrigens nicht nur die Glühbirne erfunden hat – die gab es in Ansätze bereits –, sondern der um die Glühbirne herum ein Gesamtwerk aus marktreifen (!) Glühbirnen, elektrischen Leitungen, Kraftwerken und Fabriken entwickelte. Wie konnte ihm das gelingen? Indem er fremde Lösungen aufsaugte und etwas Neues daraus kreierte. Einer seiner berühmtesten Sätze lautet: »Die Idee muss nicht neu sein. Sie muss nur neu in Bezug auf das zu lösende Problem sein.« Und Edison bezeichnete sich selbst »mehr als einen Schwamm als einen Erfinder«.[91]

Tinker Hatfield, Vizepräsident für Innovation bei Nike und Designer des Nike Air Sportschuhs, sagte:»Wenn du dich hinsetzt und Ideen entwickelst, ist es eine Kombination aus allem, was du in deinem Leben getan und gesehen hast.«[92] Seine Inspiration für den Schuh: die Architektur des Centre Georges Pompidou in Paris. Was lernen wir daraus? Je mehr Wissen Sie aufsaugen, desto genialer können Ihre Ideen werden.

Verbinden Sie selbst ihre beiden Talente oder suchen Sie sich Sparringspartner, die Sie ergänzen: Sie liefern die Fakten, der andere brütet die praktisch verwertbaren Ideen aus.

Da Sie in der Regel lieber beraten, als selbst zu organisieren, könnte Ihnen eine zentrale beratende Tätigkeit viel Spaß und Erfolgserlebnisse bringen, zum Beispiel als Berater in Politik, Wirtschaft oder Sport, als Zuarbeiter für wirtschaftliche oder politische Gremien oder – als Generalist – in der Forschung. Ideal sind auch Tätigkeiten, in denen Sie täglich neues Wissen erwerben und sofort beratend weitergeben können, wie zum Beispiel in der Berufsberatung (wo es um konkrete Berufsbilder geht) oder als Info-Gatekeeper in großen Konzernen. Viele Verlage haben beispielsweise sogenannte Dokumentationsabteilungen, die den Journalisten Teile der Recherche abnehmen und die fertigen Texte am Schluss auf faktische Richtigkeit prüfen.

Lassen Sie Ihrer Kreativität freien Lauf, entdecken Sie, wo Sie mit Ihrem Talent richtig punkten können, oder spinnen Sie Ideen mit einem Ideensprudler. Ähnlich wie bei der bunten Feder Ideenreichtum ist das Talent Wissbegierde im beruflichen und unternehmerischen Kontext auch nur so wertvoll wie die Ergebnisse, die daraus entstehen.

Machen Sie als Mitarbeiter in einem Unternehmen Ihren Vorgesetzten klar, dass Sie die Herausforderung des täglichen Lernens lieben, dass Sie viele Weiterbildungen brauchen, um glücklich und motiviert zu sein – auch wenn Sie keine Beförderung anstreben –, und dass Sie erst richtig aufblühen, wenn Sie Wissen erwerben und weitergeben können.

Lernen zum Selbstzweck mag im privaten Alltag prima sein – im Beruf reicht das nicht aus. Aber Sie werden das richtige Tätigkeitsfeld für sich finden, das Ihren Hang zur Abwechslung berücksichtigt. Ideen dazu finden Sie ab S. 181.

Bunte Feder 11: Ihr Sinn für Zukunft und Nachhaltigkeit

*»Die besten Ide*en sind ihrer Zeit um fünfzehn Minuten voraus.
Jene, die ihrer Zeit um Lichtjahre voraus sind, werden nicht beachtet.«

Woody Allen (* 1935), US-amerikanischer Komiker, Filmregisseur,
Autor, Schauspieler und Musiker

Kreative Chaoten sind fasziniert von der Zukunft. Sie leben eher im Morgen als im Gestern (im Gegensatz zum systematischen Ordner, der eher im Gestern als im Morgen lebt), malen sich gerne aus, was kommen kann, und fragen beispielsweise bei neuen Ideen: »Wo bringt uns das hin?«, während der analytische Logiker fragt: »Was kostet uns das?«

Sie haben ein Interesse an langfristigen Ergebnissen und sehen die Dinge dabei als Ganzes. Das führt dazu, dass sie auch eher ein Gespür für und ein Bedürfnis nach Nachhaltigkeit haben, weil sie heute schon darüber nachdenken, welche Auswirkungen ihr Handeln morgen haben wird.

Sie fragen sich frühzeitig, was ein Leck an der Leitung einer Ölplattform für ganze Kontinente bedeuten würde, während die Controller sagen: Es läuft doch alles gut, also fahren wir den kostengünstigsten Kurs. Das Desaster der im April 2010 untergegangenen Ölplattform im Golf von Mexiko zeigt deutlich: Hier prallen zwei Welten aufeinander. »Kopfschüttelnd nehmen wir erneut zur Kenntnis, dass Ölblasen in der Tiefsee zwar routiniert angebohrt werden, ein Unfall aber, ein defektes Bohrloch, nur durch den monatelangen Einsatz hochtechnologischer Mittel behoben werden kann. Und das auch noch nach dem Motto: Versuch und Irrtum. Es gab vorher nur vage Konzepte zur Schadensbehebung. Die Ingenieure mussten sich erst im Ernstfall den Kopf zerbrechen, was nach einem Unglück in so großer Tiefe getan werden kann. Verantwortungsbewusstsein sieht anders aus«, kommentierte der Deutschlandfunk.[93]

Pioniere haben Visionen

Ihre Begeisterung für Entwicklungen, Ihre Visionen, wie Produkte besser gemacht oder Arbeitsabläufe vereinfacht werden, Ihre Ideen für ein besseres Leben oder eine bessere Welt – alleine Ihre Vorstellungen inspirieren Sie und treiben Sie an. Dumm nur, wenn Sie in Ihrem Umfeld lauter Menschen vom Typ »Bewahrer« haben oder Erbsenzähler und Leute, die nur an kurzfristigen Profiten interessiert sind.

Diese schaffen es häufig sehr schnell, Ihre »Hirngespinste« zu unterbinden, und wenn Sie nicht selbst eine ordentliche Portion vom zielstrebiger Umsetzer (»Marc Macher«) haben, zerplatzen Ihre Visionen wie eine Seifenblase.

Suchen Sie sich deshalb ein Umfeld, das sich für Ihre Zukunftsszenarien interessiert, das sich von Ihrer Begeisterung anstecken lässt und gerne bereit ist, seinen Blickwinkel zu erweitern. Suchen Sie andere zukunftsorientierte und/oder nachhaltig denkende Menschen in Ihrer Stadt, in Ihrer Region oder in sozialen Online-Netzwerken. Alleine in Businessnetzwerken wie Xing gibt es dazu eine Menge Gruppen und Foren, in denen Sie sich einbringen könnten. Oder schauen Sie sich auf Messen und Kongressen um, besuchen Sie regionale Treffen oder werden Sie Mitglied weltweiter Vereinigungen.

Beruflich haben Sie mit dieser bunten Feder eine wertvolle Kompetenz in Ihrem Gefieder, denn nur Unternehmen, die in der Lage sind, vorauszudenken und die Wünsche und Bedürfnisse ihrer Kunden zu erahnen, spielen in der oberen Liga mit. Visionäre Manager und Führungskräfte mit einem innovationsfördernden Führungsstil sind gefragt. US-Buchautor Ray Anthony nennt sie »Wachrüttler«, die Menschen dazu bringen, »Dinge anzugreifen, von denen sie bislang nur geträumt haben«.[94] Dazu gehört es, visionäre Ziele zu setzen, Grenzen aufzuweichen, das Unmögliche denkbar zu machen, Neues zu wagen, statt in Altem zu verharren, nach Problemen zu suchen, statt den Kopf in den Sand zu stecken.

Unternehmer und Freiberufler müssen die Botschaft verinnerlichen – und sie sollte bis zum letzten Mann am Fließband durchdringen: Kunden kaufen keine Produkte, Kunden kaufen einen Nutzen, eine Lösung für eines ihrer Probleme.

Und visionäre Berufstätige schaffen es nun, herauszufinden, welchen Nutzen die Menschen übermorgen haben wollen. »Kunden wissen nicht, was sie kaufen sollen. Wir müssen ihnen sagen, was sie zu kaufen haben«, sagte ein Apple-Vize.[95] Das geht natürlich nicht mit den traditionellen Kundenbefragungen. Oder glauben Sie, Handynutzer hätten vor Jahren gesagt, sie wollen ein iPhone? Oder wer hätte Ende 2009 in einer Focus-

Group gesagt, er hätte gerne ein iPad? Nein, es geht darum, Bedürfnisse zu schaffen, deren sich die Konsumenten noch gar nicht bewusst sind – bis das neue Produkt schließlich vor ihnen liegt und sie es nicht mehr missen wollen.

Systematische Ordner und logische Analytiker können natürlich auch Visionen haben: Ihre Vision ist beispielsweise, die Absatzzahlen zu steigern. Ohne Risiko. Sie produzieren das, was der Markt heute kauft, und morgen rennen sie dann den Pionieren hinterher. Arbeiten Sie in einem solch sicherheitsbewussten Umfeld, ecken Sie natürlich an mit Ihren Träumen, Ihren Visionen von einer besseren Welt, Ihrer Risikobereitschaft.

Aber: Nur wer Fehler machen darf, auch einmal ein Projekt in den Sand setzen darf, der behält sich seine spielerische Neugier und damit die Chance auf zukunftsfähige Innovationen. Und das geht sogar bei börsennotierten Unternehmen. »Jede Firma bekommt die Investoren, die sie verdient«, sagt Amazon-Chef Jeff Bezos.[96]

Nutzen Sie Ihre Talente für Zukunftsdenken und Nachhaltigkeit, um Ihr eigenes Unternehmen oder das Ihres Arbeitgebers dauerhaft nach vorne zu bringen.

Bunte Feder 12:
Ihr Einfühlungsvermögen

»Wenn es ein Geheimnis des Erfolgs gibt, so ist es das,
den Standpunkt des anderen zu verstehen und die Dinge
mit seinen Augen zu sehen.«
Henry Ford (1863–1947), amerikanischer Unternehmer

Tobias versteht die Welt nicht mehr. Gudrun war seine beste Vertriebsmit-
arbeiterin. Doch seit dem letzten Jahresgespräch zwischen ihm, Geschäfts-
führer eines Kosmetikunternehmens, und der 32-Jährigen ging ihre Leistung
rapide bergab. Woran es läge, habe er nicht herausfinden können, erzählt er
im Coaching. »Als mir auffiel, dass die Zahlen schlechter wurden, schrieb ich ihr
eine E-Mail: Deine Zahlen gehen in den Keller, woran liegt es?« Gudruns Ant-
wort: »Weiß auch nicht.«

Wir rekapitulierten im Seminar das dokumentierte Personalgespräch – alles
schien in Ordnung zu sein. Dann fiel Tobias ein, was er zum Abschied zu Gud-
run gesagt hatte. »Das offizielle Gespräch war vorbei und in der Türe flachste
ich ›Werde mir ja nicht schwanger, nicht dass mir die beste Milchkuh im Stall
ausfällt.‹« Ich blickte ihn schweigend an. »Was denn?«, meinte er. »Das war doch
nur Spaß!« – »Und glauben Sie, Gudrun hat diesen ›Spaß‹ verstanden?« – »Ach
kommen Sie, wegen so einem Spruch bricht doch keine Vertriebsleistung ein …
oder?«

Die Kunst der Empathie

Die Fähigkeit, einfühlsam, fair und konstruktiv mit anderen Menschen
umzugehen, nennt sich soziale Kompetenz. Wer sie hat, der ist teamfähig.
Und er ist vor allem eines: empathisch (vom griechischen Wort *empatheia*
= einfühlsam). Er kann sich gut in die Gedanken, Gefühle und die Sichtweisen anderer hineinversetzen. Er kann gut zwischen den Zeilen lesen. Er
nimmt Details ebenso wie Zusammenhänge wahr und lässt sich auf den
anderen Menschen wirklich ein.

Empathie ist die Kunst, *wirklich* zuzuhören und den anderen *wirklich*
zu verstehen. Empathische Menschen können ihre eigene Sicht der Dinge

in den Hintergrund stellen und erkennen sehr präzise, warum jemand so spricht oder handelt, wie er es gerade tut. Sie erfassen mögliche Beweggründe, blicken hinter die Fassade, gehen einer Sache auf den Grund, um nicht oberflächlich zu urteilen.

Das heißt nicht, dass empathische Menschen alles gutheißen, was ihre Mitmenschen tun und sagen (zum Beispiel reines Profiliergehabe oder Überheblichkeit), aber sie versuchen zumindest zu verstehen, was den anderen antreibt.

Außerdem sprechen und handeln sie selbst auf eine respektvolle Art und Weise und verletzen andere Menschen weniger als eher unsensible Zeitgenossen.

Wichtig: Empathie umfasst das weite Feld von »Verständnis«. Es geht also nicht darum, andere zu trösten oder bei Problemen und Sorgen zu unterstützen. Dieses Helfen kann eine Folge von Empathie sein – muss es aber nicht.

Empathie ist ein Talent (oder nennen Sie es Soft Skill), das viele kreative Chaoten aus dreierlei Gründen mitbringen:

1. Die visionären Ideensprudler sind Warum-Frager. Sie möchten immer die Hintergründe verstehen, hinter die Kulissen schauen.
2. Die kommunikativen Unterstützer sind von Natur aus sehr einfühlsam und verstehen intuitiv, was andere Menschen bewegt.
3. Der wissbegierige Informationssammler möchte so viel Informationen wie nur möglich erlangen. Lenkt er diese Wissbegierde auf Menschen, dann wird er auch in die Tiefe graben und zu ergründen suchen, wie es dazu kam, dass jemand sich so und nicht anders verhalten hat.

Empathie als Wettbewerbsvorteil

Was aber bringt Empathie denn nun im Arbeitsalltag? Ein empathisches Miteinander ist ein wertvoller Schlüssel für persönlichen, aber auch unternehmerischen Erfolg. Wer aktiv und gut zuhört, seine eigenen Bewertungen beiseiteschiebt, seine Gesprächspartner respektiert und auf sie eingeht, wird sowohl privat als auch im Job als sehr sympathischer Mensch wahrgenommen.

Empathische Menschen wissen intuitiv, was andere brauchen, oder holen sich diese Informationen gezielt ein. Mit ihnen kann man besser und effektiver arbeiten. Sie verhindern Konflikte, weil sie frühzeitig potenziellen Zündstoff entdecken und entschärfen, indem sie zwischen den jeweiligen Parteien vermitteln – selbst bei handfesten Auseinandersetzungen. Da sie gut den Standpunkt des anderen einnehmen können, haben sie ein Händchen dafür, überzeugende Argumente zu finden, die für den anderen wichtig sind – das macht sie zu wertvollen und effizienten Kommunikatoren.

Menschen, denen es an Einfühlungsvermögen mangelt, galoppieren hingegen häufig von einem Konflikt in den nächsten, reißen mit ihrer Unachtsamkeit viel von dem ein, was sie und andere mühsam aufgebaut haben. Das ist leider gelebter Alltag in vielen Firmen: Es herrscht ein eher rauer Umgangston. Zahlen, Daten, Fakten drängen motivierende Gesten in den Hintergrund. Ein Obstkorb und großzügige Pausenverpflegung für die Mitarbeiter im Rahmen von internen Weiterbildungen? Geldverschwendung! Spiel- und Rückzugszonen in den Büroetagen? Kindische Kinkerlitzchen!

Unzählige Studien und Beispiele aus der realen Arbeitswelt belegen aber, dass es eben nicht die Zahlen, Daten, Fakten sind, sondern Emotionen, die unser Handeln lenken.[97] Warum wohl gehen so viele Fusionen in die Hose? Weil zwar Firmen zusammengelegt werden, die Gefühle der Mitarbeiter dabei aber völlig ignoriert werden und zwei Unternehmenskulturen ungebremst aufeinanderprallen.

Warum kaufen so viele Leute ein iPad? Weil Apple hochgradig emotionalisiert und den Menschen das liefert, was sie wirklich wollen: nicht nur funktionierende Technik, sondern ein Zugehörigkeitsgefühl.

Welche Unternehmen halten sich über Jahrzehnte erfolgreich am Markt? Diejenigen, die immer wieder aufs Neue herausfinden, was ihre Kunden *wirklich* wollen, die auf deren Bedürfnisse hören und nicht einfach das machen, was sich am besten rechnet. Oder das, was sich weltfremde Tüftler in ihren Elfenbeintürmen ausgedacht haben.

Wussten Sie, dass 25 Prozent aller neu gegründeten Unternehmen nach spätestens drei Jahren wieder vom Markt verschwunden sind?[98] Der Grund ist das »Happy Engineering«, das heißt, sie basteln jahrelang an einem Angebot herum, machen sich aber keinerlei Gedanken, ob das überhaupt jemand braucht.

Im Prinzip lautet die Botschaft an alle empathischen Berufstätigen und Unternehmer: Solange Sie sich wirklich dafür interessieren, was Ihre Kunden, Geschäftspartner, Kollegen brauchen (und das auch liefern), sind Sie nicht zu toppen. Problematisch wird es allerdings, wenn Sie in einem Unternehmen arbeiten, das darauf pfeift, was langfristig Sinn machen würde. Dann rennen Sie nämlich permanent gegen dicke Mauern, wenn es darum geht, die (auch unausgesprochenen) Bedürfnisse der anderen zu erfassen – und zu erfüllen.

Besonders schwer haben Sie es im Umgang mit zwei Gruppen von Menschen, die meinen, auf Einfühlungsvermögen verzichten zu können. Die erste Gruppe umfasst – laut André Moritz und Felix Rimbach in *Soft Skills für Young Professionals* – die Art von Führungskräften, »die ihre Interessen durch ihre legitimierte Macht, ihren Status und ihre offiziell zugesprochene Führungsrolle durchsetzen. Sie nutzen die ihnen zur Verfügung stehenden Belohnungs- und Bestrafungsmechanismen, statt sich in die Menschen hineinzuversetzen, mit denen sie in einer primär befehlsartigen Form umgehen.«[99] Die andere Gruppe mit Empathiedefizit bestehe aus vorwiegend technisch ausgebildeten Menschen. Diese definieren sich und ihren Selbstwert häufig über ihr fachliches Know-how. Im Weltbild der Techniker oder »Techies« seien es primär Fachkompetenz, technischer Fortschritt und harte (technische) Fakten, welche den Erfolg ausmachen.

Der Wert der Empathie

Wie können Sie als empathischer Mensch andere (fakten- oder systemgläubige) Menschen vom Wert der Empathie überzeugen? Am besten natürlich mit Argumenten, die deren Lebenswelt entsprechen, mit Argumenten, die deren Bedürfnisse befriedigen. Das heißt für die Kommunikation mit den systematischen, logischen Menschen, dass Sie in den meisten Fällen mit Zahlen, Daten, Fakten und erprobten Strategien punkten können.

Dazu drei Ideen:

1. Beweisen Sie den Nutzen von Empathie, indem Sie sich bei Konflikten unter Kollegen einschalten und zwischen den Parteien vermitteln. Zeigen Sie, dass der Streit deutlich (messbar!) schneller beigelegt wird als früher, ohne Rücksicht auf die wirklichen Beweggründe der Streitenden.

2. Schlagen Sie vor, dass Sie Projekte als »Experiment« empathisch führen, während andere Kollegen Projekte nach Faktenlage führen. Dabei muss natürlich am Ende des Projektes eine Erfolgskontrolle stehen – also überlegen Sie frühzeitig, nach welchen Kriterien Sie die Wirksamkeit messen könnten. Zum Beispiel die Arbeitszufriedenheit der Teammitglieder oder der messbare finanzielle Erfolg.

3. Suchen Sie Praxisfälle, in denen Unternehmen oder Organisationen dank Empathie deutlich die Nase vorn hatten – und belegen Sie dies mit knallharten Zahlen.

Welcher Arzt wird bei einem Kunstfehler häufiger verklagt? Der gut ausgebildete Facharzt, der wenig Fehler macht, oder der – ebenfalls gut ausgebildete – Kollege, dem aber häufiger ein Missgeschick passiert? Eine Analyse von Prozessakten von Chirurgen zeigte, dass häufiger die Ersteren verklagt wurden, während diejenigen, die nachweislich häufiger Fehler machten, sich nie vor Gericht verantworten mussten. Wie kann das sein?

»Patienten verklagen ihren Arzt nicht etwa, weil sie durch eine schlampige Behandlung zu Schaden gekommen sind. Sie verklagen ihren Arzt, weil sie aufgrund einer schlampigen Behandlung zu Schaden gekommen sind und weil darüber hinaus noch irgendetwas anderes passiert ist«, schreibt Malcolm Gladwell in Blink! Die Macht des Moments.[100] Immer wieder tauche in den Akten auf, dass Patienten, die vor Gericht ziehen, sich von ihrem Arzt nicht ausreichend wahrgenommen gefühlt haben.

Anwältin Alice Burkin berichtet, noch nie habe ein Patient einen Arzt verklagt, den er richtig sympathisch fand. Ärzte hingegen, die sich keine Zeit nahmen, um den Befund zu erklären oder Fragen zu beantworten, die nicht zuhörten oder die Patienten mit ihren Sorgen nicht ernst nahmen, die ihre Patienten nur als »Fall« sahen, aber nicht als Mensch – solche Ärzte wurden bei Kunstfehlern vor Gericht gezerrt.

Anhand von Videoaufnahmen konnte die Medizinsoziologin Wendy Levinson Hunderte Gespräche zwischen Chirurgen und Patienten auswerten, rund die Hälfte war bereits verklagt worden, die andere Hälfte nicht. Das Ergebnis: Die Nichtverklagten nahmen sich im Schnitt drei Minuten länger Zeit für die Gespräche (18,3 statt 15 Minuten), gaben mehr Orientierungshilfe, indem sie die einzelnen Schritte der Untersuchung erklärten, hörten aktiv zu und forderten die Patienten auf, mehr zu erzählen. Auch der Humor kam nicht zu kurz. Sie gaben jedoch nicht mehr medizinische Details, Aussagen über den Gesundheitszu-

stand oder die Medikation als ihre verklagten Ärztekollegen. Der Unterschied bestand alleine darin, wie sie sich mit den Patienten unterhielten.

»Am Ende geht es um nichts anderes als um den Respekt, den ein Arzt seinen Patienten entgegenbringt«, fasst Gladwell zusammen.[101]

Und Respekt gegenüber einem Menschen äußert sich nicht zuletzt in seinem empathischen Verhalten – er respektiert, was der andere im Moment wirklich braucht.

Je mehr Beispiele aus der realen Welt Sie liefern können, desto eher werden die anderen sich öffnen. Streuen Sie ruhig bei passenden Gelegenheiten solche Fallbeispiele ein, die Ihren Standpunkt unterstreichen. Und sorgen Sie dafür, dass empathische Handlungen messbar werden – das überzeugt dann auch die größten Zweifler.

Wie empathisch sind Sie?

Wie steht es eigentlich um Ihre Empathie? Meiner Erfahrung nach sind die Menschen, bei denen der Anteil des kommunikativen Unterstützers (Hanny Herzlich) stark ausgeprägt ist, in dieser Hinsicht extrem hellhörig, ja manchmal sogar fast übervorsichtig. Dann hören sie die Flöhe husten.

Je geringer die Ausprägung ist, desto mehr wirken sie, als steckten sie mit dem Kopf in den Wolken und nähmen Gefühle anderer oft einfach nicht wahr. Nicht aus Ignoranz oder Böswilligkeit, sondern weil sie in Gedanken gerade ganz woanders sind und die Bedürfnisse anderer Menschen und das Leben um sie herum kaum zur Kenntnis nehmen. Die Priorität liegt in solchen Situationen ganz klar auf ihren momentanen Ideen und Visionen, Warum-Fragen ist dann nicht angesagt.

Bei visionären Ideensprudlern (Igor Ideenreich), die zusätzlich viele Wesenszüge des analytischen Logikers (Dr. Annaliese Logisch) haben, jedoch sehr wenig vom Unterstützer, gesellt sich häufig ein gewisser scharfzüngiger Humor dazu, mit dem nicht jeder auf Anhieb umzugehen weiß: manche finden seine trockenen Bemerkungen sehr witzig, andere fühlen sich schnell dadurch verletzt.

Erinnern Sie sich an das Beispiel mit Gudrun, deren Vertriebsleistung nach einem Mitarbeitergespräch abfiel, an dessen Ende ihr Chef Tobias sie im Spaß warnte, bloß nicht schwanger zu werden, da er sonst seine profitabelste Milchkuh verlieren würde? Nun, auf Nachfrage von Tobias gab

Gudrun zu, dass sie den »Spaß« keineswegs lustig gefunden hat, sondern sich durch diesen Ausdruck auf die Rolle eines Geldbringers reduziert und menschlich völlig missachtet fühlte. Der trockene Humor kann also manchmal böse danebengehen!

Bunte Feder Empathie zum Glänzen bringen

Bringen Sie Ihre bunte Feder Empathie weiter zum Glänzen. Überprüfen Sie dabei, in welche Richtung Sie sich weiterentwickeln wollen.

Übung: Wie schätzen Sie Ihre empathischen Fähigkeiten ein?

○ Antwort 1: Ich bin ein sehr empathischer Mensch.
○ Antwort 2: Ich glaube, meine empathischen Fähigkeiten könnte ich ruhig noch ein wenig trainieren. Ich verstehe häufig, was Menschen sagen wollen, ohne dass sie es explizit aussprechen müssen.
○ Antwort 3: Ich bin manchmal zu empathisch, also manchmal zu vorsichtig und – was meine eigenen Reaktionen anbelangt – zu empfindlich.

Zu 1: Prima. Schauen Sie sich die anderen bunten Federn an.
Zu 2: Lesen Sie bitte weiter in diesem Kapitel und trainieren Sie Ihre Empathie.
Zu 3: Lesen Sie bitte weiter in diesem Kapitel und »schrumpfen« Sie Ihre Empathie auf ein für Sie gesundes Maß.

Zu viel Empathie ist ungesund

Ja, richtig gelesen – für einige Menschen kann es durchaus Sinn machen, die Empathie ein wenig gesundzuschrumpfen. Das heißt, die Empathie auf den Kern dieses Talentes zu reduzieren.

Sinnvoll ist dies für Menschen, die

- mit überempfindlichen Antennen durch die Welt gehen und alles auffangen, was dort an Befindlichkeiten herrscht,

- unterschwellige Reize und Botschaften deutlicher und schneller wahrnehmen als andere,
- immer alle Menschen verstehen und für jeden Beweggrund Verständnis haben,
- unausgesprochene Wünsche anderer sofort hören und sehen – obwohl der andere sie selbst vielleicht noch nicht kennt,
- von den Stimmungen anderer Menschen stark beeinflusst werden,
- sehr sensibel sind und auch sensibel reagieren,
- mehr Informationen wahrnehmen und gründlicher verarbeiten als andere.

Wieso soll zu viel Empathie für diese Menschen nicht gut sein? Weil es dazu führen kann, dass so extrem empathische, hochsensible Menschen sich zu sehr auf die Befindlichkeiten anderer konzentrieren – und dabei die eigenen Bedürfnisse nicht mehr beachten.

Dies kann vor allem knackig werden, wenn auch die bunte Feder »Hilfsbereitschaft« (vgl. S. 143) das Gefieder dieser Personen ziert oder ein großes Bedürfnis nach Harmonie dazukommt. Solche Menschen sehen immer und überall Handlungsbedarf, wollen helfen, unterstützen und für alle anderen da sein, wollen jeden Konflikte lösen, bis alle in Harmonie leben. Aber nicht etwa, weil sie jemand explizit um Hilfe gebeten hat, sondern weil sie lange vor allen anderen sehen, was für alle (angeblich) das Beste wäre.

Eine zu große Portion Empathie kann dazu führen, dass sie selbst niemals andere Menschen um Unterstützung bitten, denn sie sehen ja schon immer, dass der andere beispielsweise Stress hat – und wollen daher nicht noch mehr Stress verursachen. Selbst wenn ihnen die Arbeit und Belastung bis zum Hals stehen, wollen sie anderen bloß nicht zur Last fallen. Auf Dauer führt das nur in eine Richtung: Burnout aufgrund ständiger Überforderung. Viele empathische Menschen, die alles um sich herum wahrnehmen, können zudem nicht mehr richtig abschalten und nehmen die Befindlichkeiten anderer mit ins Bett. Dann grübeln sie und wälzen die ganze Nacht die Probleme anderer, sorgen sich um Dinge, für die sie im Grunde überhaupt nicht zuständig sind.

Problematisch kann zudem sein, dass viele empathische Menschen (unbewusst) von ihren Mitmenschen die gleiche Einfühlsamkeit und das gleiche Maß an Feingefühl erwarten. Sie gehen davon aus, dass der Partner oder die Kollegen ihnen von den Augen ablesen können, dass ihnen die Arbeit über den Kopf wächst oder sie endlich einmal wieder ins Kino gehen wollen. Die anderen sollen ihre Bedürfnisse erkennen, ohne dass sie sie aussprechen müssen. So wie sie die Bedürfnisse der anderen ohne Worte erkennen. Da dies leider oft nicht funktioniert – weil die anderen eben nicht den gleichen Grad an Empathie haben (oder ausleben wollen) –, fühlen sich sehr empathische Menschen schnell unverstanden, ja sogar ungerecht behandelt. Und zu guter Letzt: Wer immer alle versteht, kann auch leicht in eine »Verzeih-Falle« tappen und hört auf, von anderen Menschen auch einmal klipp und klar etwas zu fordern. Er findet für jede auch noch so unmögliche Verhaltensweise eine Entschuldigung – und entlässt damit andere Menschen aus ihrer Verantwortung.

Bitte verstehen Sie mich richtig: Empathie ist eine der wichtigsten und schönsten bunten Federn, die kreative Chaoten haben. Allerdings soll dieses Talent Ihnen helfen, zufrieden und erfolgreich zu leben. Wenn es aber dazu führt, dass Sie Ihre eigenen Bedürfnisse immer zurückstellen und nur für die anderen da sind statt für sich selbst, kann dieses Talent schnell zu einem üblen Zeit- und Energiefresser mutieren, der Sie auf Dauer krank macht.

Empathie heißt *wirklich* zuhören und verstehen, was der andere will. Das bedeutet nicht, dass Sie zum Betroffenen werden, anderen Verantwortung abnehmen oder uneingeschränkt helfen zu müssen. Es geht nicht darum, dass Sie dafür sorgen müssen, dass es anderen gut geht. Und schon gar nicht, jede Verhaltensweise zu entschuldigen, nur weil Sie verstehen, woher sie kommt.

Wenn Sie eine extrem empathische Person sind, konzentrieren Sie sich am besten auf die Essenz der Empathie und entscheiden bewusst, wie es weitergehen kann. Machen Sie sich bitte Tag für Tag, Situation für Situation bewusst, wie empathisch Sie sein wollen, wie viel Einfühlungsvermögen Ihnen momentan wirklich guttut, und gestatten Sie sich auch »Auszeiten«, in denen Sie Ihre Gefühlsantennen einfahren beziehungsweise diese mehr auf sich und Ihre eigenen Bedürfnisse ausrichten als auf das, was andere ausstrahlen. Und lassen Sie die Verantwortung für die Befindlichkeiten anderer Menschen auch bei den anderen. Nur weil Sie etwas wahrnehmen, müssen Sie sich nicht (immer) darum kümmern.

Insofern können Ihnen auch die folgenden Tipps dabei helfen, statt immer zwischen den Zeilen zu lesen die anderen konkret zu fragen, wie es ihnen geht oder was zu tun ist. Soft-Skill-Experten empfehlen allen, die ihr Einfühlungsvermögen verbessern wollen, folgende Bereiche zu trainieren:[102]

1. Verbessern Sie die Fähigkeit, Menschen zuzuhören und deren Motive und Beweggründe zu erfahren. Trainieren Sie dazu Fragetechniken oder aktives Zuhören.
2. Schärfen Sie die Sinneswahrnehmung bezüglich der Körpersprache Ihrer Mitmenschen.
3. Werden Sie sich bewusst, welche klassischen Wahrnehmungs- und Beurteilungsfehler uns schnell unterlaufen, und versuchen Sie, diese möglichst zu vermeiden.
4. Eignen Sie sich Wissen um Typologien von Menschen an (z. B. über das Stärken-Talente-Rad) und machen Sie sich klar, dass es je nach Typ immer eine andere Wahrheit gibt.

Bunte Feder 13: Ihre Hilfsbereitschaft

»Takt ist die Fähigkeit, einem anderen auf die Beine zu helfen,
ohne ihm dabei auf die Füße zu treten.«

Curt Goetz (1888–1960), deutsch-schweizerischer Schriftsteller
und Schauspieler

Kreative Chaoten, und hier vor allem die kommunikativen Unterstützer, zeichnen sich durch ein überdurchschnittliches Maß an Hilfsbereitschaft aus. Sie erkennen schnell, wo Hilfe und Unterstützung benötigt werden. Sie werden aktiv, um anderen zu helfen. Sie melden sich als Erste freiwillig, wenn es etwas zu tun gibt. Sie sind die gute Seele im Team, bei der die anderen ihr Herz ausschütten können. Sie fühlen sich gut, wenn das Team – auch mit ihrer Kraft – ein gutes Ergebnis erzielt. Sie mögen Menschen.

Viele Unterstützer leben ihre Talente in entsprechenden Berufsfeldern aus, in denen sie eng mit anderen Menschen zusammenarbeiten, wie im sozialen Bereich als Pfleger, Sozialarbeiter oder Arzt, im Weiterbildungsbereich als Trainer, Coach, Lehrer, Berater, aber auch als Sekretäre, Assistenten, Unterhaltungskünstler, Mitarbeiter an einem Helpdesk, in der Wartung oder im Kundenservice, als Unternehmer oder im Verkauf.

Sie können als kommunikativer Unterstützer auch in primär »nicht helfenden« Berufen tätig sein. In diesem Fall beeinflusst Ihre unterstützende Ader die Art, wie Sie Ihre Aufgaben erledigen und wie weit Sie sich über den Job hinaus zwischenmenschlich engagieren. Indem Sie beispielsweise gerne Ihren Kollegen unter die Arme greifen und ihnen Arbeit abnehmen, indem Sie den Teamgeist fördern und Wert auf gemeinschaftliche Aktionen wie ein gemeinsames Mittagessen oder Betriebsausflüge legen, indem Sie sich im Betriebsrat oder im privaten Bereich ehrenamtlich engagieren.

Unterstützer sind in der Berufswelt gefragt

Im Jahr 2010 waren in Deutschland rund 29,5 Millionen Berufstätige (oder 73 Prozent) im Bereich der persönlichen oder unternehmerischen Dienstleistungen tätig. Tendenz steigend.[103]

Nicht nur, weil die Bevölkerung der deutschsprachigen Länder immer älter wird und von jemandem versorgt und gepflegt werden muss. Nicht nur, weil Stress und Arbeitsbelastung unsere Gesundheit beeinträchtigen und wir immer mehr Vorsorge-, Reha- und Behandlungszeiten benötigen. Hinzu kommt vor allem, dass der Stellenwert unserer körperlichen und geistigen Gesundheit zunimmt und wir bereit sind, mehr Geld dafür auszugeben.

Zukunftsforscher Horst W. Opaschowski sieht dabei neue Berufsfelder kommen, die sich in den Dienst der Persönlichkeitsentwicklung und der Verbesserung der Lebensqualität stellen. Wenn Sie in Rente gehen, egal ob mit 55, 65 oder 70 Jahren, bleiben noch locker 20 bis 30 Jahre zum Leben – und dafür will man schließlich fit bleiben, denn diese Zeit soll genussvoll sein. Unsere Lebensziele schaffen Bedarf und damit neue Branchen, neue Angebote, neue Berufe:[104]

Lebensziel »Gesünder leben«: Körper-, Bade-, Ökologiekultur (vorsorgen, Fitnesscenter, Anti-Aging, Bäder, Saunas, Wellness, Naturprodukte, ökologischer Anbau, umweltfreundliche Produkte)

Lebensziel »Geselliger leben«: Club-, Spiele-, Kneipenkultur (Generationenhäuser, Kommunikationszentren, Spielhäuser, Erlebnisgastronomie)

Lebensziel »Genussorientiert leben«: Muße-, Wochenend-, Zerstreuungskultur (Entspannung, Partyservice, Kurzreisen, Events, Themen- und Erlebnisparks)

Lebensziel »Aktiver leben«: Do-it-yourself-, Hobby-, Bewegungskultur (heimwerken, joggen, Risikosportarten, reisen)

Lebensziel »Bewusster leben«: Sicherheits-, Verbraucher-, Beteiligungskultur (sparen, Gesundheitsverwaltung, Verbraucherberatung, Mitarbeit in Eltern-, Mieterinitiativen, soziales Engagement)

Auch wenn Sie nicht direkt in diese Berufsfelder einsteigen und den Wandel von der Wohlstands- zur Wohlfühlgesellschaft aktiv vorantreiben wollen – Teamgeist und gegenseitige Unterstützung sind an allen Arbeitsplätzen jene Soft Skills, auf die es einer Menge von Berufstätigen für Zufriedenheit am Arbeitsplatz ankommt.

»Nette und freundliche Kollegen« sind 95 Prozent der Österreicher wichtiger als hohe Gehälter oder die Chance auf einen Aufstieg.[105] Auch für die Deutschen sind »Arbeitsumfeld« und der »respektvolle Umgang miteinander« die wichtigsten Motivatoren im Job – weit vor »Art der Arbeit« oder »Grundgehalt«.[106] Arbeitnehmer in der Schweiz haben sogar eine höhere emotionale Bindung zu ihrer täglichen Arbeit als Deutsche oder Österreicher. Laut einer Gallup-Studie zeigen sich 22 Prozent der Schweizer hoch emotional mit ihrer Arbeit verbunden (zum Vergleich: 13 Prozent in Deutschland, 19 Prozent in Österreich).

Und diese positiven Gefühle zeigen Wirkung. Je höher die emotionale Bindung, desto besser die allgemeinen Geschäftskennzahlen: höhere Gewinne und Umsätze, höhere Produktivität (+50 Prozent), bessere Ergebnisse bei Kundenbefragungen (+56 Prozent), höhere Rentabilität (+33 Prozent) sowie eine geringere Fluktuation (+44 Prozent).[107]

Machen Sie sich nicht zum Depp vom Dienst

Mancherorts scheint dies im Berufsalltag jedoch häufig (noch) nicht angekommen zu sein. Zwar rufen die Arbeitgeber immer lautstark nach teamfähigen, sozial kompetenten und hilfsbereiten Kollegen, doch in vielen Firmen beherrschen dennnoch Ellbogenmentalität und Egomanie das Bild.

Für Sie als besonders hilfsbereiter und harmoniebedürftiger Mensch ist es in einem solchen Umfeld doppelt schwer. Denn einerseits erhalten Sie selbst nicht die Unterstützung durch Kollegen und Vorgesetzte, die für Sie »normal« ist – und die Sie selbst freizügig verteilen. Andererseits kann es passieren, dass Sie als besonders hilfsbereiter Mitarbeiter dann in die »Everybody's Darling is Everybody's Depp«-Falle tappen und Ihre Gutmütigkeit schamlos ausgenutzt wird. Folgende Tipps können Ihnen das Leben erleichtern:

1. Selbst wenn Sie gerne anderen Menschen helfen – achten Sie darauf, dass auch Sie Unterstützung von anderen bekommen. Das muss kein stures »Hilfst du mir, helf ich dir« sein, bei dem penibel der eine Gefallen gegen einen anderen aufgerechnet wird, aber es sollte sich in etwa

die Waage halten. Die Hilfe kann ruhig von einem anderen Menschen aus Ihrem Netzwerk kommen (vgl. S. 246 ff.).

2. Behalten Sie Ihre Kraftreserven im Blick. Viele Unterstützer betreiben regelrecht Raubbau an ihrer verfügbaren Zeit und ihren Ressourcen, weil sie eben so gerne helfen und dafür ihre eigenen Bedürfnisse oftmals hintanstellen. Denken Sie daran: Ihre Energie ist begrenzt. Wenn Sie all Ihre Reserven aufbrauchen, bringt das weder Ihnen noch Ihren Mitmenschen etwas.

3. Planen Sie Ruheinseln in Ihren Tagesablauf ein, Zeitpunkte, zu denen Sie bewusst nicht für andere da sind und Energie tanken.

4. Lernen Sie, Grenzen zu ziehen und Nein zu sagen, denn die meisten Ihrer Mitmenschen wissen ganz genau, dass man am besten Sie um Hilfe bittet, weil Sie in der Regel niemandem etwas abschlagen. Helfen Sie, wenn Sie wirklich helfen wollen. Ansonsten lehnen Sie ab. Das ist vor allem zu Beginn nicht ganz leicht und Sie fühlen sich vielleicht nicht ganz wohl dabei, aber mit ein wenig Übung kriegen Sie das hin.[108]

5. Suchen Sie sich ein wertschätzendes Umfeld, in dem echte Harmonie herrscht. Nehmen Sie Ihr Bedürfnis nach Harmonie und gegenseitiger Unterstützung ernst. Es hat keinen Sinn, ewig in einem ruppigen Umfeld zu bleiben, nur weil der Job sicher ist oder Sie Angst vor einem Wechsel haben. Vergleichen Sie sich nicht mit anderen, die womöglich den Umgangston als nicht so rau empfinden, sondern hören Sie auf Ihr Bauchgefühl. Wenn Sie Tag für Tag mit einem flauen Gefühl im Magen zur Arbeit gehen, dann ist die Zeit reif für einen – in kleinen Schritten und überlegt vorbereiteten – Wechsel.

6. Machen Sie sich bewusst, dass überbetont hilfsbereite Menschen gerne von anderen ausgenutzt und im Berufs- wie Privatleben oft nicht mehr ernst genommen werden. Lassen Sie sich nicht zum sprichwörtlichen Deppen vom Dienst machen.

7. Warten Sie ab, ob andere Menschen Sie wirklich um Unterstützung bitten, und ziehen Sie sich damit aus der Falle des vorauseilenden Gehorsams. Achten Sie darauf, ob Sie ein sehr ausgeprägtes »Appellohr« haben (s. u.). Damit hören Sie nämlich grundsätzlich Aufforderungen oder Hilferufe – auch wenn der andere einfach nur eine Feststellung macht. »Puh, ist mir heiß!«, sagt der Besucher – und Sie springen auf und öffnen das Fenster, obwohl der andere das weder gesagt hat noch überhaupt will.

Meine frühere Kollegin Karo hasste es, dass sie in den Teammeetings immer die Protokolle schreiben musste. Freitags war wieder Meeting und der Teamleiter fragte: »Wer führt Protokoll?« Alle Kollegen schauten unbeteiligt vor sich hin. Da meldete sich Karo: »Ja, ich mache es …« Entgeistert fragte eine andere Kollegin nach dem Meeting: »Ich dachte, du hasst es – warum meldest du dich dann?« – »Na, wenn ich es nicht mache, macht es ja keiner.« »Klar,« lachte die Kollegin, »alle anderen haben sich nicht gemeldet, weil sie davon ausgegangen sind, dass Karo das Protokoll als ›Depp vom Dienst‹ ohnehin schreibt – wie immer eben. Damit haben sie recht behalten und sind fein raus.«

Bleiben Sie entspannt sitzen!

Eine gute Methode, um das »Helferohr« zu enttarnen und künftig nur noch auf echtes Bitten statt auf Pseudo-Aufforderungen zu reagieren, ist das Vier-Ohren-Modell von Friedemann Schulz von Thun.[109] Der mittlerweile pensionierte Psychologieprofessor erklärt damit, warum andere Menschen oft nicht das tun, was wir gesagt haben, oder warum wir Dinge tun, die andere gar nicht von uns wollten.

Es scheint, als ob wir Menschen manchmal völlig unterschiedliche Sprachen sprechen. Und tatsächlich, sagt von Thun, könne ein Sprecher mit vier verschiedenen »Schnäbeln« reden und der Zuhörer höre mit einem von vier Ohren zu, weil er wisse, dass beim Gesagten immer etwas zwischen den Zeilen steht. Oder weil er glaubt, die eigentliche Botschaft liege hinter den Worten. Damit interpretiere er jedoch zu Unrecht etwas in das Gesagte hinein. Der Grund: Seine bisherigen Erfahrungen mit ähnlichen Personen oder Situationen und seine momentane Stimmung beeinflussen, welcher Inhalt bei ihm ankommt.

Sachohr: Auf der ersten, rein sachlichen Ebene hören wir die Aussage des Satzes, die neutrale Botschaft, wenn man den Satz wortwörtlich nimmt:»Es ist heiß!« Viele Menschen reagieren auch nur auf diese Aussage: »Ja, stimmt.« Sie verstehen eine möglicherweise versteckte Bitte oder Aufforderung nicht. Oder wollen sie nicht verstehen – weil das ihre Form des Neinsagens ist.

Selbstmitteilungsohr: Mit diesem Ohr versucht der Hörer zu interpretieren, ob der Sprecher gute oder schlechte Laune hat, ob er eine Aufgabe widerwillig oder gerne übernimmt. Er nimmt wahr, was der Sprecher über sich selbst mitteilt.

Beziehungsohr: Mit dem Beziehungsohr hören wir heraus, ob der Sprecher uns mag, ob wir ihn stören oder ob er sich zum Beispiel über unseren Anruf freut – auch wenn er von etwas ganz anderem spricht. Wer sehr stark auf dem Beziehungsohr hört, macht sich unter Umständen für mehr (schlechte) Launen seines Gesprächspartners verantwortlich als nötig. Er bezieht eine knappe Antwort schnell darauf, dass der andere auf ihm sauer sei – obwohl dieser vielleicht nur im Stress ist.

Appellohr: Mit dem Appellohr hören wir, wie bereits beschrieben, welche Aufforderung, welchen Appell der Sprecher augenscheinlich an uns richtet, wobei das gar nicht der Fall sein muss (Stichwort vorauseilender Gehorsam).

Beherzigen Sie das Vier-Ohren-Modell, wenn Sie um etwas bitten. Formulieren Sie Ihre Aufforderungen und Ihre Erwartungshaltung so klar wie möglich. Besonders beim Delegieren gilt: Je präziser Sie Ihren Wunsch formulieren, desto zufriedener werden Sie am Ende sein. Die klare Anweisung »Ich brauche das Schreiben bitte bis heute um 15 Uhr« ist immer besser als ein schwammiges »Das müsste aber dann noch erledigt werden«.

Schalten Sie im Gegenzug Ihr Appellohr lieber einmal aus. Wenn der andere wirklich etwas von Ihnen will, dann soll er auch mit seinem »Appellschnabel« gezielt fragen.

Wenn das Helfen zu viel des Guten wird

Andere zu unterstützen ist etwas Schönes, ist generell eine gute Tat, die wir gerne und uneigennützig erbringen, für die wir keine großartige Dankbarkeit erwarten und bei der wir kein großes Aufheben um unseren Einsatz machen. Wir stellen einfach einmal unsere eigenen Interessen dafür zurück.

Wie ist das bei Ihnen? Helfen Sie einfach nur richtig gerne oder ist dies Ihr einziger Weg, um sich gut zu fühlen? Denn kritisch wird es, wenn Helfer ihre seelischen sowie körperlichen Bedürfnisse völlig vernachlässigen, wenn sie die eigenen Grenzen permanent überschreiten und selbst keine Unterstützung einfordern oder ablehnen.

Noch kritischer wird es, wenn einige selbsternannte »Engel« sogar die Interessen des Hilfsbedürftigen ignorieren. Wer fast schon zwanghaft helfen will und sich in Richtung »Helfersyndrom« entwickelt, der drängt seine Hilfe regelrecht auf, ob der andere will oder nicht – und erwartet am Ende auch noch huldigende Dankbarkeit. Er berücksichtigt dabei noch nicht einmal die echten Wünsche des vermeintlich Beglückten.

Wie kommt das? In Kapitel 2 haben Sie die Macht der Botschaften aus unseren Erfahrungen kennengelernt. Auch hier schlagen sie zu: Helfersyndrom-Gefährdete werden frühzeitig von der Anerkennung durch andere abhängig. Nur wenn andere ihnen dankbar sind, halten sie sich für liebenswert und wertvoll. Eltern oder andere Bezugspersonen, die Kindern die Schuld für die eigenen Gefühlen geben (»Deinetwegen ist Oma jetzt traurig; du bist schuld an Mamas Kopfschmerzen«), vermitteln ihnen die Botschaft: »Du musst die Verantwortung für die Gefühle anderer übernehmen.«

Schnell verinnerlichen die Kleinen dann: Entweder ich bin ein guter Mensch und bin immer hilfsbereit, dann geht es den anderen gut – oder ich bin egoistisch, berücksichtige meine Bedürfnisse und bin ein schlechter Mensch, weil es den anderen dann meinetwegen schlecht geht. Oftmals lernen sie dadurch auch, sich in der Rolle des Märtyrers wohlzufühlen, der sich für andere aufopfert. Sie glauben, nichts zu besitzen, außer besonders leidensfähig und aufopferungsvoll zu sein. Nur wenn sie sich für andere aufopfern, werten sie sich auf und sehen sich als etwas Besonderes.

Sehr häufig, so sagen Experten, findet man das Helfersyndrom in helfenden und heilenden Berufen. Woran erkennen Sie ein Helfersyndrom?

- Betroffene denken häufig nur nach dem Alles-oder-nichts-Prinzip: Entweder ich helfe und bin gut oder ich kümmere mich um mich selbst und bin schlecht.
- Die Balance zwischen Geben und Nehmen stimmt nicht. Helfer geben mehr, als sie bekommen. Auch weil sie oft selbst Hilfe ablehnen.
- Helfer überfordern sich, sind erschöpft und ausgelaugt, bis hin zu Depressionen, Burnout und psychosomatischen Erkrankungen.
- Helfer hören nicht (mehr) auf die Bedürfnisse des Hilfsbedürftigen, sondern helfen ungefragt.

- Helfer wissen besser über die Bedürfnisse und Wünsche des anderen Bescheid als über die eigenen. Sie haben keine eigenen Wünsche und Ziele mehr.

Um sich vom Helfersyndrom zu befreien, empfehlen Psychologen drei Schritte:[110]

1. Erkennen und akzeptieren Sie, dass sich hinter Ihrer Hilfsbereitschaft ein »eigennütziges« Motiv versteckt: Helfen ist lediglich Mittel zum Zweck. Sie wollen sich wichtig und gebraucht fühlen und durch Ihre Hilfe Ihr Selbstwertgefühl stärken. Sie brauchen womöglich den Hilfsbedürftigen mehr als dieser Sie.
2. Finden Sie heraus, wie Ihr Bedürfnis nach Anerkennung auf anderem Wege erfüllt werden kann oder wie Sie Ihr Selbstwertgefühl stärken, um so weniger von der Anerkennung anderer abhängig zu sein.
3. Finden Sie heraus, welche Wünsche Sie für Ihr eigenes Leben haben. Ziel ist, dass Sie sich wertvoll fühlen, ohne etwas dafür zu tun, ohne anderen helfen zu müssen.

Ändern Sie unter Umständen auch Ihr Umfeld (vgl. S. 60 ff.) und umgeben Sie sich – zumindest eine Zeitlang – mit Menschen, die Ihnen zeigen, dass es auch anders geht, als ständig nur für die anderen da zu sein. Sie müssen nicht immer und überall helfen. Selbst Mutter Teresa sagte: »Gott achtet nicht darauf, wie viel wir tun, sondern mit wie viel Liebe wir etwas tun.« Und da kann weniger viel mehr sein.

Bunte Feder 14: Ihre Wünsche, Träume und Leitsterne

»Wenn ich mal sterbe, dann hoffe ich,
dass ich alles gegeben habe und mein Potenzial
bis zum letzten Rest ausgekostet habe.«

Quelle leider unbekannt

Egal welchen Erfolgsratgeber Sie aufschlagen, immer heißt es dort: Definieren Sie Ihre Ziele. Erstellen Sie einen Maßnahmenplan. Kontrollieren Sie Ihre Ergebnisse. Korrigieren Sie Ihren Kurs ...

Für sehr strukturierte Menschen ist diese Übung meist ein Klacks. Sie wissen ganz genau, was sie wollen, und brechen es problemlos in Einzelschritte mit exakter Deadline herunter. Sie kontrollieren und korrigieren mit Wonne. Für kreative Chaoten sind diese Planer einerseits ein Vorbild, dem es nachzueifern gilt.

»Neulich traf ich einen Ex-Studienkollegen. Er erzählte, er habe mit 17 Jahren bereits gewusst, dass er mit 30 im eigenen Haus leben will, samt Frau und drei Kindern, mit 35 Partner in einer Kanzlei sein und mit 40 ein Ferienhaus auf Korsika haben will. Segelboot im Hafen inklusive. Und natürlich hat er das alles heute erreicht. Ich gab zu, dass ich völlig ziellos durchs Leben drifte, und er war entsetzt. ›Wie? Du hast keine ZIELE? Aber das ist ja furchtbar!‹«, erzählt Lutger im Coaching. »Ich habe mich gleich wieder total schlecht gefühlt und mir Vorwürfe gemacht, dass ich nichts auf die Reihe bekomme!« – »Ja, das nehme ich Ihnen sofort ab, dass Sie nichts in Ihrem Leben auf die Reihe bekommen haben«, antworte ich lächelnd. – »Na ja«, lenkt er ein. »Natürlich stimmt das so nicht ganz, ich habe schon mein Unternehmen, meine Frau, meinen Sohn, unsere Wohnung ... aber wahrscheinlich hätte ich im Leben noch viel mehr erreichen können, wenn ich mir nur rechtzeitig so genau überlegt hätte wie der Kollege, was ich will.«

Tja, neben dem Nacheiferwunsch wecken solche Menschen in kreativen Chaoten aber auch ganz andere Gefühle: nämlich das Gefühl, zu versagen, einfach nichts auf die Reihe zu bekommen. Dabei liegt es schlicht und ergreifend in ihrer Natur, in ihren Talenten, dass sie eben nicht so konkret planen können – und es auch gar nicht wollen.

Als kreativ-chaotischer Mensch leben Sie den Moment und lassen sich von der Fülle der Möglichkeiten begeistern, die sich jeden Tag neu vor Ihren Augen entfalten. Exakte Jahrespläne zu erstellen würde Ihnen extrem schwerfallen, weil Sie ja nicht abschätzen können, was in den nächsten Monaten oder Jahren an neuen Möglichkeiten entsteht. Oder hätten Sie sich vor zehn Jahren für Berufe wie Online-Bewegtbild-Experte, Zahn-Bleacher oder Ethnopsychologe entscheiden können?

Und Sie beschleicht die Angst, sobald Sie Ziele definieren würden, würde Ihnen das Füllhorn des Lebens entgehen. Aus diesem Grunde wehren sich viele kreativ-chaotische Menschen mit Händen und Füßen gegen das Festlegen von Zielen.

Richtig, es geht nicht darum, dass sie keine Ziele und Wünsche *haben*, sondern dass sie diese nicht klar formulieren, weil sie sich nicht festlegen wollen. Weil sie denken, wenn sie Ja zu einem Ziel sagen, dann heißt das automatisch, Nein zu allen anderen zu sagen. Und damit bringen sie sich womöglich um viele neue Erfahrungen. Hinzu kommt, dass die Wünsche (Ziele?) der kreativen Chaoten oft im Vergleich mit den Zielen der anderen »falsch« wirken. Aber dazu kommen wir gleich noch genauer.

Die Kehrseite der Medaille: Vor lauter Weigerung, sich festzulegen, tun kreative Chaoten häufig gar nichts. Sie sind zwar ständig in Aktion, aber in Wirklichkeit warten sie ab – und warten, und warten … Und diese innere Lähmung ist frustrierend, weil sie sich wieder einmal nicht entscheiden können. Da verhungern sie sozusagen im prall gefüllten Süßigkeitengeschäft, weil sie nicht hundertprozentig sicher sind: »Soll ich die Zuckerstangen essen oder doch lieber die Schokotaler … oder doch lieber …?« Was kann ihnen helfen? Lassen Sie sich bitte einmal die folgenden Ideen auf der Zunge zergehen:

1. Fangen Sie einfach mit den Zuckerstangen an und holen Sie sich später die Schokotaler und danach etwas anderes. Ja, das geht! Meist stehen wir nämlich nicht vor Entweder-oder-Entscheidungen. Wir können in vielen Fällen (fast) alles haben. »Es ist unmöglich, alles auf einmal zu tun. Aber es ist durchaus möglich, etwas auf einmal zu tun«, sagt die amerikanische Schriftstellerin und Literaturnobelpreisträgerin Pearl S. Buck.

2. Suchen Sie nicht nach konkreten Zielen, sondern nach »Leitsternen«, die Ihnen die grobe Richtung vorgeben und eine Richtung weisen, der Sie folgen können. Und wenn Sie auf dem Weg zum Leitstern links und rechts neue spannende Herausforderungen finden, dann hat der Leit-

stern seinen Zweck erfüllt. Sten Nadolny schrieb in seinem Buch *Die Entdeckung der Langsamkeit*: »Je näher John dem Ziel kam, desto mehr spürte er, dass er es gar nicht mehr brauchte. (…) Das Ziel war wichtig gewesen, um den Weg zu erreichen. Den hatte er nun und auf dem ging er.«[111] Machen Sie es genauso, nehmen Sie ein funkelndes Sternbild und marschieren Sie in diese Richtung los. Der Rest entwickelt sich von allein. Wichtig ist, dass Sie losgehen

3. Ganz wichtig dabei: Ihre »Ziele« sind nicht in Stein gemeißelt. Sie dürfen festlegen, was *momentan* für Sie spannend, toll, interessant ist – und wenn es in sechs Monaten veraltet ist, dann ist das eben so. Lösen Sie sich von der Verbindlichkeitsgläubigkeit strukturierter Menschen – Sie als kreativ-chaotisches Talent brauchen viel Freiraum und die Möglichkeit für Änderungen. Ihr Ziel ist der beständige Wandel.

Machen wir uns auf den Weg, Ihren Leitstern zu finden. Was funkelt über Ihnen so attraktiv, dass es sich lohnt, in diese Richtung zu marschieren? Schnell landet man dabei beim Wörtchen »Berufung«. Ein großes Wort – und für viele kreative Chaoten wiederum eine große Hürde. Da sie so viele unterschiedliche Interessen haben, die in völlig unterschiedliche Richtungen gehen können, denken sie vorschnell: »Ich werde meine wahre Berufung ohnehin nie finden!«

Auf der Suche nach der Berufung

Was könnte Ihr Leitstern sein? Vielleicht ist der Leitstern Ihre Berufung. Vielleicht ist die Berufung aber auch etwas, das noch hinter den Leitsternen liegt, und viele, viele Leitsterne leuchten den Weg zu Ihrem »alles erklärenden Sinn des Lebens«.

Keine Bange, es wird jetzt hier nicht philosophisch! Aber Fakt ist: In den letzten Jahren haben sich die Wünsche vieler Berufstätiger verändert. Sie zielen nicht mehr (nur) auf materiellen Wohlstand, sondern sehnen sich nach Sinn und Erfüllung – die »Downshifting-Bewegung« (vgl. S. 69 ff.) ist ein deutliches Zeichen dafür. Dabei ist der Sinn des Lebens für jeden Menschen anders. Und über Berufung kann man nicht diskutieren. Denn was für den einen genau das Richtige ist, mag für einen anderen völlig undenkbar und unvorstellbar sein.

Nun aber strengen sich die kreativen Chaoten an, ihre *eine* Mission zu finden, das *eine* Thema, für das sie brennen und dem sie sich den Rest ihres Lebens widmen wollen. Diese »Sinnsuche« kann einen ganz schnell zur Verzweiflung bringen. Denn immer wenn sie etwas tun, dann fühlt es sich doch noch nicht »richtig« an und sie sausen los, das Nächste auszuprobieren, ob das vielleicht endlich die ersehnte »Erfüllung« bringt.

Oftmals drehen sie sich dabei im Kreis – so wie in einer Geschichte in Anlehnung an den deutschen Philosophen Georg Wilhelm Friedrich Hegel. Darin ging es um einen Mann, dem der Arzt »Obst« verordnet hatte. Man brachte ihm Äpfel, die er verschmähte, da er ja Obst wollte.

Er wollte Obst, keine Birnen.

Er wollte Obst, keine Pflaumen.

Er wollte Obst, keine Kirschen.

Wenn wir nach dem Sinn des Lebens suchen, verhalten wir uns oft wie der alte Mann. Wir klammern uns an das Abstrakte und übersehen das Handfeste, das direkt vor unserer Nase liegt.

Das Abstrakte kann uns natürlich den Weg weisen – aber dann wird es völlig banal und praktisch.

So können Sie sagen: Ich will meinen Mitmenschen Gutes tun (Berufung/Leitstern). Und dann tun Sie das auch, indem Sie zu Ärzte ohne Grenzen gehen oder Kindergärtnerin werden oder als Sänger auf der Bühne stehen oder eine liebevolle Mutter, ein liebevolle Vater sind – oder der älteren Dame in der U-Bahn Ihren Sitzplatz anbieten.

Wenn Ihre Mission ist: Ich will den Menschen Freude bringen, dann können Sie eine Gärtnerei aufmachen oder als Bedienung arbeiten oder als Müllmann – oder Sie lächeln Ihre Mitmenschen an und machen ihnen Komplimente.

Ist das nicht fantastisch? Wenn Sie diese Art von Leitstern haben, dann bringt dieses Gefühl der endlich gefundenen Bestimmung unglaublich viel Ruhe und Entspannung in Ihren Tag. Es ist wie ein Dach, unter dem all Ihre Tätigkeiten und Aktivitäten plötzlich mehr Sinn ergeben. Und das macht Sie zufriedener.

Womit ich mich nicht anfreunden kann, ist die Versteifung auf den *einen* Sinn des Lebens. Vor allem vor dem Hintergrund, dass für jeden von uns dieses »Angekommensein« etwas anderes bedeutet.

Dennoch halten viele kreative Chaoten daran fest und fragen sich händeringend: »Wo finde ich die *eine* Sache, für die ich ein ganzes Leben lang brennen kann?« Genau hier liegt der Denkfehler: Für kreative Chaoten gibt es nicht die eine Sache, sondern viele davon. Sie werden sich immer zu vielen unterschiedlichen Sachen hingezogen fühlen, weil Sie Abwechslung in Ihrem Leben brauchen. Mag sein, dass Sie einige Jahre sehr zufrieden leben, weil Sie Freude bringen, Genuss bringen, andere unterstützen. Dann folgen vielleicht ein paar Jahre, in denen Sie lieber die Welt retten wollen und sich für Nachhaltigkeits- oder sozialen Themen engagieren. Gefolgt von einer Zeit, in der Sie einfach nur Ihre Freiheit ausleben wollen.

Eine Sache bis an Ihr Lebensende zu machen – nein, das würde Ihnen die Lebensfreude rauben. Sie hätten das Gefühl, eingesperrt zu sein oder innerlich abzustumpfen. Ein Teil Ihrer Mission ist es daher, Ihre zahlreichen Interessen zu hegen und zu pflegen, sie auszuleben und einzubringen. Kreative Chaoten haben die Mission, so viel wie möglich zu entdecken. Sie sollen sich gar nicht auf ein Interessengebiet festlegen.

Finden Sie heraus, was Sie wirklich wollen

Auf S. 74 haben Sie bereits eine Übung gemacht, die Ihnen zeigen sollte, in welchen Situationen Sie sich erfolgreich fühlen. Was haben Sie dort notiert? Meist sind diese Antworten sehr gute Anhaltspunkte dafür, was Sie wirklich wollen. Oder Sie werfen einen Blick auf Ihre grundlegenden Werte und Einstellungen – und in welchem Maße Sie bereits heute danach leben. Werte sind der Motor, der uns antreibt, und der Gradmesser, ob uns unser Tun sinnvoll oder sinnlos erscheint.

In der Karriereberatung haben sich einige Werte etabliert, die in der Regel bei den meisten Menschen vorhanden sind. Können wir gemäß unseren wichtigsten Werten leben, geht es uns gut. Leben wir allerdings entgegen unseren Überzeugungen, sind wir unzufrieden und schleppen uns antriebslos voran.

Grundsätzlich gilt, dass kreativ-chaotische Menschen weitgehend andere Werte haben als sehr systematische Menschen. Und das führt in unserer logisch-analytischen Gesellschaft häufig zu Kopfschütteln über Idealismus und Blauäugigkeit. Kennen Sie Sprüche wie »Werde erst einmal erwachsen, dann wirst du schon sehen« – und das, obwohl Sie die 25 schon längst überschritten haben?

Finden wir heraus, welche Werte Ihnen persönlich wichtig sind und was sie für Ihre Karriere bedeuten.

Übung: Welche Werte sind Ihnen wichtig?[112]

Welches ist der Motor, der Sie antreibt? Was ist Ihnen besonders wichtig? Bitte lesen Sie die unten stehenden Begriffe durch.

Welche lösen ein positives Gefühl in Ihnen aus, entlocken Ihnen ein Lächeln? Diese Begriffe lassen Sie stehen.

Die Begriffe, die weniger auf Sie zutreffen, streichen Sie bitte durch. Machen Sie das so lange, bis maximal 7 Begriffe übrig sind.

Abenteuer	Aktivität	Anerkennung	Autonomie
Beziehung	Ehre	Erfolg	Eros
Familie	Freiheit	Freude	Genuss
Gerechtigkeit	Harmonie	Herausforderung	Idealismus
Lebenskraft	Macht	Neugier	Ordnung
Reichtum	Ruhe	Ruhm	Schönheit
Sicherheit	Sparen	Spaß	Status
Unabhängigkeit			

Übertragen Sie Ihre 7 Werte in die Zeilen der ersten Spalte. Vergeben Sie anschließend Noten von 1 bis 6, wobei 1 sehr wichtig bzw. sehr gut bedeutet.

Wie wichtig ist Ihnen dieser Wert und wie gut können Sie ihn derzeit leben?

Werte, die Ihnen wichtig sind	Wie wichtig? (Note 1–6)	Wie leben Sie ihn? (Note 1–6)	Abweichung	Was werden Sie tun? Wie können Sie diesen Wert (mehr) leben?

Wenn Sie einen Wert als sehr wichtig eingestuft haben (z. B. Freiheit = 1) und in der Spalte »Wie leben Sie ihn?« eine 3 eingetragen haben, dann können Sie überlegen, wie Sie der Freiheit in Ihrem Leben mehr Geltung verschaffen. Indem Sie zum Beispiel einmal im Monat etwas alleine unternehmen? Indem Sie sich einen neuen Job suchen, bei dem Sie weniger im Büro sitzen müssen, mehr unterwegs sind? Überlegen Sie, was genau Sie mit dem entsprechenden Wert verbinden und wie Ihr persönlicher Masterplan aussehen könnte.

Es kann auch sein, dass Sie einen Wert eingetragen haben, den Sie von der Wichtigkeit her nur mit 3 einstufen, aber sehr intensiv leben, zum Beispiel »Genuss«. Hier tut sich die Möglichkeit auf, etwas von der Zeit, die Sie in die Verwirklichung dieses Wertes investieren, in einen wichtigeren zu stecken. Zum Beispiel, indem Sie die gemeinsamen kulinarischen Abende mit Freunden reduzieren oder weniger aufwendig kochen – und dafür Ihren wichtigen Werten mehr Raum geben.

Suchen Sie sich nun drei Werte aus, die ein warmes Gefühl in Ihrem Bauch hervorrufen, und bringen Sie sie in eine Rangfolge.

Ihre drei wichtigsten Werte
1.
2.
3.

Mit diesen Werten, können wir nun weiterarbeiten und Ihren persönlichen Karriereweg grob bestimmen. Denn diese Werte bilden den Motor, der Sie antreibt. Sie bestimmen Ihren Leitstern (und die Galaxie dahinter) – und daraus können Sie jetzt konkrete Ideen ableiten.

Wichtig dabei: Versuchen Sie nicht, sich mit anderen zu vergleichen. Jeder Mensch hat seinen eigenen Motor mit individueller Wertezusammensetzung. Und das ist gut so. Denn auf diese Weise ergänzen wir uns perfekt und können alle wichtigen Bereiche abdecken.

Stellen Sie sich vor, allen Menschen wäre ausschließlich der Wert »Sicherheit« extrem wichtig, dann würde bald kompletter Stillstand herrschen. Hätten wir aber nur abenteuerlustige Menschen, würde es allen an der nötigen Konstanz und Ruhe fehlen. Wie immer ist die Balance wichtig.

Machen Sie diese Übung ruhig regelmäßig einmal im Jahr. Denn Ihre Werte können sich je nach Lebenslage auch verändern oder bezüglich ihrer Wichtigkeit für Sie variieren.

888 Dinge, die Sie tun wollen

Viele kreative Chaoten berichten, sie möchten gerne noch so viele Dinge tun in ihrem Leben, sie wüssten gar nicht, wo sie anfangen sollen.

Lutger litt genau an diesem Problem. »Ich habe noch so viel vor in meinem Leben, ich weiß gar nicht, was ich zuerst tun soll. Ich finde alles spannend. Und deshalb tue ich gar nichts«, *stellte er frustriert im Coaching fest. –* »Wie viele Dinge wollen Sie denn noch so machen?«, *fragte ich ihn. –* »Ach, tausend Sachen. Mal einen 7 000er besteigen, Fotografieren lernen und eine Ausstellung machen, noch ein Kind bekommen, eine alte Villa renovieren, einen Sonnenaufgang auf dem Jakobsweg erleben, thailändisch kochen lernen, eine alte Harley fahren, eine Almhütte bewirtschaften, im Zirkus arbeiten und so weiter. Sehen Sie, es ist einfach nicht zu schaffen.«*

Ich schob ihm ein DIN-A3-Papier hin und forderte ihn auf: »Bitte schreiben Sie alles auf, was Sie tun möchten, alles, über das Sie gerne mehr wissen möchten. Bitte notieren Sie 888 Punkte. Ich habe viel Zeit und viel Papier, bitte legen Sie los.«*

Lutger schaute mich zunächst verwirrt an, fing aber dann an zu schreiben. Innerhalb von fünf Minuten hatte er 41 Dinge notiert, dann blätterte er in seinem Projektbuch und schrieb 23 weitere Ideen hinzu. Dann stockte er. Als Hausaufgabe sollte er die Sammlung ergänzen, und zwar um diese Punkte:

- *Dinge, die er gerne länger tun möchte*
- *Dinge, die er nur ein- oder zweimal ausprobieren will*
- *Dinge, die er bereits macht und auch künftig tun will*

Wichtig dabei: Es geht nicht darum, aufzuschreiben, was »man« alles tun könnte, sondern das zu notieren, was Sie sich wirklich vorstellen könnten, einmal oder mehrmals oder dauerhaft selbst zu tun.

Es geht auch nicht darum, eine Liste mit Dingen zu erstellen, die Sie wirklich und wahrhaftig tun wollen, bevor Sie sterben – so wie im Film *Das Beste kommt zum Schluss,* in dem ein krebskranker Mann (gespielt von Morgan Freeman) eine »Löffelliste« erstellt: mit Dingen, die er noch machen will, bevor er den Löffel abgibt.

Vielleicht mögen Sie ja so eine »Löffelliste« einmal ausprobieren. Ich persönlich und viele meiner Klienten mögen sie nicht so gern. Denn sie hat zum einen so etwas Unrealistisches. Wenn ich wüsste, ich hätte noch maximal ein Jahr zu leben, dann würde ich persönlich lieber meinen Mann und meine Kinder eng um mich haben wollen und ihnen noch viel mit auf den Weg geben – so wie Randy Pausch in seiner bewegenden »Last Lecture«.[113] Ob ich nun das eine oder andere Land noch gesehen habe, einen Tandemsprung gemacht oder Russisch gelernt habe, wäre für mich eher unerheblich.

Zum anderen erzeugt eine Löffelliste bei vielen Menschen unnötigen Druck, genauso Sprüche wie:»Lebe jeden Tag so, als wenn es dein letzter wäre.« Kreative Chaoten haben meist ohnehin schon das Gefühl, ihr Leben sei zu kurz, um alles Interessante auszukosten.

Aber es gibt durchaus Menschen, die diese Einstellung mögen, weil sie ihnen täglich das wirklich Wichtige vor Augen hält. Oder ihnen hilft, aufmerksamer durchs Leben zu gehen, wenn sie bislang nur auf Statussymbole, Geld und Erfolg Wert gelegt haben.

Entscheiden Sie selbst, wie Sie es formulieren: Einfach draufloszuträumen, 888 Dinge und Aktivitäten zu notieren, die Ihnen Spaß machen würden – oder eben eine Löffelliste (die natürlich ebenso lang sein kann). Jeder Mensch braucht andere Strategien, um zum Kern seiner Wünsche zu kommen.

Übung: 888-Highlights-Liste[114]

Nehmen Sie Ihr Erfolgsbuch zur Hand und schreiben Sie jetzt 888 Dinge auf, die Sie irgendwann einmal gerne tun, erleben, lernen oder erfahren wollen.

- Welche Tätigkeiten wollen Sie ausüben?
- Welche Dinge wollen Sie lernen?
- Woran hätten Sie richtig Spaß?
- Welche Dinge möchten Sie gerne länger tun?
- Welche Dinge wollen Sie nur ein- oder zweimal ausprobieren?
- Welche Dinge machen Sie bereits und wollen Sie auch künftig tun?

Wichtig: Schreiben Sie nicht auf, was »man« alles tun könnte. Schreiben Sie nichts auf, das Sie nicht wirklich tun wollen. Hier landet nur, wenn Sie sich *wirklich* vorstellen können, es eines Tages zu tun. Denken Sie dabei ruhig in großen Dimensionen! Bill Gates wollte der größte Programmierer aller Zeiten werden und seine Vision hat ungeheure Energien bei ihm freigesetzt. Welche großartigen Dinge wollen Sie bewirken?

Wie lang ist Ihre Liste? Viele Seminarteilnehmer und Coaching-Klienten merken an dieser Stelle, dass sich das diffuse Gefühl »Ich will alles« nach dieser Übung auf ein paar Dutzend oder vielleicht 100 Ideen reduziert hat. Und das bringt unglaubliche Freiheit. Denn was im Kopf noch völlig unübersichtlich und unschaffbar erschien, hat nun auf dem Papier plötzlich ein einigermaßen überschaubares Ausmaß. Damit lässt sich doch schon jede Menge anfangen.

Beim nächsten Treffen legte Lutger mir mit einer Mischung aus Stolz und Zerknirschtheit die Blätter auf den Tisch – er hatte 193 Punkte notiert.

»Mehr nicht?«, frage ich provokativ, »sagten Sie nicht, Sie interessieren sich für alles, finden alles so spannend?« – »Schon, aber ich habe festgestellt, dass mich vieles tatsächlich gar nicht juckt, aber schon die 193 Punkte kann ich doch gar nicht schaffen, bevor ich den Löffel abgebe!«

Lutger und ich besprachen, wie tief er in das jeweilige Interessengebiet einsteigen will: Möchte er nur einmal reinschnuppern? Möchte er es richtig lernen? Möchte er es ausüben? Einmal, für einige Monate oder länger?

Wir sortierten die Interessen und er stellte zum Beispiel fest: Eine alte Harley fahren, das wäre cool, aber er will sie nicht besitzen. »Ich könnte ja mal im nächsten Urlaub, wenn wir nach Kalifornien fahren, versuchen, eine alte Harley zu mieten, oh ja, das wäre cool, mit der Harley die Route 66 entlang.«

»Fotografieren lernen und eine Ausstellung machen. Wie lange brauchen Sie, um so tief in das Thema einzusteigen, wie es Ihnen wichtig ist?« In Gedanken sah ich Lutger an der Kunstakademie studieren und im Stile Helmut Newtons[115] gigantische Fotoproduktionen machen. Lutger stellte sich die Situation »Ziel erreicht« vor und beschrieb das Szenario: »Ich mache über den Journalistenverband, in dem ich bin, eine zweiwöchige Schulung im August mit und dann gibt es immer eine

Ausstellung Pressefoto des Jahres. Ja, das fühlt sich gut an, das will ich so.« Ich war baff: Zunächst hatte das bei Lutger so aufwendig geklungen, nach Studium und jahrelangem Lernen. Aber wie man sieht, muss das eben bei kreativen Chaoten nicht so sein: Ihre Belohnung hängt nicht davon ab, wie tief sie tatsächlich in ein Thema einsteigen, sondern vom subjektiven Belohnniveau.

Gehen Sie nun bitte Ihre Liste durch und sortieren Sie, wie tief Sie tatsächlich in die jeweiligen Gebiete eintauchen wollen.
Wann haben Sie Ihre persönliche Belohnung erhalten?
Wann haben Sie Ihren »Nektar« erhalten?

Wahrscheinlich hat sich nun auch bei Ihnen der vermutete riesige Aufwand, um »all das« zu realisieren, relativiert – und vielleicht haben Sie schon konkrete Pläne, das eine oder andere auf der Liste demnächst in Angriff zu nehmen. Nein? Macht nichts, als Nächstes werden wir schauen, was Sie davon relativ schnell anpacken können. Dazu kommen wir auf Ihr »Können« und einige andere Übungen aus diesem Kapitel zurück. Die entscheidende Frage lautet nun: Was haben Sie bereits in Ihrem Lebensrucksack, um zu erreichen, was Sie erreichen wollen – und was fehlt Ihnen noch?

Picken Sie sich von Ihrer 888-Highlights-Liste denjenigen Punkt heraus, den Sie momentan am interessantesten finden.

Ich möchte gerne _____
Daran spielen Sie exemplarisch Ihr weiteres Vorgehen durch.

Bitte notieren Sie nun:
Was haben Sie bereits, um diesen Wunsch zu realisieren?
Erinnern Sie sich an die »Bunte Feder Nummer 8: Ihr Können«. Jetzt ist die Zeit, Ihr komplettes Können auf Papier zu bringen, und zwar in Bezug auf den Wunsch, den Sie in dieser Aufgabe bearbeiten. So brauchen Sie nicht alles aufzuschreiben, was Sie draufhaben, sondern lediglich das, was Ihnen helfen kann, diesem zunächst von Ihnen gewählten Highlight näher zu kommen.

In Bezug auf Ihr ausgewähltes Highlight:

- Welche Fähigkeiten haben Sie?
- Welche Fertigkeiten?
- Welches Talent?
- Welche Stärke?
- Welches Wissen?
- Welche Erfahrungen?
- Welche Ressourcen haben Sie an Zeit?
- Wie viel Kapital (Sachleistungen, Geld) haben Sie?
- Wer kann Sie unterstützen?
- Wer in Ihrem Umfeld kann Sie inspirieren?
- Von wem können Sie lernen?
- Wer oder was könnte Sie bremsen?

Bitte notieren Sie nun:
Was fehlt Ihnen noch, um Ihren Wunsch zu erfüllen?

Fähigkeiten, Wissen, Erfahrungen und Fertigkeiten: Was sollten Sie können? Wo können Sie das lernen? Wie? Ab wann?

Zeit: Wie können Sie zu mehr Zeit kommen? Welche Aufgaben können Sie abgeben? Welche derzeitigen Projekte können Sie streichen?

Geld: Wie kommen Sie zu Geld? Gibt es Förderprogramme, Stipendien, können Sie es durch andere Umsätze verdienen?

Unterstützung: Wen können Sie um Unterstützung bitten? Wo können Sie diese Menschen kennenlernen?

Bremser: Wie können Sie Bremsklötze lösen und sie zu Startblöcken, sprich Motivatoren, machen?

Wiederholen Sie die bisher beschriebenen Schritte für weitere interessante Ideen. Im nächsten Teil der Übung geht es dann um Ihre nächsten Schritte.

Suchen Sie sich drei Highlights aus, die Sie relativ schnell und kurzfristig anpacken wollen und mit den obigen Schritten genauer betrachtet haben. Wichtig: Es geht nur um das Anfangen, nicht darum, diese Sache auch schnell fertig zu bekommen.

Welches ist der erste logische Schritt, diesem Ziel ein Stückchen näher zu kommen? Das kann zum Beispiel die Internetrecherche sein, welche VHS in den nächsten Tagen einen Thai-Kochkurs anbietet. Dabei können Sie auch längerfristige Projekte überdenken – welcher erste logische Schritt würde heute bereits Sinn machen, damit Sie hier in ein paar Monaten oder Jahren weiterkommen?

Notieren Sie hier Ihre 3 ausgewählten Ideen und die jeweiligen ersten Schritte.

1. Idee:
   Erster Schritt dorthin: _____
   Wann tue ich den ersten Schritt? _____

2. Idee:
   Erster Schritt dorthin: _____
   Wann tue ich den ersten Schritt? _____

3. Idee:
   Erster Schritt dorthin: _____
   Wann tue ich den ersten Schritt? _____

Natürlich könnten Sie jetzt noch konkreter an Ihren Lebenszielen arbeiten und versuchen, Etappen- und Jahresziele zu finden und »Kontrollen« durch einen wohlmeinenden Menschen (Mentor) zu organisieren (s. u.). Tipps dazu finden Sie außerdem in meinem Buch *Organisieren Sie noch oder leben Sie schon? Zeitmanagement für kreative Chaoten*. Sie könnten über Ihre unterschiedlichen Lebensbereiche nachdenken – Freizeit / Hobbys, Familie, Verwandtschaft & Freunde, Sinn & Werte, Karriere, Gesundheit – und Ihre Ziele nach der PIDEWaWa-Methode (Positiv formuliert – Ist-Zustand beschreiben – Detailliert ausdrücken – Erreichbar? – Wann? – Warum?) verfeinern.

Sie können aber auch einfach alles so stehen lassen wie es ist – dies reicht nämlich in vielen Fällen den kreativen Chaoten völlig aus, um »zielstrebig« zu handeln.

Ein klares Bild für Ihre Ziele

Wie ich da so sicher sein kann? Ich organisiere jedes Jahr im Januar und August einen »Dream-Day«, einen oder zwei Tage für Ziele und Visionen für das nächste Jahr. Teilnehmer, die im Folgejahr ein Follow-up machen, also den Folge-Workshop besuchen, bringen dazu ihre Unterlagen aus dem vergangenen Jahr mit, unter anderem die Ziele-Collage, die sie für ihre Wünsche und Visionen angefertigt haben, und ihre »Erste-Schritte-Übung«. Im Follow-up Anfang 2011 erzählten mir nun drei Teilnehmer, sie hätten ein ganzes Jahr nicht in die Unterlagen geschaut – und dennoch 80 Prozent ihrer Wünsche umgesetzt und erreicht.

Ist das nicht fantastisch? Ein, zwei Tage intensives Nachdenken, um sich über die eigenen Wünsche klar zu werden, in einem Bild, einer Collage festzumachen und über erste Schritte nachzudenken – und dann geschieht der Rest wie von selbst, ganz ohne detaillierten Maßnahmenplan und tägliche Kontrolle. Für systematische, logische Menschen mutet das wie ein Wunder an – und vielleicht würde es Ihnen auch wirklich nicht reichen. Für einen kreativen Chaoten ist eine solche Grobplanung oftmals tatsächlich genug.

Also: Setzen Sie sich hin, träumen Sie, schreiben Sie. Denn das Wichtigste ist, dass Sie ein klares Bild vor Augen haben – eine Vision –, was Sie für sich, Ihren Beruf, Ihre Familie wollen. Es muss nicht sonderlich detailliert sein – klar reicht völlig aus.

4. Juli 1952. Die kalifornische Küste liegt im dichten Morgennebel. 34 Kilometer westlich der Küste, auf der Insel Catalina, watet eine 34-jährige Frau ins Wasser und macht sich auf, in Richtung Kalifornien zu schwimmen. Sie ist fest entschlossen, diese Strecke als erste Frau zu bewältigen. Ihr Name: Florence Chadwick. Sie weiß genau, worauf sie sich einlässt. Sie ist die erste Frau gewesen, die bereits in beiden Richtungen durch den Ärmelkanal geschwommen ist.

Heute morgen ist das Wasser eiskalt, der Nebel so dicht, dass sie kaum die Begleitboote ausmachen kann. Millionen Amerikaner schauen über die nationalen Fernsehsender zu. Mehrmals müssen Haie mit Gewehren vertrieben werden, um die einsame Gestalt zu schützen.

Sie schwimmt Stunde um Stunde, Schwimmzug um Schwimmzug. Nach 15 Stunden und 55 Minuten bittet sie, steif vor Kälte, aus dem Wasser geholt zu werden. Sie kann nicht mehr. Ihre Mutter und ihr Trainer, die im Boot neben ihr herfahren, sagen ihr, die Küste sei schon ganz nah, drängen sie, nicht aufzugeben, aber als Florence zur kalifornischen Küste hinüberschaut, sieht sie nichts außer dichten Nebel. Sie bleibt dabei, sie will ins Boot geholt werden.

Stunden später, wieder sicher an Land, als ihr Körper sich erwärmt hat, kommt der Schock über ihren Misserfolg. Nur eine halbe Meile vor der kalifornischen Küste war sie aus dem Wasser gezogen worden! Schlappe 800 Meter trennten sie vom Erfolg.

Ein Reporter fragt sie: »Miss Chadwick, was hat Sie davon abgehalten, diese letzte halbe Meile zu schwimmen?«– »Es war der Nebel«, *antwortet sie.* »Wenn ich das Land hätte sehen können, hätte ich es geschafft. Wenn man da draußen am Schwimmen ist und sein Ziel nicht sehen kann …« *Dieser Satz von Florence Chadwick wurde weltberühmt:* »Es war der Nebel – wenn ich das Land hätte sehen können …«

Zwei Monate später tritt Florence nochmals an. Wieder herrscht dichter Nebel – doch diesmal schafft es die 34-jährige Schwimmerin: Nach 13 Stunden, 47 Minuten und 55 Sekunden erreicht sie die kalifornische Küste. Sie bricht einen 27 Jahre alten Rekord um mehr als zwei Stunden und ist zudem die erste Frau, die diese Strecke bewältigt hat. Sie hatte ihr Ziel diesmal innerlich fest vor Augen.[116]

Stift schlägt Kopf

Kreative Chaoten sind in der Regel visuelle Menschen. Das heißt, sie haben Spaß daran, sich Dinge vorzustellen und auszumalen. Gönnen Sie es sich, Ihre Ideen mit echten Bildern auszuschmücken – als Notiz, als Collage oder als selbst gezeichnetes Bild. Alles, was Sie aufschreiben, bringt Ihnen mehr Klarheit. Und eine größere Erfolgschance.

Eine jüngst in den USA durchgeführte Studie der Psychologin Gail Matthews[117] an der Dominican University of California zeigt den Einfluss von schriftlichen Notizen. Die Wissenschaftlerin untersuchte dabei, inwiefern das schriftliche Formulieren einer Absicht das Erreichen des Ziels beeinflusst. Sie rekrutierte dazu 267 Teilnehmer, vom Unternehmer über den Künstler bis hin zum Lehrer, und teilte sie zufällig in fünf Gruppen ein:

- Gruppe 1 sollte nur an ihre Ziele denken (an etwas, das sie in den kommenden vier Wochen erreichen wollen).
- Gruppe 2 sollte die Ziele aufschreiben.
- Gruppe 3 sollte die Ziele aufschreiben und Handlungs-Commitments abgeben.
- Gruppe 4 sollte die Ziele aufschreiben, Handlungs-Commitments abgeben und beides zusätzlich an einen Freund schicken.
- Gruppe 5 sollte die Ziele aufschreiben, Handlungs-Commitments abgeben und wöchentliche Fortschritte notieren und alles zusätzlich an einen Freund schicken.

Das Ergebnis: Die Gruppen 2 bis 5, welche die Ziele notierten, erreichten nach einer vierwöchigen Phase deutlich mehr der angestrebten Ziele als die Gruppe 1, die lediglich an die Ziele zu denken hatte. Am meisten erreichten die Teilnehmer aus Gruppe 5, die wöchentlich einen Statusreport an einen Freund schickten – der positive Effekt eines »Mentors«.

Was die Studie zeigt, ist der starke Zusammenhang zwischen dem, was wir aufschreiben, und dem, was wir schaffen.

Ein Grund: Beim Aufschreiben setzen wir uns noch einmal mit dem Gedanken auseinander, und wenn wir etwas gar nicht *wirklich* mögen (Alibiziel, fremdes Ziel), können wir uns gleich davon verabschieden.

Ein weiterer Grund: Die Schriftform brennt unsere Ideen quasi ins Gehirn und ins Unterbewusstsein ein. Wer wie Florence Chadwick ein Bild in sich trägt, wird das Ziel (schneller) erreichen. Sofern Sie das denn später immer noch wollen. Denn eines ist wichtig, besonders für kreative Chaoten: Nur weil Sie etwas aufschreiben oder ein Bild davon malen oder aufkleben, heißt das nicht, dass Sie es tatsächlich tun und erreichen müssen.

Vielleicht stellen Sie schon nach einigen Tagen, einer Woche oder einem Monat fest, dass Ihnen das Notierte gar nicht (mehr) wichtig ist. Auch gut, dann streichen Sie es eben.

Solche Ziele-Visionen-Blätter bilden den Kompass, um die grobe Richtung Ihrer Flugroute anzuzeigen, also ob Sie nach Süden, Osten, Westen oder Norden aufbrechen wollen. Sie sind keine verbindliche Flugroute für die nächsten Jahre.

Der Komiker Karl Valentin fragte einmal Passanten auf Münchens Straßen: »Können Sie mir sagen, wo ich eigentlich hin will?« Sie wissen jetzt schon ein bisschen genauer, wo Sie hin wollen – und wohin nicht.

Also, starten Sie durch und behalten Sie sich die Freiheit, neue Optionen zu prüfen und die Route entsprechend zu ändern.

Fünf Tipps für die kreativ-chaotische Lebensplanung

Tipp 1: Denken Sie in kurzen Zeitabständen. Gerade wenn es um die berufliche oder private langfristige Ausrichtung geht – verinnerlichen Sie, dass Sie heute nicht für die Ewigkeit planen. Sie haben heute Lust, Bauzeichner zu werden? Dann tun Sie es. Wenn es in drei Jahren langweilt, haben Sie immer noch die Möglichkeit, Architektur zu studieren, als Grafikdesigner weiterzumachen oder etwas anderes im Baugewerbe zu machen. Das ist alles nicht mehr interessant? Dann machen Sie es wie eine Trainerkollegin von mir, die Bauingenieurin war und jetzt Projektmanagement-Trainings für Bauleiter anbietet. Eine völlig neue Tätigkeit – aber aufbauend auf ihren bisherigen Erfahrungen.

Legen Sie noch heute mit etwas Attraktivem los, testen Sie es in Ruhe aus – und geben Sie sich schon heute die Erlaubnis, in einigen Jahren oder sogar Monaten etwas anderes zu machen.

Tipp 2: Denken Sie in langen Zeitabständen. Sie müssen nicht alles heute erleben. Sie haben ein ganzes Leben lang Zeit, um verschiedene Berufe oder Tätigkeiten zu erleben. Nehmen Sie den Stress raus, heute und für immer das absolut »Richtige« finden zu müssen. Laut amtlicher Statistik werden wir heute mindestens 80 Jahre alt – Zeit genug, verschiedene Rollen zu spielen.

Tipp 3: »Fachidiot« ist ein dehnbarer Begriff. Oftmals wollen wir uns nicht auf ein Fachgebiet festlegen, weil wir Angst haben, zum Fachidioten zu werden und andere spannende Sachen zu verpassen. Dabei liegt es allein an Ihnen, wie engstirnig Sie werden – oder wie offen Ihr Expertenstatus ist. Bleiben Sie interessiert an Neuerungen und suchen Sie nach Möglichkeiten, Ihre kreativ-chaotische Seite als Experte für ein Themengebiet auszuleben.

Auch im Expertenstatus eröffnen sich genug Möglichkeiten, um unkonventionelle Wege zu gehen und Ihre Ideen auszuleben.

Tipp 4: Erkennen Sie Ihren Expertenstatus an. Ich bin mir sicher, Sie sind bestimmt auf mindestens einem Gebiet ein Experte, eine Expertin. Sie sehen es nur nicht.

Warum nur haben kreative Chaoten so häufig das Gefühl: »Andere Menschen wissen total viel, ich kratze immer nur an der Oberfläche.«? Einstein hat einmal gesagt: »Je mehr ich weiß, desto mehr weiß ich, was ich nicht weiß.« Einleuchtend, denn in dem Moment, in dem man viel weiß, erkennt man schließlich erst, was man alles noch nicht weiß. Es ist wie bei einem Luftballon: Je stärker man ihn aufbläst (also je mehr schon drin ist), desto größer wird die Fläche zum Nichtwissen – zur umgebenden Luft.

Wann gelten wir also als Experten? Timothy Ferriss, Autor von *Die 4-Stunden-Woche,* hat hier eine einleuchtende Definition gefunden: »Zuallererst bedeutet ›Experte‹ (…), dass Sie mehr von dem Thema wissen als der Käufer. Sonst nichts. Sie müssen nicht der Beste sein – nur besser als Ihre potenziellen Kunden.« [118] Weiten wir das auf Arbeitgeber, Kollegen, Netzwerkpartner aus, dann wird es schon übersichtlicher, wie »gut« Sie in einem Thema tatsächlich sein müssen.

Sie können sich also in spannenden Themenbereichen einen Tick mehr Wissen aneignen als der Durchschnittsmensch – und schon sind Sie Experte. Ohne sich allzu sehr auf genau dieses Thema beschränken zu müssen, denn das wäre kontraproduktiv für Sie.

Tipp 5: Kreativ-chaotischer Überflieger bleiben, statt Taucher zu werden.
Kreative Chaoten sind offen für Neues. Sie sind Überflieger, die von oben auf vieles einen Blick werfen wollen. Ihnen gegenüber stehen die Taucher. Das sind Menschen, die immer tiefer in ein Gebiet eindringen wollen, bis sie dieser Sache ihr ganzes Leben widmen. In unserer Gesellschaft wurde lange Zeit (und wird nach wie vor von vielen Menschen) die Spezialisierung des Tauchers besonders geachtet. Vielleicht kennen Sie den Satz von Ihren Eltern, wenn Sie sich lange nicht beruflich festlegen wollen oder wollten: »Er hat seinen Weg noch nicht gefunden.«

Wenn Sie ein kreativ-chaotischer Überflieger sind, dann haben Sie außerordentlich wertvolle Fähigkeiten. Nehmen Sie Ihr Talent der Vielfältigkeit an. Bringen Sie Ihre Fähigkeiten und Interessen zusammen, denken Sie quer – und der Erfolg und das gute Gefühl stellen sich wie von selbst ein!

TEIL 3:

Ihre bunten Federn im Berufsalltag

Die eigenen Stärken und Talente zu kennen ist das eine. Sie zum Nutzen aller einzusetzen das andere. Hier ein paar der wichtigsten Karriere-Elemente und Ideen, wie Sie hier mit Ihren kreativ-chaotischen Stärken landen können.

Du bist ein bunter Vogel im Käfig, der fliegen will.
Die Stäbe des Käfigs sind aus nicht geweinten Tränen.
Weine.
Fliege.
Damit du dich auf den grünen Zweigen der Herzen
niederlassen kannst.«

Quelle unbekannt

Logistische Klimmzüge, um alles zu schaffen? Think smart!

Sie haben sich nun mit Ihren bunten Federn ausgiebig beschäftigt, sind Ihren Leitsternen auf die Spur gekommen und wissen: So wie eine Schlange sich häutet, so wie ein Baum wächst und sich verändert, so dürfen auch Sie sich immer wieder verändern.

Doch schon springt bei den meisten wieder ein kleines Teufelchen auf die Schulter und wispert: »Welche deiner Interesse willst du jetzt ausleben, mit welchem anfangen?« Ein anderes murmelt: »Du wirst trotzdem viele deiner Talente brachliegen lassen müssen!« Ein drittes brummt: »Und wie willst du für all deine Interessen die Zeit aufbringen?« Ein anderes unkt: »Wovon willst du deine Miete bezahlen, wenn du jetzt deine Luftschlösser umsetzt?«

Ja, wer viele Interessen hat, der stößt schnell auf ein logistisches Problem. Macht aber nichts, denn kreative Chaoten sind ausgezeichnete Problemöser. Entdecken Sie, wie andere einen Weg aus diesem Dilemma gefunden haben, und lassen Sie sich inspirieren für Ihren eigenen Weg.

11 Schritte vom Träumen zur Tat

»Wir kreative Chaoten sind Ideenriesen – aber Umsetzungszwerge«, hat es Hans-Jürgen Walter vom Podcast-Portal »Das Abenteuer Leben«[119] einmal formuliert. Ja, da ist durchaus etwas dran. Aber wie schaffen Sie es, Ihre Ideen wirklich in die Tat umzusetzen?

Schritt 1: Aufbruch – fangen Sie einfach an!

Der erste Schritt ist für die meisten Menschen der schwerste, kostet sie die meiste Energie. Aber es hilft nichts, außer einfach loszugehen und anzufangen. Das ist wie bei einem Raumschiff: Es verbraucht in den ersten Minuten nach dem Start mehr Energie als für die restlichen rund 400 000 Kilometer zum Mond und zurück.

Wer nur träumt und die Hände in den Schoß legt, kann lange auf die Erfüllung seiner Träume warten. Zwar versprechen manche Bestseller, dass Sie rein durch die Kraft Ihrer Gedanken alles erreichen können, was Sie wollen. Ich bin da eher skeptisch. Sicher, unterstützende positive Gedanken sind hilfreich – doch wer den Allerwertesten nicht hoch bekommt und endlich aktiv wird, braucht sich nicht zu wundern, wenn das Universum nicht liefert.

Eine schöne Erfolgsregel sagt: Tue innerhalb von 72 Stunden den ersten Schritt, dann steigen die Chancen, dass du am Ball bleibst. Also los: Welches ist der erste logische Schritt, um auf Ihren Wunsch zuzumarschieren? Und mit den nächsten Tipps sorgen Sie dafür, dass Sie nach dem ersten Schritt auch die nächsten Schritte machen.

Schritt 2: Konzepte machen – reservieren Sie sich Zeitinseln

Wir sagen zwar häufig, wir hätten keine Zeit für unsere Träume. Aber das stimmt so nicht ganz. Fakt ist: Wir nehmen uns die Zeit dafür einfach nicht.

Und das unabhängig davon, ob man viele Freiräume und eine große Hoheit über seinen Tages- oder Wochenablauf hat, weil man selbstständig oder nicht (mehr) berufstätig ist, oder fest im Alltag, im Beruf und in der Familie eingebunden ist.

Besonders diejenigen, die viel Freiraum in ihrer Tagesgestaltung haben, haben oft Schwierigkeiten, sich für etwas Zeit zu nehmen. Paradox, oder? Doch zu viel Freiraum verführt manche Menschen zum In-den-Tag-Leben. Der Tag zieht vorbei – und sie haben wieder einmal nicht das gemacht, was sie eigentlich machen wollten. Erkennen Sie sich wieder? Dann können Zeitinseln, die Sie fest für Ihre Schritte zum Ziel oder für Ihre zahlreichen Aktivitäten blocken, für sie sehr hilfreich sein (vgl. dazu auch 257 ff.).

Reservieren Sie sich deshalb ab sofort für Ihre neuen Ideen Zeitinseln über die kommenden Wochen. Zum Beispiel Montag, 19–21 Uhr: Recherche USA-Touren mit der Harley. Donnerstag, 16–16.30 Uhr: Anruf beim Zirkus. Tragen Sie die Zeitinseln in Ihren Terminkalender (Chancenplaner) ein. Schraffieren Sie Ihre Zeitinseln farbig, sodass die entsprechenden Zeiträume wirklich geblockt sind und kein Platz für andere Einträge bleibt. Ein kleiner Kniff mit großer Wirkung, probieren Sie es aus.

Haben Sie außerordentlich viele Interessen, die Sie in diesen Tagen unterbringen wollen, dann verwenden Sie das Sprinter-Modell (vgl. S. 86 ff.) und verteilen Sie viele kleine Zeitinseln über solche Tage: eine Stunde am neuen Buch schreiben, eine Stunde Konzepte erstellen, eine Stunde die Website optimieren, abends zwei Stunden thailändisch kochen et cetera.

Sie müssen sich nicht zwischen mehreren Möglichkeiten entscheiden, mit dem Sprinter-Modell können Sie immer einen Schritt umsetzen und dann schnell zum nächsten wechseln.

Vor einigen Monaten erhielt ich eine E-Mail von Thilo, dessen großer Traum es war, einen Roman zu schreiben. Er hatte aber einen festen Job und Familie und deshalb »keine Zeit« dafür. Dann hätte er beschlossen, jeden Morgen eine halbe Stunde (!) an seinem Buch zu schreiben. Ich dachte: Das lohnt sich doch gar nicht! Wegen einer halben Stunde anfangen? Bis ich mich da reingedacht hätte, wäre die Zeit schon um. Einige Wochen später schrieb mir Thilo, der Roman sei fertig und auf dem Weg zum Verlag. Wahnsinn!

Als ich anfing, das Buch zu schreiben, das Sie gerade in Händen halten, ging es mir wie Thilo: fest eingebunden in meinen Seminar- und Vortragsreisen, Coachings und im familiären Alltag. Ich wünschte mir eine oder zwei freie Wochen am Stück, aber es tat sich einfach kein großer Block auf. Und die Zeit raste. Ich wechselte daher, von Thilos Erfolg inspiriert, zum Sprinter-Modell. Und siehe da – es klappte bei mir besser als gedacht. Immerhin 50 Seiten schaffte ich auf diese Weise, bis die Wochen kamen, die ich mir bewusst frühzeitig für das Schreiben geblockt hatte. Jetzt konnte ich wieder nach dem Marathon-Modell arbeiten und mehrere Stunden und Tage am Stück schreiben.

Schritt 3: Atelierprinzip – halten Sie Ihre Utensilien griffbereit

Wenn Sie schnell zwischen Ihren Aktivitäten wechseln wollen, sorgen Sie dafür, dass die dafür benötigten Unterlagen und Utensilien immer bereit und sofort einsetzbar sind. Wenn Sie erst lange Ihr Setting wieder aufbauen müssen, verlieren Sie schnell die Lust am Tun und vergeuden Ihre wertvolle Zeit mit den »Rüstzeiten« statt mit der eigentlichen Arbeit.

Betrachten Sie sich als Künstler, der ein Atelier hat und abends die Staffelei oder die angefangene Skulptur stehen lässt und am nächsten Morgen weitermacht. Es wäre völlige Zeitverschwendung, die Kunstwerke und die Werkzeuge wegzuräumen.

Das bedeutet,

- dass Joggingschuhe und Sportkleidung direkt neben dem Bett liegen, damit Sie morgens ohne langes Kramen lossprinten können und Ihrem Ziel »einmal einen Marathon mitlaufen« näher kommen;
- dass Sie Unterlagen, an denen Sie gerade arbeiten, offen auf dem Tisch oder in einem Schrank liegen lassen.
- dass Sie Ihren Laptop lediglich in den Standby-Modus versetzen und alle gerade verwendeten Dokumente oder Webseiten geöffnet lassen. So bleibt Ihre Arbeitssituation immer auf dem aktuellsten Stand. Falls Sie das der Umwelt zuliebe nicht wollen, investieren Sie in einen leistungsfähigen Rechner, der schnell hochfährt, und nutzen Sie zum Beispiel Lesezeichen in Ihrem Webbrowser oder den Schnellzugriff über die zuletzt verwendeten Dateien in den Programmen. Alles, was den aktuellen Stand schnell reproduziert, ist hilfreich.

Finden Sie dabei einen Kompromiss mit Ihren Kollegen oder Ihrer Familie. Wo können Sie Ihre Utensilien aufbauen, wo wollen auch die anderen einen Platz haben? Schaffen Sie sich so Ihr eigenes Atelier.

Schritt 4: Weniger ist mehr – konzentrieren Sie sich auf drei Ideen

Nehmen Sie sich maximal drei Ideen vor, die Sie anpacken wollen. Stürzen Sie sich in altbekannter Chaotenmanier nämlich gleich auf alles (nach dem Motto »Wenn schon, denn schon«), dann verzetteln Sie sich schnell und kommen an keiner Stelle richtig vorwärts. Sie verteilen Ihre Energie auf zu viele Beeten, sodass nichts richtig wachsen und gedeihen kann.

Eine Blog-Besucherin postete: »Ich bremse mich oft selbst aus, weil es mich nervt, dass man 100 erste Schritte tut, aber keinem Ziel 100 Schritte näher kommt.« Vielleicht liegt es daran, weil sie zwar 100 Schritte geht, allerdings für 20 Ziele – und damit kommt sie jedem Ziel nur 5 Schritte näher.

Fangen Sie wenige Ideen an, und wenn alles gut läuft, nehmen Sie weitere dazu. Denken Sie daran: Sie haben genug Zeit, Sie brauchen sie sich nur zu nehmen!

Schritt 5: Ideen auf dem Prüfstand – sind Sie noch Feuer und Flamme?

Prüfen Sie von Zeit zu Zeit, ob die Leidenschaft in Ihnen immer noch lodert. Vielleicht haben Sie Ihre Belohnung bereits erhalten und brennen gar nicht mehr für die aktuelle Idee? Dann wird es Zeit, die Idee offiziell abzuschließen und zu den Akten zu legen.

Das Leuchtfeuer von einst ist derzeit kaum mehr als ein Glimmen? Dann räumen Sie das Projekt weg – vorübergehend. Entfernen Sie wirklich alles, was damit zu tun hat, aus Ihrem Blickfeld. Denn wenn Sie es jeden Tag vor Augen haben, schüren Sie lediglich Ihr schlechtes Gewissen, weil Sie nicht daran weiterarbeiten. Sollte sich das Feuer wieder entfachen, nehmen Sie das Projekt einfach wieder auf, holen es aus dem Zwischenlager hervor. Wenn die Flamme erlischt: Akte schließen, Utensilien – je nach Projekt – wegpacken oder verschenken.

Sie versuchen, Ihre Leidenschaft zum Beruf zu machen und damit Ihren Lebensunterhalt zu verdienen? Es ist natürlich super, sich den ganzen Tag mit etwas zu beschäftigen, das einem wirklich am Herzen liegt. Aber bitte stressen Sie sich mit diesem Wunsch nicht, falls die Welt noch nicht reif für Ihre Ideen ist – was natürlich vorkommen kann. Wie Aristoteles sagte: »Wo die Bedürfnisse der Welt mit deinen Talenten zusammentreffen, dort liegt deine Berufung.«

Ja, natürlich sollen Sie Ihre Talente ausleben – aber wenn Sie damit finanziell nicht über die Runden kommen und auch keinen Sponsor für Ihre zündende Idee gewinnen können, ist es (vorerst) besser, den Karrierekurs etwas anders einzunorden, einen anderen Leitstern zu finden.

Wenn Sie zwar für eine Idee Feuer und Flamme sind, aber keine Möglichkeit sehen, sie beruflich umzusetzen, weder mit den Tipps aus dem Kapitel »Ideale Lebens- und Arbeitswelten« noch mithilfe eines Coachs oder Mentors, dann überlegen Sie, ob Sie Ihren Tatendrang nicht einfach in Form von Hobbys ausleben könnten. Wäre das ein akzeptabler Kompromiss für Sie? Einen »M&M-Job« zu haben – also einen zufriedenstellenden Job, der die Kosten für Miete & Mahlzeiten deckt –, der Ihnen genügend Zeit für Ihre zahlreichen Hobbys lässt, für die Sie brennen. Wer sagt denn, dass Sie unbedingt für Ihren Beruf brennen müssen? Klar, es ist schöner, beruflich etwas zu tun, das der eigenen Passion entspricht. Aber wenn das – aus welchen Gründen auch immer – nicht möglich ist, dann seien Sie eben in anderen Bereichen Ihres Lebens Feuer und Flamme!

Schritt 6: Keine Vorwände – sind Sie bereit, den Preis zu zahlen?

Lassen Sie sich von Rückschlägen und vermeintlichen Hindernissen nicht aufhalten. Übernehmen Sie die Verantwortung, wenn es nicht rund läuft, und schieben Sie nicht die Schuld auf die schlechte Marktlage, den inkompetenten Chef oder die verständnislosen Kollegen – oder den Umstand, dass Sie schließlich einen Partner oder eine Familie haben und daher Ihre Ziele derzeit nicht anpacken oder durchziehen können. Denn im Grunde sind das nur Vorwände.

Sie können in sehr vielen Fällen sehr wohl mit Sack und Pack umziehen auf die Almhütte oder nach Australien. Und Sie können sehr wohl Ihren Job kündigen. Sicherlich macht die Verantwortung für eine eigene Familie manche Veränderungen ein wenig aufwendiger und die Umsetzung muss besser durchdacht und geplant sein. Aber sie sind dennoch möglich. Die Frage lautet: Welchen Preis sind Sie und Ihre Familie bereit zu zahlen, damit Ihr Traum Wirklichkeit wird? Die Antwort auf diese Frage kann bedeuten, auf volles Risiko zu gehen und den sicheren Hafen, die Komfortzone zu verlassen. Es kann aber sein, dass Sie sich bewusst entscheiden, Ihre Idee zu verschieben – und sich in fünf Jahren wieder damit beschäftigen. Oder Sie finden gemeinsam einen Kompromiss, mit dem derzeit alle glücklich sind.

Wichtig ist, zu erkennen, dass Sie mehr in der Hand haben, dass Sie über mehr bestimmen können, als Sie manchmal glauben.

Schritt 7: Tatkraft – trainieren Sie Ihre Umsetzungskompetenz

Ein wichtiges Soft Skill im Berufsalltag ist die Fähigkeit, selbst gesetzte Ziele zu erreichen. Unter dem Schlagwort »Umsetzungskompetenz« beurteilen Personalentwickler und Vorgesetzte, wie gut jemand seine Absichten, Ziele und Kenntnisse in Ergebnisse umwandeln kann. Interessant dabei: Manche Menschen erbringen mit relativ wenig Aufwand großartige Leistungen oder meistern Herausforderungen mit links, während andere sich äußerst bemühen, viele Kenntnisse haben und trotzdem immer wieder scheitern. Die Tatkraft scheint also mehr zu sein als nur die »Lust am Tun«.

Besitzen kreative Chaoten eine gute Umsetzungskompetenz? Jein.

Ja, wenn kreative Chaoten etwas wirklich wollen, können sie Berge versetzen, andere Menschen begeistern – und weil sie so viel Spaß an der Sache haben, erreichen sie mit gefühlt geringem Aufwand gigantische Erfolge.

Nein, denn viele kreative Chaoten schneiden hier im Vergleich mit einem zielstrebigen Macher eher schlecht ab. Ihre Stärke besteht darin, Innovationen und kreative Lösungen zu entwickeln. Das Umsetzen danach ist häufig nicht so ihr Ding.

Aber damit stehen sie nicht alleine. Denn es ist nicht nur die Achillesferse der kreativen Chaoten, dass Ideen häufig im Sande verlaufen, sondern gelebter Unternehmensalltag. Das kennen Sie sicher: Es werden nonstop Meetings abgehalten, eine Menge Dinge werden beschlossen – aber dann doch nie realisiert. Sicherlich liegt dies auch daran, dass 83 Prozent der Menschen Bewahrer sind und deshalb neue Ideen lieber stillschweigend in der Schublade verschwinden lassen, als sich auf Veränderungen einzulassen.

Ein weitaus wichtigerer Grund dafür dürfte aber sein, dass 90 Prozent der Führungskräfte über keinerlei Tatkraft verfügen. Dies zeigten Studien von Forschern der Universität St. Gallen und der London Business School. Sie fanden heraus, dass nur 10 Prozent der Führungskräfte im Alltag die wichtige Fähigkeit zur Selbststeuerung – das heißt Willensstärke, Selbstdisziplin, Konsequenz und Fokussierung – aufbringen, um ein definiertes Ziel zu erreichen. Das Gros war entweder hyperaktiv, aber erfolglos, oder distanziert beziehungsweise zögerlich und somit ineffektiv. »Fachlich hervorragende Manager, die großartige Ideen haben, sich vieles vornehmen – und dann doch kaum was umsetzen. Warum? Sie verzetteln sich, wissen oft nicht, worauf es ankommt, und tun sich schwer damit, Wesentliches von Unwesentlichem zu unterscheiden. Bei anderen ist es umgekehrt: Sie erzeugen mit relativ wenigen Ressourcen überzeugende Ergebnisse – und das ist es, was letztlich zählt«, erklärte Professor Dr. Waldemar Pelz von der FH Gießen-Friedberg. [120]

Was können Sie also tun, wenn Ihren Ideen auch konsequent Taten folgen sollen?

Eine Lösung besteht darin, dass Sie nach dem Staffelholzprinzip mit anderen Menschen kooperieren (vgl. S. 79 ff.). Achten Sie dabei unbedingt darauf, dass die gewählten Personen über ein hohes Maß an Umsetzungskompetenz verfügen.

Ist eine solche Zusammenarbeit nicht möglich, dann können Sie Ihre Umsetzungskompetenz trainieren:

• Verbessern Sie Ihre Aufmerksamkeit und ihren Blick für das Wesentliche, zum Beispiel in passenden Workshops oder einfach dadurch, dass Sie sich jeden Tag einige Minuten bewusst auf eine Sache konzentrieren, Ihre ganze Aufmerksamkeit darauf richten. Das kann das Telefonat sein, das Sie gerade führen, oder die Blumen im Park, an denen Sie bewusst einige Minuten schnuppern.

• Schulen Sie Ihre Fähigkeit, sich und andere Menschen in eine gute Stimmung zu versetzen, denn gut gelaunte Menschen sind tatkräftiger.

• Stärken Sie Ihr Vertrauen in die eigene Umsetzungskraft und schreiben Sie auf, was Sie in den letzten Monaten und Jahren tatsächlich umgesetzt und erfolgreich zu Ende gebracht haben.

• Halten Sie immer einen Plan B griffbereit. Damit sind Sie auf unerwartete Probleme und Widrigkeiten vorbereitet und werfen nicht schon beim ersten Anzeichen von Widerstand das Handtuch. Tatkräftige Menschen erkennen früher als andere, was notwendig ist, und handeln danach. Sie legen lieb gewonnene Gewohnheiten ab, wenn es sein muss, und erlernen neue. Selbstdisziplin habe, so Professor Pelz, weniger mit Zwang zu tun, sondern vielmehr mit der Fähigkeit, sein Verhalten an veränderte Anforderungen anzupassen. Super – das können kreative Chaoten gut!

• Setzen Sie sich stets anspruchsvollere Ziele. Langweilige Projekte sind prädestiniert, bei Ihnen unter den Tisch zu fallen. Nur Herausforderungen – und zwar auch wenn das Projekt bereits läuft – schüren Ihre Lust, am Ball zu bleiben.

• Vereinbaren Sie verbindliche Deadlines für Projekte – dieser (künstliche) Zeitdruck und die Scheu, andere zu enttäuschen können Ihnen helfen, Dinge tatsächlich umzusetzen.

Schritt 8: Innere Kraft – bleiben Sie sich treu

Ein Mann sitzt 27 Jahre im Gefängnis, viele davon völlig isoliert von der Außenwelt auf einer Gefängnisinsel im Atlantik. Am Tag seiner Freilassung im Februar 1990 hält er eine Rede vor 120000 Zuhörern in einem Stadion in Soweto. Nelson Mandelas Vision von der Aufhebung der Apartheid trieb ihn all die Jahre an und gab ihm die innere Kraft, weiterzuleben. Er hatte ein Bild von seinem Ziel vor Augen. Im Mai 1994 wurde Nelson Mandela der erste schwarze Präsident Südafrikas. Sein Credo: Bleib dir selbst und deinen Idealen treu. Egal was passiert.

Schritt 9: Inspiration – suchen Sie sich Vorbilder

Inspirierende Vorbilder sind Wegweiser zu Ihrem Ziel. Alle erfolgreichen Menschen erzählen von Vorbildern oder Mentoren, denen sie nacheifern oder von denen sie sich beflügeln lassen. Der große Regisseur Francois Truffaut fragte sich immer: »Wie hat Hitchcock das gemacht?«

Überlegen Sie: Wer könnte für Sie ein Vorbild, eine Inspiration sein? Dabei müssen Sie denjenigen gar nicht persönlich treffen. Es genügt, wenn Sie sich, sobald Sie auf ein Problem stoßen, fragen können: Wie würde XY das lösen? Was würde XY jetzt als Nächstes tun? Egal ob Sie dabei an den Dalai Lama, Ihren ehemaligen Lehrer oder Kollegen oder eine Figur wie Pippi Langstrumpf denken. Weitere Tipps und Ideen dazu finden Sie auch im Kapitel 60 ff., Umfeld.

Schritt 10: Trophäenwand – erinnern Sie sich an Ihre Erfolge

Das Zertifikat über die erfolgreiche Weiterbildung, der erste selbst bezahlte VW-Käfer, das Lob eines Kunden – nichts motiviert stärker als die Erinnerung an vergangene Siege. Stellen und hängen Sie Zeichen Ihrer Erfolge in Ihrem Büro auf. Nicht um nach dem Schema der britischen »Toiletten-Galerien« Besucher zu beeindrucken (wäre aber ein netter Nebeneffekt im Sinne eines guten Selbstmarketings, siehe S. 241 ff.). Sondern um sich selbst immer wieder zu motivieren.

Haben Sie einen Durchhänger, dann helfen Ihnen diese Trophäen aus dem Tief: Das habe ich damals geschafft – und deshalb werde ich es heute auch schaffen!

Schritt 11: Plateaujahre – verringern Sie das Tempo

Gestehen Sie sich mehr Zeit zu. Nehmen Sie Tempo raus aus Ihrer 888-Highlights-Liste – Sie haben noch viele gesunde Jahre vor sich. Nehmen Sie auch Druck raus, indem Sie beispielsweise in gewissen Abständen Plateaujahre einbauen, ganz nach dem Vorbild der Bauern, die einen Acker mehrere Jahre lang bewirtschaften und ihn dann ein Jahr ruhen lassen.

Versuchen Sie es, das entstresst ganz wunderbar.

Ideale Lebens- und Arbeitswelten für kreative Chaoten

Glückliche und produktive Menschen berichten oft davon, dass sie es geschafft haben, ein Lebens- und Arbeitsmodell zu finden, das es ihnen ermöglicht, nach ihrem Geschmack zu leben und zu arbeiten. Sie haben erkannt, dass nicht sie sich ändern und an die Vorstellungen anderer anpassen müssen. Sie wissen, dass sie ihre Umwelt so gestalten können, dass sie sich darin optimal entfalten können. Dabei entwickelte jeder ein individuelles, maßgescheidertes Modell.

Die Modelle der kreativen Chaoten haben stets ein paar Aspekte gemein: Abwechslung, die Möglichkeit, Neues zu tun und zu erleben, und bei den Unterstützern zusätzlich der Umgang mit Menschen als Kernstücke der Lebens- und Arbeitsstile.

Kreative Chaoten haben eine Vielzahl an Begabungen und Interessen. Zu viele, um sie in einem einzigen Job zu vergeuden. Sie brauchen andere Aktivitäten und Berufe, sonst vertrocknen sie. Und das bedeutet, dass sie andere Lebens- und Arbeitsmodelle brauchen als die Systematiker. Sie können in »normalen« Berufen und auf den üblichen Karrierewegen oft nicht wirklich glücklich werden. Denn mit ihren Talenten bedeutet für sie ein linearer Weg vom Schulabschluss über Ausbildung oder Studium bis hin zur Berufstätigkeit in einem einzigen Bereich – und zwar bis zur Rente – nichts weiter als Stillstand. Und das nimmt ihnen die Lebenslust.

Als kreativer Chaot brauchen Sie die Möglichkeit, Ihre Lust auf Neues und Ihren Drang nach Freiheit immer wieder neu auszuleben. Und das geht auch, ohne dass Sie alle paar Monate wieder bei null anfangen müssen. So wie bei Stefan oder Jutta. Sie sind kreative Chaoten – und jeder hat sein individuelles Arbeitsmodell gefunden, um glücklich zu sein. Denn mit ihrer bisherigen Tätigkeit waren sie eher unzufrieden.

Stefan ist Unternehmer aus Leidenschaft. Vor drei Jahren übernahm er nach seinem BWL-Studium eine alte Druckerei, die kurz vor der Insolvenz stand. Voller Elan verpasste er dem alten Familienunternehmen eine neue Ausrichtung, knüpfte neue Allianzen, die einen Zugang zu neuen Kundenschichten ermöglichten, und brachte sein »Baby« in nur zwei Jahren wieder in die schwarzen Zahlen. Alle Angestellten konnten bleiben. »Jetzt kehrt endlich Ruhe ein – aber ich beginne, mich zu langweilen. Erst hatte ich den Turnaround so herbeigesehnt, doch jetzt, wo er da ist, nervt mich die Firma plötzlich nur noch«, erzählt der 32-jährige Betriebswirt.

Jutta ist gelernte Industriekauffrau. Viele Jahre lang arbeitete sie in einem Konzern und war im Vertrieb tätig. »Am Anfang war es spannend, aber dann zogen sich die Tage wie Kaugummi. Mir grauste es, jeden Tag in mein graues Büro zu gehen, und auch Nebentätigkeiten wie Betriebsrat oder Ansprechpartnerin für die Azubis brachten langfristig keinen Spaß mehr«, berichtet Jutta.

Im Coaching erkannten Stefan und Jutta, dass sie kreative Chaoten mit der Tendenz zum Ideensprudler sind – und das jeder auf seine Art. Denn kreativer Chaot ist natürlich nicht gleich kreativer Chaot.

Kreative Chaoten unterscheiden sich erheblich in Bezug auf folgende Fragen:

1. Wie lange bleibe ich bei einer Sache?
2. Wie tief will ich einsteigen?
3. Wie viele Dinge will ich gleichzeitig unter einen Hut bringen?

Das Problem ist nicht, dass kreative Chaoten so viele Ideen haben. Das Problem ist, dass sie die Ideen nicht mit Leben füllen können – und *das* macht sie unzufrieden.

Für meine Klienten habe ich deshalb Szenarien[121] entwickelt, in denen Sie sich vielleicht wiedererkennen. Diese sind teils nicht trennscharf voneinander abzugrenzen – kein Wunder, denn die bunten Vögel tragen ja auch sehr viele gleiche Federn. Aber die Unterschiede können Ihnen helfen, klarer zu sehen, welche bunten Federn Sie persönlich im Gefieder vereinen und was das für Ihren Karriereweg bedeutet. Vermutlich werden Sie sich in mehreren Beschreibungen wiederfinden, also lesen Sie ruhig alle zunächst in Ruhe durch und fassen in einer abschließenden Übung (vgl. S. 204) Ihre Gedanken dazu zusammen.

Erinnern Sie sich an das Kapitel über die Belohnung: Wann haben Sie

Ihre Portion Nektar gesaugt? Bitte nehmen Sie Ihre Notizen zu dieser Frage nochmals zur Hand. Natürlich hängen manchmal die Tiefe und die Dauer des Eintauchens in ein Thema eng zusammen. Wenn man Tennis-Champion werden will, trainiert man länger und intensiver, als wenn der Nektar schon mit der lokalen Vereinsmeisterschaft gewonnen ist.

Das muss aber nicht zwingend so sein. Manche Menschen beschäftigen sich durchaus über viele Jahre mit einem bestimmten Thema – haben also einen langen Atem – dringen aber nicht sonderlich tief in die Materie ein. Der »Serienexperte« (vgl. S. 184) beispielsweise liebt es, bestimmte Tätigkeiten von Zeit zu Zeit zu wiederholen – jedoch zumindest Umfeld und Rahmenbedingungen müssen sich ändern. Der »Tausendsassa« oder der »Schnupperer« (vgl. S. 203) machen tatsächlich tausend Dinge in ihrem Leben, viele davon nur ganz kurz, aber das genügt ihnen auch völlig.

Arbeitsmodelle der bunten Vögel

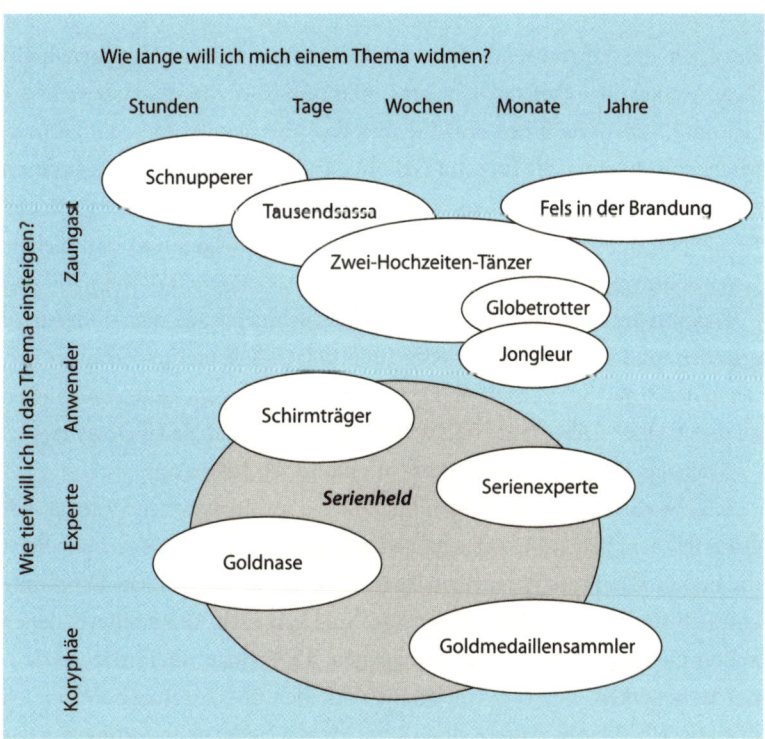

Die Serienhelden

Serienhelden sind Menschen, die immer wieder etwas Gleiches oder Ähnliches machen und dennoch ständig etwas Neues. Wie das? Nun, sie tauchen mal mehr, mal weniger tief in ein Thema ein und einige von ihnen bleiben recht lange bei ihrer Tätigkeit, während andere schon nach ein paar Tagen oder Wochen ihren Nektar gesammelt haben und weiterfliegen.

Zur Familie der Serienhelden gehören

- der Serienexperte,
- der Schirmträger,
- die Goldnase,
- der Goldmedaillensammler.

Der Serienexperte

Kurz vor der Jahrtausendwende schrieb ich als Wirtschaftsjournalistin viele Artikel über Dotcom-Unternehmen und interviewte daher viele der Gründer. Einer von ihnen erzählte mir, dass der neue Mitgeschäftsführer, Michael, zum einen als Investor Geld in das Start-up steckte, zum anderen in den ersten Monaten mit an Bord sei und die Firma zum Laufen brächte. Nach spätestens einem Jahr würde er wieder aussteigen und das nächste Unternehmen gründen.

Das war relativ ungewöhnlich, ein Unternehmen nach dem anderen zu gründen, und wenn es läuft, wieder auszusteigen. Die meisten Gründer hatten in der Regel ihr Herzblutprojekt als Geschäftsidee genommen und hielten an ihrem »Baby« über Jahre fest, selbst wenn es ein finanzielles Desaster war.

Michaels Vorgehen interessierte mich und wir trafen uns.

Ich bin ehrlich, ich hatte einen knallharten, zahlenfixierten Systematiker erwartet, der eben ein Unternehmen nach dem anderen aus der Taufe hebt, um maximalen Profit zu machen. Doch Michael war ganz anders: Er brannte wirklich für die jeweilige Geschäftsidee und gab auch Außenseitern, denen andere Geldgeber die kalte Schulter zeigten, die Chance, mit ihm etwas Großes zu bewirken, sofern er von ihrem Vorhaben überzeugt war. »Wenn ich mich für eine Idee begeistere, dann setze ich alle Hebel in Bewegung, um das

Ganze zu einem Erfolg zu führen«, erzählte er mir. – »Aber warum steigen Sie aus, wenn es läuft?«, wollte ich wissen. »Warum wollen Sie die Ernte Ihrer Arbeit nicht einfahren?« – »Meine Ernte ist eingefahren, wenn ich sehe, das Team packt es alleine. Ich habe viel Spaß daran, etwas ins Rollen zu bringen, ein Team zusammenzustellen, andere Leute zu begeistern, hier zu investieren oder da zu arbeiten und einen Prototypen zu lancieren. Sobald ein Unternehmen aber aus den Kinderschuhen raus ist und alleine laufen kann, sobald also im Geschäftsalltag Routine eintritt, beginne ich mich zu langweilen – und ab diesem Zeitpunkt bin einfach nicht mehr gut. Mein Talent ist es, anzuschieben, und dann soll es bitte auch ohne mich laufen.«

Damals war das für mich eine völlig neue Sichtweise. Vermutlich weil ich nach dem Motto erzogen wurde: »Wenn man etwas anfängt, dann macht man es auch zu Ende!« Die Vorgehensweise von Michael schien mir so unkonventionell, ja fast frech.

Aber sie funktioniert. Heute – nachdem ich mich viel mit Talenten und Persönlichkeiten beschäftigt habe – weiß ich, dass Michael es genau richtig gemacht hat. Er macht genau das, worin er richtig gut ist. Alles andere delegiert er. Nun, da Sie das Nussbaum-Stärken-Talente-Rad kennen, wissen Sie das auch.

Viele Jahre später, als ich mit Stefan im Coaching saß, der zunächst eine Druckerei übernommen und saniert hatte und nun mit sich haderte, weil er keinen Spaß mehr an seinem »Baby« hatte (vgl. S. 182), erzählte ich von Michael. Und Stefan erkannte, dass auch er ein »Serienexperte« ist. Er ist glücklich, eine bestimmte Tätigkeit immer wieder zu machen – nämlich Sanierung und Wiederaufbau. Sobald dieser Part erledigt ist, hat er seinen Nektar gesammelt und muss einfach zur nächsten Blüte weiterfliegen.

Stefan zog die Konsequenzen aus seiner neuen Erkenntnis: Er verkaufte die Druckerei gewinnbringend und übernahm dafür ein heruntergewirtschaftetes Autohaus – und begann mit der Aufbauarbeit. Auch diese Firma lief nach zwei Jahren wieder rund und Stefan suchte sich ein neues Projekt. »Es ist genial! Ja, es ist viel Arbeit – aber immer wieder mit meinem Wissen etwas reanimieren zu können, das ist schon richtig, richtig gut für mich«, schwärmt er.

Interessant dabei: Einem Serienexperten geht es nicht darum, ständig etwas gänzlich Neues zu machen! Für ihn ist die Situation neu genug, wenn sich die Rahmenbedingungen, das Umfeld oder die Brancheneigenheiten ändern und er sich erneut einarbeiten kann. Die Kernkompetenz an sich darf dabei ruhig über einen längeren Zeitraum die gleiche bleiben.

Berufe für Serienexperten

Überzeugte Serienexperten können gut selbstständig oder freiberuflich arbeiten in Geschäftsfeldern, in denen es um kurz- bis mittelfristige Einsätze geht. Sie verfügen meist über Fachwissen, das sie immer wieder in neuen Zusammenhängen einsetzen können. Als Angestellte sollten Serienexperten unbedingt eine Tätigkeit innehaben, in der sich die Rahmenbedingungen der Tätigkeit per se ändern.

Denn der hohe Anteil an Neuem ist ihr Lebenselixier und genau das, was sie von allen anderen Experten unterscheidet. In der Regel versteht man ja unter einem Experten jemanden, der sich so tief in ein Thema einarbeitet, dass er der absolute Fachmann ist und dann womöglich bis an sein Lebensende diesen Expertenstatus lebt. Doch Serienexperten sind etwas anders gestrickt. Sie haben zwar ohne Frage ein hohes (Fach-)Wissen in einem Bereich, doch dieses ist lediglich der Steigbügel, um auf andere spannende Themen aufzusteigen.

Mögliche Tätigkeiten: Gründer, Sanierer, freier Projektleiter, Softwareprogrammierer für spezielle und seltene Lösungen, Online-Spezialist, zum Beispiel zum Thema Bewegtbild; Spieleerfinder im Kundenauftrag; Filialeröffner für Großkonzerne/Handelshäuser; Markteinführungsbeauftragter von Markenartikeln in verschiedenen Ländern; Entwicklungsredakteur (kreiert neue Medien) et cetera.

Der Schirmträger

Der Schirmträger macht ebenfalls gerne über einen längeren Zeitraum das Gleiche – solange damit immer etwas Neues verbunden ist. Doch während sich beim Serienexperten das Umfeld verändert, will der Schirmträger am liebsten sein Umfeld behalten und sich stattdessen inhaltlich immer wieder mit neuen Dingen beschäftigen.

Die gelernte Industriekauffrau Jutta ist ein geborener Schirmträger. Im Coaching fand sie ihr neues Lebensmodell: Sie braucht eine Arbeit, in der die Abwechslung sozusagen schon fest mit eingebaut ist. Jutta entschied sich für eine Umschulung zur Journalistin und arbeitet heute in der Redaktion der Kundenzeitschrift eines bekannten Markenartiklers.

»Hier kann ich mich Woche für Woche auf neue, spannende Themen stürzen. Ich habe über außergewöhnliche Häuser rund um den Globus geschrieben, ich habe George Clooney interviewt, ich habe Selbsttests in Vergnügungsparks gemacht. Kein Tag ist wie der andere. Mit meinem neuen ›Schirmberuf‹ habe ich trotz Festanstellung die Lizenz für das Neue«, freut sich die 32-Jährige.

Viele Schirmträger haben in der Kommunikations-, Software- oder Beratungs-/Trainingsbranche als Selbstständige oder Angestellte ihre Basis zum Ausleben ihrer Neugier gefunden. Aber auch Branchen wie Elektrotechnik, Holzbau, Finanzwelt oder Nahrungsmittelindustrie bieten zahlreiche Tätigkeitsbereiche für Schirmträger.

Über Jahre, ja manchmal über Jahrzehnte hinweg arbeiten sie in einer Agentur oder Firma, und solange sie hier ihren kreativen Freiraum haben und sich entwickeln können, sind sie glücklich. Ihre tägliche Dosis Neues ist fest mit ihrer Tätigkeit verknüpft. Auch in Konzernen sind Schirmträger gut aufgehoben, denn hier können sie in der Sicherheit eines festen Arbeitgebers zum Beispiel über Stabsstellen schnell und unbürokratisch ihre Aufgabeninhalte ändern, ohne ihr Umfeld verlassen zu müssen.

Festangestellte haben entsprechende »Schirmberufe« für sich gefunden, Selbstständige spannen einen »Schirm« in dem Moment, in dem sie eng und über eine lange Zeit mit einigen wenigen Stammkunden zusammenarbeiten (vgl. S. 226 ff.).[122] Viele Selbstständige verändern ihren Arbeitsstil jedoch im Laufe der Jahre. Sie starten beispielsweise als Serienexperten und werden mit der Zeit zum Schirmträger. Dann nämlich, wenn sie als Selbstständige mit ihrem Angebot am Markt etabliert sind und Stammkunden gewonnen haben, denen sie immer neue Inhalte liefern.

Berufe für Schirmträger

Schirmträger blühen auf in Berufen und Positionen, unter deren Schirm sie sich immer wieder auf neue Themen stürzen können. Dies können durchaus Berufe oder Tätigkeiten sein, die andere Menschen völlig systematisch über viele Jahre hinweg eher eintönig ausfüllen.

Denn es liegt an Ihnen, wie Sie Ihren jeweiligen Beruf ausgestalten und welche Freiheiten Sie sich bei Ihren Kunden oder Arbeitgebern erarbeiten. Im Klartext: Sie selbst können aus jeden Beruf eine Art Schirmberuf machen – mit Eigeninitiative und Einsatz. Haben Sie das geschafft, dann bringen Ihnen Ihre veränderte Tätigkeit und der Rückhalt seitens des Vorgesetzten und der Kollegen viel Auftrieb.

Bedenken Sie aber: Unter Umständen müssen Sie in Ihrem Unternehmen auch Gegenwind seitens neidischer Kollegen aushalten, die Ihre errungenen Freiheiten nicht gerne sehen – allerdings selbst womöglich gar nicht das Potenzial hätten, um Ihre Aufgaben zu erledigen. Lernen Sie, die Vorteile Ihrer Arbeitsweise für das gesamte Team zu kommunizieren und ihr Gefieder gegen Neid und Kritik aufzuplustern, wenn nötig.

Einige Schirmberufe setzen ein hohes Maß an fachlichem Know-how voraus, damit Sie Ihre wirkliche Freiheit entfalten können. Werden Sie kreativ und suchen Sie sich Ihren passenden Schirm. Je mehr unterschiedliche Themen Sie interessieren, desto größer darf Ihr Schirm sein, unter dem Ihre zahlreichen Interessen Platz finden.

Mögliche Tätigkeiten: Journalist, Rechercheur, Buch-/Drehbuch-Autor, Regisseur, Produzent, Trainer/Berater, Forscher, Entwickler, Informationsbroker, Schauspieler, Talentscout, Food-Chain-Manager, Ökotrophologe (Ernährungswissenschaftler) et cetera.

Die Goldnase

Auch die Goldnasen zählen zu den Serienhelden. Mit einem Unterschied: Ihr goldenes Näschen zeigen sie beim Finden und Bergen wertvoller Möglichkeiten. Das ist gleichzeitig ihr Talent: Goldadern aufspüren und die Schätze bergen (lassen) – im übertragenen Sinn. Um alles Weitere sollen sich dann aber bitte die anderen kümmern.

Steve hat in seinem Leben schon viel gemacht. Einige Zeit fuhr der Neuseeländer für eine Spedition quer durch Europa und plauderte bei seinen Mahlzeiten und Übernachtungen gerne mit den Betreibern der Rast- und Gasthäuser. Dabei erfuhr er, dass diese alle Tisch- und Geschirrwaren bei vielen verschiedenen Lieferanten kaufen mussten. Ein hoher Aufwand an Planung und Zeit.

Als sein Arbeitgeber pleite ging, übernahm Steve die Firma und setzte eine

Idee um: Fortan belieferte er Rast- und Gaststätten mit einem Komplettpaket rund um den gedeckten Tisch – von Kaffeetassen über Löffel, Zuckerdosen, Kaffee und Kaffeesahne et cetera. Sonderwünsche? Kein Problem – Steve konnte alles organisieren, egal ob Eis-Crusher, Einwegtischdecken oder ausgefallene Deko. Steve kaufte sogar eine eigene Kaffeeplantage, um den Kunden selbst gerösteten Kaffee zu verkaufen, und eröffnete eine eigene Porzellanmanufaktur.

Wo immer er auf eine Möglichkeit stieß, unternehmerisches Neuland zu betreten, legte Steve los. Er legte die Goldader frei, die weitere Arbeit übergab er dann liebend gern anderen Betreibern in seinem Auftrag. Seine Goldnase stellte er auch gerne anderen zur Verfügung: »Ich weiß, wie das geht, ich helfe dir!« ist einer seiner Standardsätze.

Ebenso wie der Serienexperte hat die Goldnase wenig Lust, die Dinge am Laufen zu halten (im Unterschied zu den Jongleuren). Die spannende Frage ist dabei nun jedoch: Wie verdient man damit überhaupt Geld?

Nun, man kann es Steve nachtun und eine neu entdeckte Goldader unternehmerisch betreiben, wobei nicht die Goldnase selbst, sondern Mitarbeiter oder Partner sich um die tägliche Umsetzung kümmern. Dann profitiert die Goldnase natürlich von einem (möglichen) Gewinn.

Aber es wäre auch möglich, die Goldgruben zu entdecken, aufzubauen und dann zu verkaufen – ähnlich wie ein Serienexperte. Und wenn die Goldnase keine Lust hat, ein Unternehmen zu gründen? Dann verkauft sie ihre Dienste als Spürnase an andere, die gerne für einen goldwerten Tipp zahlen.

Berufe für Goldnasen

Suchen Sie sich eine Tätigkeit, bei der Kunden Sie für Ihr Gespür bezahlen, oder bauen Sie sich ein starkes Netzwerk auf mit Machern und Geldgebern, die Ihre Ideen umsetzen, am Laufen halten und Sie am Gewinn beteiligen.

Goldnasen sind oft begnadet darin, anderen Menschen den Weg zu Glück und Wohlstand zu zeigen. Machen Sie nicht den Fehler, Ihre Begabung als selbstverständlich und nicht als Arbeit anzusehen. Denn allzu oft freuen sich Goldnasen alleine schon darüber, eine Superchance entdeckt und anderen geholfen zu haben – und gehen finanziell leer aus, weil sie die falsche Einstellung zu ihrem Talent haben. Achten Sie deshalb darauf, dass Ihr Talent, das andere reich machen kann, auch Ihnen ausreichend finanziellen Gewinn bringt.

Mögliche Berufe: Trendscout, Broker/Anlageberater, Berufsberater, Karriereberater, Scout für Film-Locations, Scout für hippe Urlaubsdestinationen, Unternehmensgründer, Vermarktungsberater et cetera.

Der Goldmedaillensammler

Unter den Serienhelden ist der Goldmedaillensammler einer der profiliertesten – und oftmals der am wenigsten verstandene.

Was macht einen Goldmedaillensammler aus? Er liebt es, zu lernen und immer wieder die eigenen Grenzen zu überschreiten. Er fühlt sich gut, wenn er von »Wissen = null« aus eigener Kraft auf »Wissen = hundert« kommt. Er hat zum Beispiel Lust, sich so in andere Kulturen einzufügen, dass er als Einheimischer durchgeht und die Sprache akzentfrei spricht. Er will gerne der Beste sein in einem Gebiet und strebt nach Feedbacks wie »Der Beste xy, den wir je hatten«.

Sobald er jedoch über einen längeren Zeitraum der Beste ist, beginnt er sich zu langweilen. So sammelt er in verschiedenen Bereichen Goldmedaillen – und einmal in einem Gebiet ganz oben auf dem Wissenstreppchen gestanden zu haben, seine persönliche Bestmarke erreicht zu haben, reicht ihm in der Regel völlig aus. Er will Dinge perfekt beherrschen, sobald er aber merkt, dass er sich nicht mehr steigern kann (oder will), sucht er sich etwas Neues. Der Goldmedaillensammler muss daher ein fantasievoller Zeitmanager sein, denn zu seinen ohnehin schon vielfältigen Interessen kommen täglich neue hinzu – und meist möchte er keine der alten aufgeben.

Viele Goldmedaillensammler stehen durchaus gerne im Rampenlicht, sie genießen es, für ihre exzellenten Leistungen Applaus und Anerkennung zu bekommen. Allerdings werden sie von ihren Mitmenschen meist überhaupt nicht verstanden. Denn in deren Augen haben sie doch so lange dafür geschuftet, um nach ganz oben zu kommen. Und jetzt, wo sie auf dem Siegertreppchen oder im Rampenlicht stehen und – bildlich gesprochen – weiter in der Weltrangliste aufsteigen könnten, werfen sie das Handtuch.

»Ich habe als Teenager alle Tennisturniere in meiner Region gewonnen, meine Eltern hätten mich unterstützt, ein Profispieler zu werden. Doch nach dem 15. Pokal war der Reiz weg. Dann studierte ich Bauingenieurwesen, schloss das Studium mit Auszeichnung ab, gewann ein Stipendium, machte ein Praktikum bei der EU in Brüssel und hätte als persönlicher Assistent eines Kommissars arbeiten können. Alle sagten ›Jetzt hast du es geschafft‹, doch ich sah mich schon wieder nach etwas Neuem um. Meine Freunde und Bekannten halten mich für verrückt, weil ich immer an der Spitze stehe, doch anstatt es zu genießen und auszubauen, werfe ich das Handtuch«, erzählt der 34-jährige Gerhard.

Der innere Beweggrund der Goldmedaillensammler, sprichwörtlich dann aufzuhören, wenn es am schönsten ist, ist der, dass sie sich »angekommen fühlen« und keine weitere Energie in noch mehr Auszeichnungen in der gleichen Disziplin stecken wollen. Ihr Nektar ist der eine Sieg. Nicht selten fallen Goldmedaillensammler danach erst einmal in ein tiefes Loch, wissen nicht, wofür sie als Nächstes ihre überbordende Energie und ihren Siegeswillen einsetzen sollen. Häufig sind sie sogar der Meinung, dass sie ja gar nicht wirklich etwas vorzuweisen haben und sich all die Mühe, die sie in ihre Meisterschaft gesteckt haben, doch nicht auszahlt.

Im Coaching beginnen wir spätestens an einem solchen Nullpunkt damit, herauszufinden, welchen gemeinsamen Nenner alle bisherigen Aktivitäten haben, also welches Talent dahintersteckt.

Bei Goldmedaillensammlern liegt eines der Haupttalente sicherlich im versierten Umgang mit Spitzenleistungen. Sie wissen genau, wie man sich selbst zu Topleistungen motiviert, wie man eigene Grenzen überschreitet und Rückschläge meistert und wie man aus eigener Kraft nach ganz oben kommt.

Ja, es kostet Zeit und Energie, in einem Bereich an die Spitze zu kommen. Doch da Sie es lieben, zu siegen und der Beste zu sein, investieren Sie diese Mühen gerne. Passen Sie jedoch auf sich und Ihre Ressourcen auf – sonst droht schnell ein Burnout. Da die Leidenschaft in Ihnen als kreativer Chaot ohnehin schon lichterloh brennt, wenn Sie sich für etwas interessieren, sollten Sie besonders aufpassen.

Den Weg zum Ziel lieben Sie noch viel mehr als das Übertreten der Ziellinie. Anstrengung ist Ihr Lieblingssport und hohe Erwartungen, große Herausforderungen feuern Sie an.

Sorgen Sie heute schon vor, solange Sie noch auf einer Begeisterungswelle surfen, und spinnen Sie Ideen, was danach kommen könnte. Ja, ich weiß: Solange es läuft, haben Sie gar keine Zeit und keine Lust, über das »Danach« nachzudenken. Tun Sie es dennoch. Denn es erspart Ihnen viel Frust und Durchhänger, wenn Ihr derzeitiges Feuer erloschen ist.

Berufe für Goldmedaillensammler

Die Passion für Höchstleistungen! Das ist es, was Goldmedaillensammler antreibt. Und das ist es, womit sie Geld verdienen können.

Mögliche Tätigkeiten: Führungskraft, Führungskräfte-Coach, Unternehmer, Topverkäufer, Motivationstrainer, Sporttrainer, Coach für Prüfungsvorbereitung oder Vorbereitung auf Bewerbungsgespräche, Bestsellerautor, Ghostwriter für Bücher, die es auf die Bestsellerliste schaffen, Hochstleistungssportler et cetera.

Der Zwei-Hochzeiten-Tänzer

Kennen Sie das Sprichwort »Man kann nicht auf zwei Hochzeiten tanzen«? Doch genau dies wollen einige kreative Chaoten. Sie möchten zwei völlig verschiedene Dinge tun, und das bitte zur gleichen Zeit. Na ja, oder zumindest so gut wie. Warum? Ganz einfach: Weil beide Aktivitäten ihnen Spaß bringen. Und weil der Verzicht auf eine davon sie unglücklich machen würde. Das Problem: In diesem Dilemma stecken viele Zwei-Hochzeiten-Tänzer dann fest – und zwar so fest, dass sie weder das eine noch das andere tun.

Carolin, 28, arbeitet als Junior-Chefin im elterlichen Mittelklassehotel in einem kleinen norddeutschen Städtchen. Nach der Schule hat sie in einem 5-Sterne-Hotel Hotelfachfrau gelernt und wollte gerne in die internationale Hotellerie einsteigen.

Doch als der Familienbetrieb Hilfe brauchte, begrub sie ihren Traum nach der großen weiten Welt. Seit acht Jahren unterstützt sie nun die Eltern und die Schwester – und ist unglücklich. »Es ist fachlich nicht das, was ich machen will, und in den Augen aller Mitarbeiter bin ich ohnehin immer nur das Küken«, erzählt sie. Was hindert Carolin an einer Rückkehr in die internationale Hotellerie?

Sie singt und tanzt auch für ihr Leben gern, hat neben dem Job eine Ausbil-

dung zur Musicaldarstellerin abgeschlossen und würde total gerne professionell auftreten. Doch ihr »Hobby« dümpelt derzeit nur so vor sich hin. »Wenn ich jetzt in meinem Leben etwas ändern könnte, dann würde ich am liebsten beide Leidenschaften in mein Leben integrieren. Doch das geht ja nicht. Entweder das Musical oder die internationale Hotellerie – beides geht nicht. Denn wer braucht schon eine tanzende Hotelfachfrau. Und wenn ohnehin beides nicht geht, dann kann ich doch auch so weitermachen wie bislang, oder? Dann enttäusche zumindest meine Eltern nicht«, *argumentiert sie.*

Sind Zwei-Hochzeiten-Tänzer wirklich kreative Chaoten? Ja, sie sind es – und viele haben auch eine starke Tendenz zum Unterstützer. Sie sind nämlich in all ihren Alltagsaufgaben höchst ideenreich – doch sobald es um sie selbst geht, haben sie ein meterdickes Brett vor dem Kopf. Sie denken, sie müssten sich tatsächlich zwischen zwei Alternativen entscheiden: entweder sich selbst oder andere Menschen unglücklich machen. Da für einen Unterstützer nichts schlimmer ist, als andere unglücklich zu machen, wählen sie die erste Alternative und verzichten zugunsten der anderen.

Den eigenen Traum leben ohne Rücksicht auf Verluste? Das geht gar nicht! Man muss für die anderen, für die Familie da sein, wenn man gebraucht wird. Da kann man nicht in »albernen« Musical- oder Weltenbummler-Träumen schwelgen.

Die Suche nach einem neuen Lebensmodell für Zwei-Hochzeiten-Tänzer ist manchmal ein wenig aufwendiger als bei den anderen. Denn hier gilt es zunächst, die (vermuteten) Befindlichkeiten der Menschen im näheren Umfeld einzubeziehen, die von einer Veränderung betroffen wären.

Im Coaching nahmen wir bei Carolin daher zunächst die mögliche Reaktion der Eltern unter die Lupe, wenn sie im elterlichen Betrieb aufhören würde. Im Laufe unserer Gespräche veränderte sich Carolins Einstellung von »Die Eltern wären zutiefst enttäuscht und würden nie wieder ein Wort mit mir reden« über »Eigentlich wollen sie schon, dass ich glücklich bin« bis hin zu »Wenn ich zumindest ideell mit unserem Unternehmen verbunden bliebe, würden sie es schon verstehen. Immerhin ist ja auch noch meine Schwester im Unternehmen, die sich dort pudelwohl fühlt«.

Merken Sie, was passiert? Meist sind wir bei Veränderungen, die uns selbst betreffen, völlig blind für realistische Lösungen und malen gerne den Teufel an die Wand. Und damit blockieren wir uns total. Ist jedoch die Hauptblockade (»Meine Eltern reden nie wieder mit mir!«) gelöst, kann man sich wieder relativ unbelastet an die eigentliche Entscheidung machen. Und dabei bohren wir das Brett vor dem Kopf mal kräftig an. Wie gesagt, die meisten Zwei-Hochzeiten-Tänzer glauben, sie hätten lediglich zwei Alternativen: Beruf A oder Beruf B. Dieses Entweder-oder-Denken ist das Problem. Denn natürlich gibt es wesentlich mehr Möglichkeiten.

Eine prima Übung, um das herauszufinden, ist der Alternativenstern. Die Idee beruht auf dem »Alternativenrad«[123], das Business-Coach Sabine Asgodom entwickelt hat. Da ich es mit vielen kreativen Chaoten im Coaching angewendet habe und uns nie der Platz ausgereicht hat, habe ich es zum Alternativenstern abgewandelt, der problemlos um weitere Strahlen ergänzt werden kann.

Übung: Der Alternativenstern

Nehmen Sie ein Blatt Papier und zeichnen Sie einen Stern in die Mitte mit 12 Spitzen. Jede Spitze steht für eine Alternative zu Ihrer bestehenden Situation oder Ihrer anstehenden Entscheidung.

Notieren einfach Ihre Ideen, ohne bereits über eine konkrete Umsetzung nachzudenken. Reichen die Spitzen nicht aus, so fügen Sie einfach weitere Striche hinzu.

Auf den ersten Blick scheint diese Übung total simpel zu sein, doch in der Praxis stelle ich immer wieder fest, dass Coaching-Klienten im ersten Moment nicht wissen, wie sie überhaupt auf zwölf Alternativen kommen sollen. Und sie sind dann völlig überrascht, dass sie den Stern sogar meist um weitere Spitzen ergänzen müssen, weil die Ideen sprudeln.

So sah der Stern von Carolin aus. Ihre Frage lautete: »Wie kann ich Musicals und internationale Hotellerie verbinden?«

Nach dieser Übung sah Carolin klarer. »Ja, das Tanzen macht mir super Spaß und nach all der Zeit im Büro will ich endlich wieder Bühnenluft schnuppern. Derzeit habe ich am meisten Lust auf die Geschichte mit dem Kreuzfahrtschiff, dazu nehme ich mir jetzt ein Jahr Zeit und danach sehen wir weiter. Hier hätte ich Tanz, Hotel-Flair und wäre unterwegs – ideal.«

A14: Ich suche mir jedes Jahr Projekte in Hotels für etwa 6 Monate, dann gehe ich 6 Monate als Tänzerin auf Tournee.

A1: Ich tanze in Hoteltheatern Musical. (Gibt es so was?).

A2: Ich gründe ein Musical-Hotel.

A13: Ich steige fest ins Hotel-Business ein, behalte das Tanzen als Hobby.

A3: Ich arbeite tagsüber im Hotel einer internationalen Kette und trete abends in Musicals auf.

A12: Ich werde Leasure-Chef/ Chef-Animateurin in einem Club-Hotel und manage die abendlichen Events, kann dort auch selbst mittanzen.

A11: Ich heirate einen internationalen Hotelier, der mich auf seine Hoteltouren mitnimmt und in dessen Konzern ich einen Posten erhalte (z. B. neue Hotel-Locations suchen), und widme mich hauptberuflich dem Tanzen.

A4: Ich heuere auf einem Kreuzfahrtschiff als Tänzerin an, fahre dort ein halbes Jahr mit, danach gehe ich in ein Hotel.

A5: Ich tanze die kommenden Jahre Musical, und wenn ich nicht mehr fit bin, kehre ich ins Hotelgeschäft zurück.

A10: Ich gründe eine Event-Agentur, die Culture & Catering aus einer Hand bietet, dann kann ich selbst tanzen und auch alles andere machen.

A6: Ich werde Teil einer internationalen Musicaltruppe, reise mit ihnen um die Welt und sehe die schönsten Hotels.

A9: Ich werde Künstlerscout und suche für internationale Hotels Künstler für Special Events.

A7: Ich mache etwas ganz anderes mit Tanz und Musik, und Reisen. (Aber was?)

A8: Ich arbeite auf einem Schiff als Unterhaltungschefin und kann so bei Musik- und Tanzaufführungen mitmachen, arbeite aber gleichzeitig in einem etwas anderen internationalen Hotel.

P. S.: Während ich dieses Buch schreibe, arbeitet Carolin auf einem amerikanischen Schiff als Cruise Director und ist verantwortlich für die Moderation und Unterhaltung an Bord. Abends steht sie selbst mit auf der Bühne. Ihre Eltern waren über Weihnachten zwei Wochen lang mit an Bord und sind stolz auf ihre Weltenbummlerin.

Berufe für Zwei-Hochzeiten-Tänzer

Da Sie ziemlich genaue Vorstellungen von Ihren Traumberufen haben, geht es bei Ihnen eher darum, wie Sie es schaffen, tatsächlich auf beiden Hochzeiten gleichzeitig zu tanzen. Lassen Sie sich nicht entmutigen, seien Sie offen für unkonventionelle Lösungen und suchen Sie sich das passende

Umfeld, das genauso tickt wie Sie und Sie bei der Verwirklichung Ihrer Träume unterstützt.

Sobald Sie sich aus der Entweder-oder-Falle befreit haben, können Sie Ihre Energie dafür einsetzen, Ihr Lebensmodell mit zwei Hauptinhalten zu basteln. Das kann auch bedeuten, dass ein Job Ihnen den Lebensunterhalt sichert und Ihnen die Freiheit für Ihre zweite »Spinnerei« gibt, die nicht unbedingt (sofort) Geld bringen muss.

Folgende Modelle könnten bei Ihnen funktionieren:

- Jeweils halbtags in jedem Beruf arbeiten
- Zwei Tage die Woche in einem Beruf, drei Tage in dem anderen
- Ein halbes Jahr hier, dann ein halbes Jahr dort
- Projektbezogen arbeiten, dann wechseln
- Befristete Verträge für einzelne Jobs
- Zwei Jobs parallel (Vorsicht: mögliche Burnout-Falle)
- M&M-Job und dadurch Freiheit für Freizeit, Hobbys, Träume
- Neue Angebote erfinden, in denen beide Träume vereint werden (z. B. Musical-Hotel betreiben, Stadtführungen und Joggen)
- Telearbeit, wenn Sie nicht am gleichen Ort leben und arbeiten wollen (siehe auch S. 197 f.)

Besonders für Freiberufler und Unternehmensgründer liegt im Zwei-Hochzeiten-Tänzer-Modell zudem eine Goldader verborgen. Denn sobald Sie zwei Dinge miteinander verknüpfen, die es so noch nicht gab, können Sie einen völlig neuen Markt erschließen und ein lukratives Geschäft einfädeln.

Carolina, langjährige Personal Trainerin in Rom, hat ihre Liebe zum Joggen und die Liebe zu Roms Sehenswürdigkeiten unter einen Hut gebracht und »Sight-Jogging« gegründet. Damit bietet sie nun seit einigen Jahren Stadtführungen an, bei denen sich die Touristen joggend entlang den schönsten Plätzen Rom »erlaufen«.

Können Sie Ihre beiden Träume nicht so leicht verbinden, sollten Sie Ihre zwei Hochzeiten gut aufeinander abstimmen, um finanziellen Leerlauf zu vermeiden. Denn als Selbstständiger können Sie vielleicht nicht ohne Weiteres ein halbes Jahr in dem einen Bereich (z. B. als Hundetrainer) arbeiten und den Rest des Jahres im anderen Bereich (z. B. als Tauchlehrer). Theoretisch ginge das schon, doch wer schon einmal selbstständig war, der weiß, dass man nach einem halben Jahr Auszeit nicht im Handumdrehen wieder genügend Kunden hat und sofort ausgelastet ist. Dafür gilt es, am Ball zu bleiben und von den Malediven aus zu akquirieren, Angebote zu schreiben und Aufträge abzusprechen – und das zwischen Ihren Tauchkursen.

Möglichkeiten für Selbstständige:

- Sie haben eine Handvoll Stammkunden, die fest mit Ihnen zwischen März und September rechnen.
- Sie docken immer bei feststehenden Projekten an, die zu einem gewissen Zeitpunkt stattfinden.
- Sie haben eine Bürokraft, die für Sie Aufträge abstimmt und ihre »Vor-Ort-Tage« bucht.
- Sie können während Ihrer Abwesenheit vertreten werden.
- Sie haben einen »Manager«, der Ihre Zeiten jeweils verkauft.
- Sie verdienen einige Wochen und Monate überdurchschnittlich viel Geld und legen ihr Arbeitsmodell von vornherein so aus, dass Leerzeiten problemlos überbrückt werden können.

Der Globetrotter

Der Globetrotter ist der Zwilling des Zwei-Hochzeiten-Tänzers – mit dem Unterschied, dass er seine Arbeit »unterwegs« machen will. Er will die Welt bereisen und dabei Geld verdienen. Und zwar nicht, indem er sich vor Ort immer wieder einen neuen Job sucht (das wäre auch eine Möglichkeit, die aber eher der Tausendsassa lebt), sondern indem er dank seines virtuellen Arbeitsplatzes seinen Beruf von überall betreibt.

Dies setzt natürlich eine gewisse Unabhängigkeit von der Nähe zum Arbeitgeber, den Kollegen oder den Kunden voraus.

Vor Jahren las ich in einem Journalistenfachblatt von einem Kollegen, der von Thailand aus für deutschsprachige Unternehmen Pressetexte verfasst. Sein großer Vorteil ist eine »Über-Nacht-Lieferung« für eilige Texte. Der Kunde mailt seine Wünsche und Infos und erhält am nächsten Morgen den fertigen Text – ohne dass sich der Kollege in Thailand dafür die Nacht um die Ohren schlagen müsste, denn bei ihm ist ja dann Tag.

Ähnlich macht es ein Grafiker, der fest angestellt für eine Werbeagentur in Köln arbeitet, allerdings in Australien lebt. Der Agenturchef war damals völlig begeistert, als der Grafiker ihn um einen Telearbeitsplatz bat, denn auch hier ist die Zeitverschiebung perfekt für alle Beteiligten.

Berufe für Globetrotter

Telearbeit für verschiedene Bereiche (Softwareprogrammierer, Texter, Grafiker, Journalist), Dokumentarfilmer oder Mitglied einer Filmcrew, internationaler Location Scout, internationaler Hoteltester; Standortscout für Firmen, Hotels etc.; Filialeröffner.

Der Jongleur

Anders als der Zwei-Hochzeiten-Tänzer will der Jongleur mehr als zwei verschiedene Sachen tun. Er blüht auf, wenn er ganz viele Bälle gleichzeitig in der Luft halten kann. Gelegentlich lässt er einen Ball fallen, aber nur weil ein anderer, noch schönerer dazugekommen ist. Oder er lässt ihn nur kurzzeitig fallen, um ihn wenige Wochen später wieder aufzunehmen.

Der Jongleur fällt dadurch auf, dass er seine vielen Bälle über Monate, ja oft sogar über Jahre, in der Luft hält. Das lässt ihn auf andere äußerst vielseitig und wie ein »richtig bunter Vogel« wirken – andererseits wird er von sehr strukturierten und zielstrebigen Menschen für seine vermeintliche Entscheidungsschwäche getadelt. Der Jongleur leidet manchmal darunter, dass er zwar sehr viel weiß, aber in jedem Bereich eher an der Oberfläche kratzt und in keinem detailliertes Fachwissen besitzt.

Jongleure sind wahre Arbeitstiere, sie scheuen kein noch so großes Arbeitspensum und sind immer gut ausgelastet. Da jedoch für ihr Empfinden viel zu viele Bereiche brachliegen, befinden sie sich in einer paradoxen Situation: Sie haben permanent zu tun und dennoch langweilen sie sich. Sie sind überarbeitet und fühlen sich zugleich unterfordert.

Es lohnt sich besonders für Jongleure, sich klarzumachen, wo ihre Kernkompetenzen liegen, was sie wirklich außerordentlich gut können – und welche Bereiche sie getrost an einen Assistenten, Netzwerkpartner oder Kollegen abgeben können.

Freiberufler beneiden oft Festangestellte, die von Haus aus ein Umfeld haben, in dem sie PC-Probleme oder die nervige Büroorganisation an andere abgeben können. In Wirklichkeit haben wahrscheinlich viel weniger Angestellte jemanden, an den sie unliebsame Aufgaben delegieren können. Der Selbstständige ist in der Hinsicht doch freier, da er schließlich jemanden beauftragen könnte.

Häufig höre ich dann jedoch von meinem Coaching-Klienten, dass sie sich eine solche Unterstützung nicht leisten könnten. Lieber vergeuden sie also ihre wertvoll Lebenszeit, um sich um Dinge zu kümmern, die andere mit hoher Wahrscheinlichkeit besser und schneller erledigen könnten, anstatt ihre eigentlichen Talente auszuleben. Rechnen Sie einmal aus, wie viel Sie einer Assistentin oder einer anderen Hilfskraft bezahlen müssten. Wie viele Aufträge müssten Sie denn an Land ziehen, um das zu finanzieren? Aus der Praxis wissen wir: Meist genügt ein einziger weiterer Auftrag und das Geld ist wieder reingeholt. Diese vergleichsweise kleine Investition eröffnet Ihnen als Jongleur die unschätzbare Möglichkeit, sich um Ihre Herzblutprojekte zu kümmern.

Jongleure sind häufig begnadete Troubleshooter und werden von Kollegen, Chefs oder Bekannten gerne eingesetzt, wenn es hektisch wird. Wenn die anderen schon in Panik verfallen, behält der Jongleur einen kühlen Kopf und liefert auf den letzten Drücker die besten Ideen.

Vorsicht: Mit starker Tendenz zum Unterstützer laufen Sie Gefahr, als Depp vom Dienst zu enden und ständig von den anderen ausgenutzt zu werden. Gönnen Sie sich auch verdiente Ruhepausen und geben Sie bewusst einige Ihrer (langweilig gewordenen) Bälle ab.

Berufe für Jongleure

Es gibt viele Tätigkeiten, bei denen Sie viele Bälle in der Luft halten können. Sorgen Sie einfach dafür, dass es nur Ihre Lieblingsbälle sind, mit denen Sie jonglieren – alle anderen Bälle werfen Sie bitte den anderen zu und suchen sich Unterstützung.

Mögliche Tätigkeiten: Troubleshooter, Unternehmer, Führungskraft, Chef oder Mitglied einer Ideenschmiede/Think Tank, Inkubator, Event-Manager, Künstleragent, Manager von Künstlern und Sportlern, Assistent et cetera.

Der Fels in der Brandung ist der Zwilling des Jongleurs. Sein Haupttalent besteht darin, für andere Menschen da zu sein, sie zu unterstützen und ihnen auch mitten im größten Trubel Ruhe und eine Schulter zum Anlehnen zu bieten. Warum gehört er zum Jongleur?

Ist Ihnen schon einmal aufgefallen, wer zuerst den Finger hebt, wenn mal wieder jemand Unterstützung braucht, wenn in der Schule Kuchen gebacken werden soll für den Schulbasar, wenn der Verein einen Kassenwart sucht oder in der Firma Protokoll geführt werden soll? In der Regel meldet sich ein Mensch vom Typ Fels in der Brandung, der eigentlich schon hundert andere Projekte an der Backe hat. Doch je mehr es um ihn herum tobt, desto geliebter, gebrauchter und wertvoller fühlt er sich. Und so jongliert auch er mit ganz vielen Bällen, während er stoisch in der Brandung ruht.

Ihre Lieblingsbeschäftigung ist, zu helfen, und so arbeiten viele »Felsen« ehrenamtlich im sozialen Bereich oder füllen in ihrem Unternehmen die Rolle des Unterstützers und Stabilisators aus – sind also die gute Seele des Teams. Meist ackern sie über Jahre hinweg mit großem Engagement und sind meist sehr beliebt.

Warum nur »meist«, fragen Sie? Wenn jemand immer hilft und für andere da ist, dann muss derjenige doch total beliebt sein. Tja, wäre schön, stimmt aber leider nicht. Denn auf Dauer wissen viele Kollegen diese Hilfsbereitschaft nicht mehr zu würdigen und der Felsen wird von Everybody's Darling zu Everybody's Depp.

Und nicht nur diese mangelnde Wertschätzung kann den Fels komplett auszehren. Viele von ihnen sind so engagiert, dass sie alles viel zu nah an sich ranlassen und derart schwer an den Sorgen der anderen tragen, sich dermaßen für andere aufarbeiten, dass sie nach einiger Zeit am Ende ihrer Kräfte sind. Doch weil sie nie gelernt haben, um Hilfe zu bitten (schließlich sind sie diejenigen, die helfen) schlittern viele direkt in die Burnout-Falle.

Wenn Sie also merken, dass Sie ein typischer Fels in der Brandung sind, dann sollten Sie sich etwas vom Lebensmodell des Zwei-Hochzeiten-Tänzers abschauen und Ihr Leben in zwei Bereiche aufteilen: einen Bereich, in dem Sie helfen und andere unterstützen, und einen zweiten, in dem Sie von anderen umsorgt werden und so Ihre Batterien wieder aufladen.

Achten Sie auch darauf, dass Sie genügend Geld verdienen. Hilfsbereite Menschen bieten ihre Dienste häufig für wenig Entgelt oder bisweilen sogar kostenlos an. Das ist zwar im Grunde lobens- und anerkennenswert – jedoch sorgen Sie unbedingt auch frühzeitig dafür, dass Sie nicht am Ende selbst zum Sorgenkind werden und im Alter gegen Armut kämpfen.

Planen Sie in Ihren Tages- und Wochenablauf genügend Erholzeiten ein. Lernen Sie, sich abzugrenzen und öfter Nein zu sagen. Machen Sie sich ruhig ein wenig rar und achten Sie auf sich. Machen Sie sich auch klar, was Sie für sich persönlich im Leben erreichen wollen (vgl. S. 151 ff.), und prüfen Sie kritisch, ob Sie nicht unter Umständen in der Helferfalle sitzen, am Helfersyndrom (vgl. S. 148 ff.) leiden.

Berufe für den Fels in der Brandung

Für Sie als den Fels in der Brandung sind alle Tätigkeiten, bei denen Sie anderen Menschen helfen, zu lernen, zu wachsen oder sich gut zu fühlen, ideal.

Mögliche Tätigkeiten: Assistent, Berater, Lehrer, Sozialarbeiter, Kindergärtner, Reha-Berater, Pfarrer, Business-Trainer, Sport-/Personal Trainer, Ernährungsberater, Coach, Führungskraft et cetera.

Der Tausendsassa

Bunter geht es nicht. Der Tausendsassa ist unter den kreativen Chaoten mit Sicherheit der Allfarblori[124] – der bunteste Vogel der Welt.

Der Tausendsassa probiert ständig etwas Neues aus, fängt viel an, wechselt in rasantem Tempo seine Interessen. Er findet sich häufig selbst anstrengend – sein Umfeld tut es mit Sicherheit. Denn nicht nur verunsichert er mit seinen ständigen Veränderungen und seinem hohen Tempo die Menschen um sich herum, sondern er ist auch häufig unzufrieden mit sich, weil er sich als Versager fühlt und unproduktiv auf der Stelle tritt.

Zudem haben viele Tausendsassas permanent das Gefühl, auf der Suche zu sein nach ihrer einzig wahren Leidenschaft, dem einzig wahren, Glück bringenden Beruf – vielleicht sogar noch mehr als andere kreative Chaoten.

Mancher in ihrem Umfeld vermutet, sie könnten an ADS leiden, manchmal könnte der schnelle Wechsel auch ein Anzeichen eines beginnenden Burnouts sein.

»Ich arbeite als Freiberuflerin im Grafikbereich, unterrichte Kinder in Spanisch, vertreibe Nahrungsergänzungsmittel, bin zuständig für die Bepflanzung im Schlosspark meiner Stadt, veranstalte immer den Adventsmarkt im Schlosshof und will nun eine Töpferwerkstatt für Kinder aufmachen. All das macht mir jede Menge Spaß. Doch leider verdiene ich mit meinen ›Steckenpferden‹ kaum Geld und komme immer nur mit Ach und Krach über die Runden«, erzählt Elsbeth.

Die 29-Jährige war Teilnehmerin in einem meiner Zeitmanagement-Seminare und litt zu diesem Zeitpunkt tatsächlich an Erschöpfung und Burnout. Ich schickte sie zunächst in medizinische Betreuung, und als sie sechs Monate später wieder auf dem Damm war, sortierten wir ihr Leben von Grund auf. Sie erkannte, dass sie ein Tausendsassa ist, und wir suchten Strategien, mit denen sie ihre Interessen so einbringen kann, dass sie Spaß hat und finanziell dabei gut über die Runden kommen kann.

Der erste Schritt war die Suche nach Elsbeths Talenten. Welches war der gemeinsame Nenner all ihrer Aktivitäten? Sie war ratlos. Lächelnd und ein wenig provokativ meinte ich:»Na, eines Ihrer größten Talente ist mit Sicherheit Ihre Geschwindigkeit!« – »Na klasse«, seufzte sie.»Mein Umfeld ist genervt, weil ich so schnell rede, weil ich so schnell auf Neues anspringe, weil ich so schnell die Flinte ins Korn werfe.« – »Wer könnte denn gerade in dieser Geschwindigkeit einen Vorteil sehen? Wem könnte das nützen?« – »Dieter Thomas Heck braucht sicherlich keinen Ersatz und ein Unternehmen würde mich auch nicht nehmen, wenn ich beispielsweise als Sachbearbeiterin nach drei Tagen anfange, den ganzen Laden umzukrempeln und neu zu organisieren, oder?« – »Wann hat Ihnen Ihr Tempo denn schon einmal zu Lob und Anerkennung verholfen?«

Elsbeth kaute auf ihrer Unterlippe herum.»Eigentlich immer dann, wenn ich für andere auf den letzten Drücker ein heißes Eisen aus dem Feuer geholt habe. Aber kann man so was auch hauptberuflich machen?«

Klar kann man. Elsbeths Strategie ist ähnlich der des Schirmträgers: Sie braucht eine Tätigkeit, die viel Abwechslung in sich birgt. Vor allem muss bei ihr das Tempo, in dem Probleme zu lösen sind, sehr hoch sein und sie muss sich kreativ austoben dürfen. Ihre Lösung: Projektleiterin einer

Hochzeitsagentur, bei der sie ihr Wissen rund um Pflanzen, kreatives Gestalten und manchmal sogar ihre Fremdsprachenkenntnisse anwenden kann.

Übrigens: Manche Tausendsassas – diejenigen mit starker Tendenz zum Unterstützer – verbindet einfach nur der Wunsch nach einem harmonischen Umfeld. Letztendlich ist es ihnen völlig egal, welche Tätigkeit sie gerade ausführen. Die Hauptsache ist, sie sind von netten, interessanten, sympathischen Menschen umgeben.

Berufe für Tausendsassas

Weil er Tausende von Interessen hat, fängt der Tausendsassa – wie der Zwei-Hochzeiten-Tänzer – oftmals nicht an, das zu tun, was er wirklich will, sondern hält sich mit Gelegenheitsjobs über Wasser.

Wichtig ist es, den großen Vorteil der eigenen Art zu erkennen: das Tempo und das umfassende Wissen in den unterschiedlichsten Gebieten. Wenn Sie strategisch eine Antwort auf folgende Fragen suchen: Wer schätzt diese Talent? Wer wäre bereit, dafür zu bezahlen? Wer gewährt Ihnen dabei den Freiraum, zu experimentieren?, dann finden Sie passende Arbeitgeber oder Kunden, die Ihre Talente wirklich honorieren.

Als Tausendsassa sind Sie mit Sicherheit jemand, der nach dem Sprintermodell am besten arbeiten kann (vgl. S. 86 ff.), das heißt, Sie dürfen getrost kleine Tätigkeitsinseln in Ihren Tagesablauf einstreuen. Lange Beschäftigung mit einem Thema wäre Gift für Ihre Kreativität und Leistungsfähigkeit.

Mögliche Tätigkeiten: Temporeiche Schirmberufe, zum Beispiel im Eventbereich, in den Medien oder beim Film, Redakteur, Journalist in einer Online-Redaktion oder bei einer Nachrichtenagentur, Projektleiter in »schnellen« Branchen, Aufgaben, bei denen rasches Einarbeiten gefordert ist; Exposés schreiben; Drehbuch-/Treatment-Autor, Mann/Frau für alle Fälle, Unternehmer, Change-Manager et cetera.

Der Schnupperer

Der Zwillingsbruder des Tausendsassas ist der Schnupperer. Allerdings will der Schnupperer mit seinen Potenzialen nicht primär Geld verdienen, sondern einfach nur Spaß haben und alles ausprobieren, was ihn in irgendeiner Weise reizt. Seine Mitmenschen halten ihn häufig für unreif und er bekommt häufig von ihnen zu hören, er solle doch endlich einmal erwachsen werden.

Viele Schnupperer sind Lebenskünstler. Ihr Auftreten und ihre Lebensweise erwecken in unserer Leistungsgesellschaft einerseits Argwohn und Neid, andererseits fasziniert ihre Fähigkeit, ein erfülltes Leben im Hier und Jetzt zu führen, ihre Mitmenschen, die selbst immer stärker nach Sinn und mehr Lebensqualität außerhalb des Materiellen suchen.

Berufe für Schnupperer

Sind Sie ein Schnupperer und Sie wollen mit Ihren vielseitigen Talenten *kein* Geld verdienen? Dann haben Sie folgende Möglichkeiten: Reich heiraten oder einen Mäzen suchen, geschickt investieren und von den Erträgen leben, Privatier oder Gesellschafter reicher Menschen sein – oder Sie suchen sich einen M&M-Job und toben sich in der Freizeit »schnuppernd« aus.

Sie möchten gerne als Schnupperer Ihre Neugierde zu Geld zu machen, doch Sie zögern, weil sie glauben, dass ohnehin keiner Ihre Talente will? Mitnichten! Mit Ihren Talenten sind Sie ein wissbegieriger Informationssammler erster Güte – und die sind in den unterschiedlichsten Bereichen gefragt.

Mögliche Tätigkeiten: Moderator einer Wissenssendung, Rechercheur, Dokumentarfilmer, Gastgeber von Soireen, Redakteur bei einer Jahresrückblick-Sendung, Sparringspartner für Ideen-Trusts, Netzwerker, Erfinder, Querdenker et cetera.

Übung: Wie sieht Ihre ideale Lebens- und Arbeitswelt aus?

Sie haben nun verschiedene Lebens- und Arbeitswelten kennengelernt.

- In welchen Beschreibungen haben Sie Aussagen oder Beispiele gefunden, die auf Sie zutreffen?
- Inwieweit üben Sie Ihre bevorzugte Art zu arbeiten heute schon aus?

- Was könnten Sie tun, um Ihrer ideale Lebens- und Arbeitswelt ein Stück näher zu kommen?
- Welche Tätigkeiten/Berufe könnten für Sie maßgeschneidert sein?
- Welche Branchen/Firmen/Kunden würden Ihnen den entsprechenden Freiraum geben können, den Sie benötigen?
- Wer wäre bereit, für Ihre Art zu arbeiten Geld auszugeben?
- Wo und wie können Sie passende Unternehmen oder Arbeitgeber finden?
- Welche Kontakte können Sie dazu nutzen?
- Wer kennt jemanden, der Ihnen helfen kann?

Ihr perfekter Arbeitsplatz – das Langschläfer-Nesting-Prinzip

Die meisten kreativen Chaoten lieben ihre Freiheit und sie lieben es, von inspirierenden Menschen umgeben zu sein. Kein Wunder, dass viele deshalb Arbeitgeber suchen, die ihnen diesen Freiraum von vornherein gewähren – oder eben eine eigene Firma gründen.

Egal für welches Modell Sie sich derzeit entscheiden, wichtig ist, dass Ihr perfekter Arbeitgeber (der auch Sie selbst sein können) Ihren Grundbedürfnissen an einen angenehmen Arbeitsplatz maximal Rechnung trägt.

Die gute Nachricht: Quer durch alle Branchen, in allen Größenordnungen und Abteilungen gibt es zahlreiche Firmen, die auf bunte Vögel wie Sie ungeduldig warten und Ihnen eine entsprechende »artgerechte Haltung« bieten.

Natürlich gibt es auch die anderen. Die »Das haben wir schon immer so gemacht«-Firmen. Die ewig Gestrigen, die ihre Augen fast trotzig vor den nicht mehr zu leugnenden Entwicklungen verschließen. Solchen Arbeitgebern ist oftmals einfach nicht zu helfen. Wenn sie nicht kreativ, sozial kompetent oder nachhaltig sein wollen – man kann niemanden zwingen. Und vielleicht sind sie ja auch auf ihrer Schiene erfolgreich.

Zum Glück denken mittlerweile immer mehr Unternehmen weltweit um – und dort könnte der perfekte Ort für Ihr »Nest« als kreativer Chaot sein. Sie wissen: Nur wer kreativ nach vorne blickt und in Ideen investiert, der wird auch in der nächsten Generation noch in der oberen Liga mitspielen. Daher investieren Unternehmen in innovative Köpfe, in ganzheitlich denkende Mitarbeiter, in sozial kompetente Führungskräfte, die das Unternehmen auch im Markt sozial kompetent wirken lassen, in nachhaltig denkende Vordenker.

Investieren Sie also ruhig ein wenig mehr Zeit, um das für Sie passende Arbeitsumfeld zu finden. Denken Sie dabei an die Punkte aus den Kapiteln »Bunte Feder Kreativität« oder »Bunte Feder Nachhaltigkeit«. Und halten Sie sich immer wieder vor Augen: Sie müssen sich nicht verbiegen, Sie müssen sich nur das Passende suchen. Legen Sie Wert darauf, dass Ihr Arbeitsplatz Ihren Bedürfnissen entspricht.

Die folgende Anregungen können Ihnen auf Ihrem Karriereweg hilfreich sein.

Individuelle Arbeitszeiten

Sind Sie ein Frühaufsteher oder ein Langschläfer? Den meisten Arbeitgebern ist es egal, wann Sie fit sind und Höchstleistungen vollbringen können. Aber wäre es nicht genial, wenn Ihr neuer Arbeitgeber Ihrem inneren Taktgeber den nötigen Freiraum geben würde und Sie zu Ihren besten Leistungsphasen arbeiten könnten?

Immerhin wissen wir heute, dass es verschiedene Chronotypen gibt: Die einen gehen spät zu Bett und stehen entsprechend später auf – die Eulen –, während die Lerchen (freiwillig) früh zu Bett gehen und gerne früh aufstehen. Dazwischen gibt es noch die Normaltypen, die laut Chronobiologen den Großteil der Bevölkerung ausmachen. Statistisch gesehen kommt die Eule nach dem Normaltypen häufiger vor als die Lerche, und da diese Präferenzen laut neuesten Forschungsergebnissen angeboren sind, ist ein Umerziehen so gut wie ausgeschlossen. Dennoch müssen sie wie alle anderen um punkt 9 Uhr (oder früher – je nach Beruf) antreten: taufrisch und energiegeladen.

Dumm nur, dass die meisten kreativen Chaoten Eulen sind, die morgens kaum aus dem Bett kommen, aber dafür bis spät in die Nacht aktiv sind. Denn das bedeutet, dass ein großer Teil der Bevölkerung ständig wider die eigene innere Uhr und die natürlichen Anlagen lebt und daher längst nicht die volle Leistung bringt.

Leider haben es die Langschläfer in deutschen Unternehmen besonders schwer. Ganz nach dem Sprichwort »Der frühe Vogel fängt den Wurm« gilt automatisch derjenige als Tüchtigster, der als Erster im Büro sitzt. Wenn Sie also die Karriereleiter ein bisschen weiter hinaufklettern wollen, bleibt Ihnen in vielen Unternehmen gar keine andere Wahl, als zum Frühaufsteher zu mutieren – zumindest von Montag bis Freitag. Denn wer später zur Arbeit kommt, gilt schnell als faul und bequem. Egal ob er noch lange im Büro sitzt, während alle anderen schon ihren Feierabend genießen.

In Dänemark setzt sich daher die Ingenieurin Camilla Kring dafür ein, dass Unternehmen auf Eulen – sie nennt sie »B-Persons« – mehr Rücksicht nehmen oder besser gesagt das Potenzial der Langschläfer erkennen. Was spricht denn dagegen, später ins Büro zu kommen und dafür am Abend einsatzbereit zu sein, wenn die anderen nach Hause gehen? Auf ihrer Website schafft sie ein Forum für alle Eulen. Ihre Vision: eine Datenbank für Langschläfer, in der man gezielt nach Jobs mit passenden Arbeitszeiten suchen kann. Eine Verlinkung mit Google Maps soll das Finden erleichtern.[125]

Selbstständigen, die ihren Tagesablauf frei gestalten können, raten Chronobiologen, sich so weit wie möglich nach ihrem Chronotyp zu richten. Dass dies sehr sinnvoll sein kann, berichtete SZ-Wissen[126]: Eulen seien wohlhabender als die Lerchen.

Intro- oder extrovertiert? Alleine im Büro oder im Team?

Der Teamarbeit wird seit einigen Jahren das Hohelied gesungen. Es gibt kaum ein Unternehmen, das nicht nach »teamfähigen und kommunikativen« Mitarbeitern und Führungskräften sucht. Auf viele kreative Chaoten trifft das zu, weil sie extrovertiert sind und es lieben, unter Leuten zu sein. Sie entwickeln ihre Ideen, während sie mit anderen darüber reden, quasseln auch einfach einmal drauflos und gehen beschwingt aus einem Meeting, wenn ihr Redeanteil deutlich über dem der anderen lag.

Gibt es auch in sich gekehrte kreative Chaoten? Aber natürlich. Experten schätzen, dass in der Gesamtbevölkerung die Extrovertierten überrepräsentiert sind (70:30 Prozent), andere gehen von einer Fifty-fifty-Verteilung aus[127]. Zu den eher introvertierten Zeitgenossen gehören meiner Erfahrung nach häufig diejenigen kreativen Chaoten, die neben dem Ideensprudleranteil auch einen hohen Anteil an logisch-analytischem Denken haben (Ingenieure, Softwareentwickler), und Menschen, die stark in Richtung Unterstützer tendieren. Sie wirken introvertiert, weil sie eher zuhören, als selbst im Mittelpunkt zu stehen. Wie ist das bei Ihnen? An dieser Stelle kommen wir auf den Selbst-Check auf S. 31 ff. zurück. Dort haben Sie erfahren, ob Sie eher intro- oder extrovertiert sind oder ob sich beide Anteile die Waage halten.

Warum spielt Ihre Art, auf andere zuzugehen, denn überhaupt eine Rolle bei der Suche nach Ihrem idealen Arbeitsumfeld? Ganz einfach: Soziale Kontakte sind für introvertierte Menschen relativ anstrengend, deshalb benötigen sie nach einer Stunde sozialer Nähe rund zwei Stunden Erholzeit für sich allein. Haben sie in der Ruhe und Zurückgezogenheit abgeschaltet, dann sind sie wieder fit für Small Talk und Geselligkeit.

Die amerikanische Psychologin Marti Olsen Laney vergleicht die Introvertierten gerne mit einer wiederaufladbaren Batterie. Wenn sie »leer« sind, kann man eine Zeitlang nichts mehr mit ihnen anfangen, weil sie ihre Energieabgabe stoppen und so lange ruhen müssen, bis ihre Akkus wieder vollständig geladen sind. Extrovertierte Menschen hingegen sind wie Solarzellen: Sie brauchen die Sonne, um sich aufzuladen, das heißt, sie müssen sich nach außen orientieren, um ihren Energielevel hochzuhalten. Wenn sie zu lange ohne »Sonnenstrahlen« sind, also ohne Kontakt zur Außenwelt, fühlen sie sich leer und antriebslos.[128]

Für kontaktfreudige Kollegen und Geschäftspartner ist das Verhalten der Introvertierten oft ziemlich schwer verständlich. Nicht selten irritieren sie deren Nachdenklichkeit und Redepausen, sodass sie diese für sie ungewohnte Stille sofort mit dem eigenen Redeschwall füllen. Ein Teufelskreis, denn genau das macht das Ganze wiederum anstrengend für die Ruhigen. Denn bevor Introvertierte sich zu Wort melden, denken sie (fast) immer gründlich nach. Ihre Redebeiträge sind zwar in der Regel seltener, haben aber oftmals mehr Substanz als die Äußerungen von extrovertierten Personen.

Leicht werden introvertierte Menschen als schüchtern, arrogant oder sogar menschenfeindlich abgestempelt – zu Unrecht. Denn es ist nicht so, dass sie andere Menschen nicht mögen oder sich nicht für sie interessieren, sondern sie haben lediglich einen höheren Bedarf an Zeit zum Nachdenken, Rückzugsmöglichkeiten und reizarmen Phasen.

Wie kommt das? Forscher haben festgestellt, dass das Gehirn eines introvertierten Menschen deutlich aktiver ist als das eines extrovertierten. »Es summt und brummt förmlich vor Binnenaktivität, denn es verarbeitet und speichert mehr ›innere‹ Gedanken und Informationen. Gleichzeitig dauert es aber länger, diese Informationen zu sortieren und abzurufen – deshalb das große Bedürfnis nach Ruhe und Konzentration«, beschreibt es *Psychologie heute*.[129]

Also, sobald Sie wissen, wie dieser Charakterzug bei Ihnen ausgeprägt ist, können Sie besser die optimalen Rahmenbedingungen bestimmen, die Sie für Spitzenleistungen brauchen.

- Als introvertierter Festangestellter können Sie für ein Einzelbüro kämpfen oder sich für störungsfreie Zeiten und Rückzugsmöglichkeiten starkmachen.
- Als introvertierter Einzelunternehmer werden Sie sich wahrscheinlich eher dazu entschließen, sich lieber alleine, vielleicht im Home-Office, selbstständig zu machen. Sind Sie extrovertiert, werden Sie sich lieber einen Platz in einer Bürogemeinschaft suchen, weil Sie die sozialen Kontakte für Ihr Wohlbefinden brauchen.
- Als extrovertierter Unternehmer mit Angestellten werden Sie als Chef eher mit allen Ihren Leuten in einem Großraumbüro sitzen. Wenn Sie introvertiert sind, legen Sie von vornherein bei der Wahl Ihres Bürostandorts auf Einzelbüros Wert.

Laut einer australischen Studie[130] sind 90 Prozent der Arbeitnehmer der Meinung, dass sich Großraumbüros negativ auf Psyche und Gesundheit auswirken: Sie erzeugen Stress, machen krank und mindern die Leistung, vor allem wenn es um kreative Arbeiten oder Entscheidungen geht. Lediglich bei Routinearbeiten stieg die Arbeitsleistung in größeren Räumen an (wohl wegen des Wettbewerbs mit den anderen Kollegen in Sichtweite). Allgemein gilt: Je höher die Konzentrationsleistung, desto negativer wirken sich Störfaktoren in einem Großraumbüro aus. Und je mehr der Austausch im Mittelpunkt steht, desto unvorteilhafter sind Einzelbüros.

Die optimale Lösung ist das sogenannte »Kombi-Büro«: Hier haben die Mitarbeiter entlang den Fensterfronten Einzelbüros, also Privatsphäre und ihr eigenes kleines Reich, die sich um einen zentralen Service- und Kommunikationsbereich für Besprechungen oder Ähnliches gruppieren.

Eine moderne Neuerung dieses Kombi-Büros ist das »Net'n'Nest«-Prinzip: Dabei wird durch die Inneneinrichtung mal Nähe und mal Distanz geschaffen, indem Unternehmen offene Großraumbüros nutzen – vor allem für die Interaktion der Mitarbeiter (Netting). Andererseits sollen Rückzugsbereiche in Form von Sofas mit hohen Rückenlehnen eine kuschelige Nische bilden zum Nachdenken, Pausieren und für informelle Gespräche (Nesting).[131]

Und was können Freiberufler und Einzelunternehmer tun, die der Tristesse ihres Home-Office entfliehen wollen? Als »digitale Bohemiens« heißt ihre Lösung »Co-Working«, das heißt, sie mieten tage- oder monatsweise voll eingerichtete Arbeitsplätze an und profitieren gleichzeitig von der Gesellschaft der anderen Teilzeitmieter.

Übrigens: Für kreativ-chaotische Menschen ist es prinzipiell wesentlich besser, in einem Einzelbüro zu arbeiten. Der Grund: Da sie so sensible Antennen haben und alles um sich herum stärker wahrnehmen als sehr systematische Menschen, werden kreative Chaoten leichter aus der Arbeit und der Konzentration gerissen, wenn sie den zahlreichen Störfaktoren in einem Großraumbüro ausgesetzt sind. »Kreative sind deshalb kreativ, weil ihr Gehirn auf Sinnesreize aller Art höchst offen reagiert«, hatte bereits Mitte der 90er-Jahre der deutsch-britische Persönlichkeitspsychologe Hans J. Eysenck vermutet.[132]

Ein Experiment der amerikanischen Neurowissenschaftlerin und Psychologin Shelley Carson von der Harvard University bestätigte dies vor wenigen Jahren: Sehr kreative Studenten ließen sich in einer Aufgabe deutlich mehr von Störgeräuschen irritieren als weniger kreative. Der Grund: Die Kreativen filtern weniger aus der Fülle der sie umgebenden Eindrücke heraus, sie können Unwichtiges von Wichtigem nicht so gut unterscheiden. Und da sie offener sind für Sinnesreize, haben sie eine gute Voraussetzung für ungewöhnliche Assoziationen – ein typisches Merkmal für Kreativität, originelle Verknüpfungen oder innovative Ideen.[133]

Aufgrund ihrer offenen Sinne seien sie deshalb nicht nur offener für Neues, sondern auch leichter ablenkbar. »Daraus folgt, dass kreativ Schaffende völlig andere Arbeitsbedingungen brauchen als Menschen, die einen (eingespielten) reproduktiven Prozess abwickeln«, sagt Autor Wolf Lotter. Noch werde viel zu wenig Rücksicht auf deren Ruhe- und Konzentrationsbedürfnis genommen und es sei »Schwachsinn, kreative Arbeiter ›zwecks Kommunikationsverbesserung‹ in Großraumbüros zu pferchen«, schimpft Lotter.[134]

Finden Sie am besten selbst heraus, bei welchen Arbeiten Input und Austausch mit anderen Sie befruchtet und in welchen Fällen Ruhe und Abgeschiedenheit besser für Sie ist.

Außerdem helfen Ihnen eine gute Selbst- und Fremdeinschätzung dabei, Ihr Selbstmanagement und Ihre Kommunikation zu verbessern:

1. Sie können Ihren Tagesablauf so gestalten, dass Sie die Menge an Auszeiten von anderen Menschen bekommen, die Sie zum Abschalten benötigen. Dabei gilt: je introvertierter, desto mehr Ruhephasen.
2. Wer sich selbst besser kennt und die eigene Art zu ticken nicht verleugnet, der kann im Team seine Bedürfnisse nach Ruhe oder nach Action

besser verständlich machen. Es ist weder gut noch schlecht, ob jemand introvertiert oder extrovertiert ist – wichtig sind gegenseitige Wertschätzung und Respekt.

3. Sie können Ihre Kommunikation und Ihre Wirkung auf andere erheblich verbessern, wenn Sie Ihr Gegenüber besser einschätzen und auf seine Art eingehen können: Sprechen Sie mit einem Introvertierten, dann lassen Sie ihm ausreichend Zeit für eine Antwort, sprechen Sie mit einem Extrovertierten, dann ermuntern Sie ihn zum Reden.

Das Nussbaum-Stärken-Talente-Rad: Die Extrovertierten

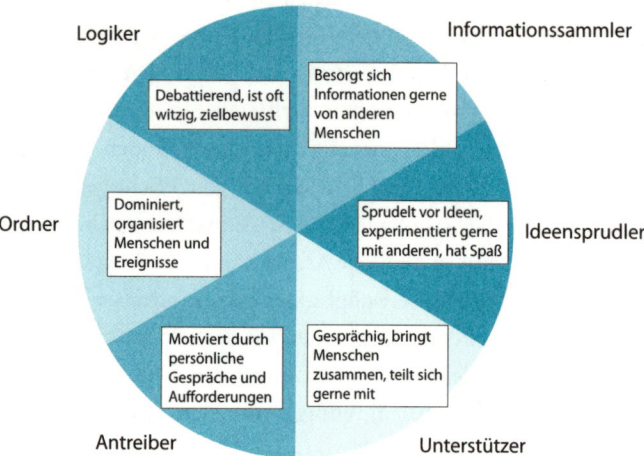

Das Nussbaum-Stärken-Talente-Rad: Die Introvertierten

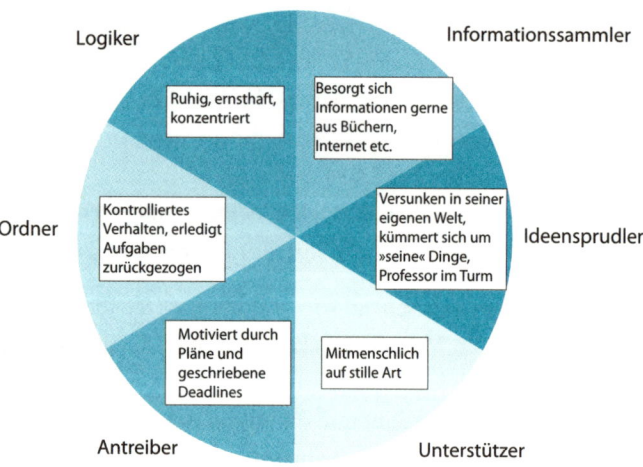

Übung: Der beste Job der Welt

Sie haben jetzt einiges darüber gelesen, welche Aspekte einen Arbeitsplatz ausmachen können. Bitte machen Sie zum Schluss die folgende Übung.

Sie fiel mir ein, als im Juni 2009 der offiziell »Beste Job der Welt« vergeben wurde und ein damals 34-jähriger Brite, der Spendensammler und Weltenbummler Ben Southal, sechs Monate lang als »Insel-Ranger« in Queenslands Inselwelt (Australien) arbeiten durfte.

Southall residierte von Juli an auf Hamilton Island in einer luxuriösen Villa, während er die Inselgruppe der Whitsundays vor der Küste Queenslands erkundete. Dabei standen neben banalen Hausarbeiten, wie den Pool säubern oder dem Wedding Planner helfen, vor allem Ausflüge ans Great Barrier Reef auf dem Programm – mit Segeltrips sowie Schnorchel- und Tauchgängen. In Blogs berichtete Ben Southall über seine Erlebnisse. Zu den Traumbedingungen des Jobs gehörte auch ein Gesamtgehalt von umgerechnet rund 80 000 Euro.

Übung:

Setzen Sie sich bitte in Ruhe hin und schreiben Sie eine Stellenausschreibung für Ihren ganz persönlichen »Besten Job der Welt«.

Fangen Sie an mit: »Wir suchen …«

Schreiben Sie jetzt alles auf, was für Sie den tollsten Job ausmacht. Folgende Fragen können Ihnen dabei helfen:

· Wo arbeiten Sie?
· Wie sieht Ihr Büro oder Ihr Arbeitsplatz aus?
· Welche Tätigkeiten sollen Sie ausführen?
· Wie sind Ihre Arbeitszeiten?
· Welches Gehalt bekommen Sie?
· Wie sind die Kollegen und Vorgesetzten?

Ihnen fällt diese Übung schwer? Dann versuchen Sie es mit einem andern Ansatz: Entwerfen Sie eine Anzeige für den »Job in der Hölle«. Schreiben Sie auf, welche Arbeitsbedingungen für Sie die gruseligsten wären. Wie ätzend die Kollegen, wie furchtbar Ihr Arbeitsplatz et cetera.

Zum Beispiel: »Wir suchen für unser unterirdisches, neonbeleuchtetes Großraumbüro … auf Sie warten demotivierte, verbissene Kollegen, die Dienst nach Vorschrift schieben, niemals lachen, kein persönliches Wort mit Ihnen wechseln …«

Diese Übungen können Ihnen Klarheit bringen, wenn Sie überlegen, wie es für Sie künftig beruflich weitergehen soll, wenn Sie über Ihre Alternativen nachdenken oder Ihre derzeitige Situation überprüfen wollen.

Kreativ-chaotische Talente richtig verkaufen

»Man muss sich nicht passend machen.

Man muss sich nur das Passende suchen.«

Weisheit selbstbewusster Menschen

Sie kennen und schätzen mittlerweile Ihre kreativ-chaotischen Talente und sehen klarer, welche Lebens- und Arbeitswelten gut zu Ihnen passen würden. Doch nun stehen Sie – wie viele Ihrer kreativ-chaotischen Kollegen – vor dem Problem, dass Sie Ihr Sammelsurium an Erfahrungen auch noch gut verkaufen müssen, wenn Sie sich um eine neue Festanstellung bewerben, eine Beförderung im Haus anstreben, intern das Tätigkeitsfeld wechseln wollen oder wenn Sie als Selbstständiger neue Kunden finden und begeistern wollen.

Viele kreative Chaoten sind dann sehr unsicher, versuchen ihr Potenzial zu verstecken und sich für die ausgeschriebene Stelle oder für möglichst viele Kunden passend zu machen.

Silke, 36, Maschinenbauingenieurin, möchte die Firma wechseln und hat eine Ausschreibung eines Luft- und Raumfahrtunternehmens dabei. »Doch wie soll ich denen klarmachen, dass ich gut auf die Stelle passe und ich auch wirklich länger bleibe? Mein Lebenslauf ist ja ein Flickenteppich – und jeder Flicken dauerte maximal zwei Jahre.«

Frank, 32, möchte wissen, »wie ich als Selbstständiger am besten umgehe mit meiner Vielseitigkeit und dem Bedürfnis nach Vielfalt. Es schreckt meiner Erfahrung nach doch leider einige potenzielle Kunden ab, wenn man zu viel anbietet.«

Sich anzupassen ist *eine* Möglichkeit, wobei hier meist künftiger Frust vorprogrammiert ist. Denn wer sich zu sehr verbiegt, wird sehr bald Schmerzen bekommen – und weder mit seinen Arbeitsbedingungen noch mit seinen Aufgaben zufrieden sein.

Finden Sie Ihr Element

Lassen Sie sich das Eingangszitat dieses Kapitels mal auf der Zunge zergehen: Wir müssen uns nicht passend machen bei der Suche nach unserem idealen Arbeitsplatz. Es reicht, die Augen zu öffnen und das zu suchen, was derzeit am besten zu uns passt. In »Bunte Feder 9« haben Sie bereits erfahren, dass viele innovative Unternehmen mittlerweile den Nährboden schaffen für kreative, empathische und nachhaltig denkende Mitarbeiter. Und auch viele Kunden suchen Dienstleister oder Lieferanten, die Trends setzen und mehr als Schema F und 08/15 liefern.

Das bedeutet für alle kreativen Chaoten: Fragen Sie nicht »Wie kann ich mich darstellen, ohne meine potenziellen Geschäftspartner zu vergraulen?«, sondern: »Wer könnte an meinem bunten Lebenslauf Interesse haben?« Gehen Sie gezielt auf die Suche nach Partnern, die Sie genau wegen (und nicht trotz) Ihrer Talente haben wollen.

Sie quält noch der Gedanke, dass man heutzutage doch froh sein muss, überhaupt einen Job oder Aufträge zu haben? Oder Sie meinen, in Großstädten wie Berlin, Hamburg oder München mag die Auswahl an passenden Jobs oder Kunden groß sein, aber in Ihrer Gegend müssen Sie nehmen, was Sie kriegen können? Nun, das ist eine Frage der Einstellung. Die Frage, in welchem Umfeld Sie sich bislang tummeln und wie Sie bei der Suche vorgehen. Denn es gibt durchaus andere Jobs, andere Unternehmen, andere Kunden, andere Denk- und Sichtweisen. Freiheit für Innovationen und nachhaltiges Denken ist keine Frage der Region, sondern eine Frage der Denkhaltung Einzelner.

Suchen Sie nach Unternehmen, die Ihrer Denke entsprechen, oder Kunden, die wirklich zu Ihnen passen.

Das ist Ihnen jetzt zu oberflächlich gesprochen? Weil Sie gelesen haben, dass wir derzeit 5,7 Millionen Arbeitslose[135] haben, die Wirtschaftskrise gerade hinter uns gebracht haben und alles doch so unsicher sei in unserem Land. Mag schon sein. Aber überlegen Sie einmal, in welchem Fall Ihnen Ihr Job wahrscheinlich sicherer sein wird: Wenn Sie voller Leidenschaft einen echten innovativen und nachhaltigen Mehrwert für Ihren interessierten Arbeitgeber oder Kunden bringen oder wenn Sie lustlos Dienst nach Vorschrift schieben auf einem vermeintlich sicheren Posten, bei dem Sie als Freigeist immer und immer wieder anecken und (eher negativ) auffallen?

Sicherlich wird Ihre Suche nach dem »perfekten« Arbeitgeber oder Kunden mehr Zeit in Anspruch nehmen als die schnelle Bewerbung auf den nächstbesten Job. Vielleicht wird Ihr Traumjob auch einen Preis haben, zum Beispiel in Form eines Umzugs, längerer Arbeitszeiten oder täglichen Pendelns. Alles, was wir in unserem Leben wollen, bezahlen wir in irgendeiner Form. Nennen Sie es doch lieber »Prioritäten setzen«: Wenn Sie nicht pendeln wollen, dann hat der kurze Arbeitsweg momentan eben höhere Priorität als der ideale Job.

Ich bin mittlerweile davon überzeugt, dass der Preis für den Traumjob noch gering ausfällt im Gegensatz zu dem, was man für jahrelangen Frust und unerquickliche Arbeitsbedingungen bezahlt. In den letzten Jahren habe ich – neben zufriedenen, glücklichen und engagierten Berufstätigen – so viele ausgebrannte, Boreout-geschädigte und resignierte Angestellte getroffen, dass ich solchen Menschen am liebsten laut zurufen möchte: »Wach auf! Du hast nur dieses eine Leben!«

Das heißt ja nicht, dass wir unsere Wünsche ohne Rücksicht auf unser engstes Umfeld (Partner, Kinder) egoistisch durchsetzen müssen. Nein, natürlich haben wir auch Verantwortung manchen Menschen gegenüber. Aber gegen ein Streben nach dem Optimum gibt es doch nichts einzuwenden – Kompromisse schließen kann man immer. Setzen Sie jedoch immer Ihre Ziele erst einmal hoch an, denn vielleicht werden Sie erleben, dass Ihr Traum manchmal sogar vor der Haustür liegt und Ihnen weniger Steine in den Weg gelegt werden, als Sie vielleicht befürchten.

Sie sind noch nicht überzeugt, dass es sich für Sie lohnt, mutig nach dem passenden Umfeld, Arbeitgeber oder Kunden zu suchen? Dann stellen Sie sich einmal Pinguine an Land und im Wasser vor – oder machen Sie bei Gelegenheit einmal einen Ausflug in den Zoo: Wenn sie an Land sind, dann watscheln sie schwerfällig über die Treppen und legen sich eher unelegant immer wieder ab. Aber wenn sie ins Wasser eintauchen – dann sind sie die Könige. Geschmeidig ziehen sie ihre Bahnen, elegant schlagen sie Kurven und Zacken, denn das Wasser ist einfach ihr Element. An Land erscheinen uns die Frackträger tollpatschig, im Wasser sind sie betörend. Es war diese Beobachtung, die Eckart von Hirschhausen motivierte, sein Dasein als Arzt tatsächlich an den Nagel zu hängen und lieber – in der Rolle eines Arztes – als Comedian auf die Bühne zu gehen. »Der Pinguin erinnert mich (…), wie wichtig das Umfeld ist, damit das, was man gut kann, überhaupt zum Tragen kommt, zum Vorschein und zum Strahlen«, sagte er in seinen Bühnenprogrammen.[136]

Und so ist es auch mit uns Berufstätigen: Im richtigen Umfeld sind wir betörend – im falschen Umfeld fallen wir auf und sind tollpatschig wie ein watschelnder Pinguin.

Festanstellung gesucht: Bewerbungstipps für kreative Chaoten

Wie können Sie als kreativer Chaot Ihren optimalen Arbeitsplatz finden und die richtigen Arbeitgeber begeistern? Der folgende Sieben-Punkte-Plan kann Ihnen dabei helfen.

Punkt 1: Das passende Unternehmen finden

Ja, ich wiederhole mich. Aber die Vorauswahl des Passenden – anstatt sich passend zu machen – ist für mich in den letzten Jahren das A und O für zufriedene Arbeitnehmer geworden.

Machen Sie sich bitte klar: Unternehmen suchen nicht nur fachlich passendes Personal, jedes hat eine bestimmte Denke.

So gibt es die alteingesessenen DaHaWiSISG-Firmen (Das haben wir schon immer so gemacht), bei denen jede Neuerung ein rotes Tuch ist.

Es gibt die fakten- und zahlengetriebenen Unternehmen, die auf schnellen Profit aus sind und die sich verschließen vor »Spinnereien«, deren ROI (Return on Investment = wann haben wir die Investition wieder eingespielt) nicht feststeht.

Darüber hinaus gibt es die effizienten Unternehmen, die jeden Handstrich auf maximale Auslastung der (menschlichen) Kapazitäten trimmen. So wie die Unternehmensberatung, bei der eine Trainerkollegin früher gearbeitet hat und die immer, wenn sie mit ihrem Mann einen ruhigen Abend verbringen wollte, einen Termin mit einem »KAC« (= Key-Account-Client, besonders wichtiger Kunde) in ihren Kalender eintragen musste, um nicht anderweitig verplant zu werden.

Meist findet der Topf auch seinen Deckel, das heißt, die meisten Angestellten denken so wie das Unternehmen, bei dem sie sich bewerben. Überlegen Sie also: Wenn Sie sich in einer Firma bewerben, zu deren Denke Sie nicht passen, riskieren Sie nicht nur, damit unzufrieden und unglücklich zu sein. Nein, Sie nehmen einem anderen, der scharf auf diese Art von Unternehmen ist, den Job weg. Wenn Sie hingegen ein Unternehmen suchen, das so tickt wie Sie – oder sich in diese Richtung entwickeln will –, tun Sie also gleich mindestens zwei Menschen etwas Gutes. Weiterer Vorteil: Beim richtigen Unternehmen rennen Sie offene Türen ein mit Ihrem turbulenten Lebenslauf und Ihrem bunten Erfahrungsschatz.

Achten Sie darauf, wie flexibel das Unternehmen Arbeitszeiten und Anwesenheitsvorgaben handelt. Als kreativer Chaot brauchen Sie die zeitlichen Freiheiten eines Selbstständigen – arbeiten bei freier Zeiteinteilung zu Hause, im Park oder anderswo. Schließlich wollen Sie eine gute Leistung erbringen und nicht Ihre Zeit absitzen. Viele Unternehmen denken hier weit voraus und so kommen mit der »Easy Economy« – in der sich die herkömmlichen Arbeitsstrukturen verändern – neue Freiheiten auch auf die Festangestellten zu.[137]

Punkt 2: Die Abteilung unter die Lupe nehmen

Sie finden kein Unternehmen, das ganz und gar Ihrer Denke entspricht? Keine Panik, dann werfen Sie eben einen Blick in die entsprechende Abteilung oder das Team mit der freien Stelle. Denn oftmals finden sich Oasen, in denen sich die Gleichgesinnten zusammentun und gemeinsam an einem Strang ziehen. Diese werden zwar als Mikrokosmos von den anderen – systematischen und rationalen – Kollegen belächelt, doch im Team haben sie viel Spaß und bringen gemeinsam großartige Erfolge.

Uri arbeitet in der Schweiz, im Baureferat einer großen Stadt. »Unsere Behörde gilt als schwerfällig und alles wird so gemacht, wie man es halt schon seit Jahrzehnten macht«, erzählt der 47-jährige Bauingenieur. »Ich bin jetzt aber in einem Team, das eine Imagekampagne für unsere Straßenreinigung, die Stadtgärtnerei und alle Mitarbeiter, die das Stadtbild verschönern helfen, entwickelt. Wir haben absolut freie Hand und können richtig kreativ und produktiv arbeiten.«

Punkt 3: Die Stellenausschreibung hinterfragen

Manchmal zeigt sich die Passgenauigkeit zwischen Ihnen und einer neuen Stelle erst im Detail. Von den fachlichen Qualifikationen her würde die neue Stelle super passen. So weit, so gut. Welche Anforderungen hat das Unternehmen aber noch an Sie? Neben den üblichen Plattitüden (teamorientiert, dynamisch, flexibel) schreiben manche Arbeitgeber direkt in die Stellenbeschreibung, auf welche Art und Weise der Job erledigt werden soll – oder Sie können es zumindest erahnen.

Haben Sie das Gefühl, Sie könnten hier Ihre kreativ-chaotischen Talente ausleben in der Art, wie die Aufgaben zu erfüllen sind? Können Sie hier Ihre Bestleistung abliefern, weil Sie neben den Fähigkeiten auch mit Ihren Stärken punkten können? Formulierungen wie »Pionieraufgabe« oder »täglich nach Verbesserungsmöglichkeiten suchen« erwecken den Eindruck, dass Sie höchstwahrscheinlich kreativ werden und Neues entwickeln können.

Das sind bereits ganz gute Eckpunkte, nach denen Sie entscheiden können, ob sich eine Bewerbung überhaupt lohnt.

Punkt 4: Gleiche Berufe müssen nicht gleich ausgeführt werden

Machen Sie sich bewusst, dass gleiche Berufe nicht zwingend identisch ausgeführt werden müssen. Sicherlich haben Menschen mit gleichen Stärken eher die Neigung, sich in eine bestimmte Richtung zu entwickeln. Wer eine Vorliebe für analytisches Denken hat und Fakten liebt, wird eher Ingenieur. Wer gerne unterstützt, den zieht es beruflich wahrscheinlich mehr in den sozialen Bereich.

Doch ganz viele Stellen lassen sich je nach den Stärken des Mitarbeiters völlig unterschiedlich ausgestalten. Oder andersherum ausgedrückt: Sie können Ihre Stärken und Präferenzen ausleben, unabhängig davon, welchen Beruf Sie konkret ausüben.

Ihre Präferenzen beeinflussen, wie Sie Ihren Arbeitsalltag gestalten – und hier lassen die meisten Berufe einen gewissen Spielraum zu. Sie können also in jedem Beruf richtig gut sein, auch wenn er auf den ersten Blick nicht exakt Ihren Präferenzen entspricht. Genau hinschauen lohnt sich also!

Monica ist Buchhalterin in einer Werbeagentur – und kreative Chaotin mit Tendenz zum Ideensprudler. Auf den ersten Blick wirkt das etwas befremdlich, weil man ja von einer Buchhalterin penibles, korrektes und systematisches Arbeiten erwartet. Das kann Monica und tut es auch – das Fachwissen hat sie ja. Hinzu kommt aber ihre Neugier auf Neues, ihre Stärke, immer wieder etwas zu ändern. Das äußert sich bei Monica darin, dass sie die Steuerrichtlinien sowie Buchungskriterien so kreativ durchforstet und auslegt, dass ihre Firma möglichst wenig Steuern zahlt. Ein sehr systematischer Buchhalter würde tagein, tagaus nach Schema F buchen, ein kreativ-chaotischer sucht immer wieder aufs Neue die legalen Lücken.

Zudem sind viele von Monicas Kollegen ebenfalls kreative Chaoten – »und weil ich weiß, wie die ticken, kann ich sie viel besser beraten und sie leben mit meinem kreativen Chaos in den Unterlagen«, sagt Monica.

Punkt 5: Bei der Bewerbung punkten

Bewerbungsunterlagen sollen aus einem aussagekräftigen Anschreiben sowie einem Lebenslauf bestehen. Manche Bewerbungsberater empfehlen mittlerweile auch eine sogenannte »dritte Seite«. Hier soll der Bewerber weitere Punkte klären, seine Eignung auf die Stelle betonen oder seine Kompetenzen konkretisieren. Das kann Sinn machen, wenn die zusätzlichen Informationen einen wirklichen Mehrwert gegenüber den anderen Bewerbungsunterlagen darstellen und sich zum Beispiel ein Kompetenzprofil auf die ausgeschriebene Stelle bezieht und nicht einfach standardmäßig an jede Bewerbung angehängt wird. Viele Personaler halten jedoch von dieser »dritten Seite« nichts, ergab eine Umfrage des Karriereportals Monster.de[138]. Warum jemand gerade in Unternehmen XY arbeiten will und warum der Bewerber bestens auf diese Stelle passt, das sollte bereits im Anschreiben deutlich werden, meinten Recruiter aus Konzernen wie Otto, Springer Verlag oder Volkswagen AG.

Nutzen Sie daher lieber das Anschreiben, um neben der fachlichen Passgenauigkeit und Ihren Erfahrungen auch Ihre Stärken in Bezug auf die Position zu nennen. Welche persönlichen Eigenschaften werden verlangt? Soll die Stelle von Ihren kreativen Inputs leben? Sind visionäres Denken oder nachhaltige Strategien erwünscht? Dann schreiben Sie, dass dies Ihre Stärken sind.

Finden Sie so viel wie möglich über die Anforderungen der Stelle heraus und gleichen Sie ab, was Sie mitbringen. Worauf wird besonderer Wert gelegt? Welche Fähigkeiten und Eigenschaften sollte man mitbringen?

Welche davon können Sie bieten und warum wollen Sie gerade in diesem Unternehmen, in dieser Abteilung arbeiten? Sie können keine guten Gründe finden? Dann wäre dieser Job wohl eher eine Notlösung für Sie. Keine gute Basis für eine Bewerbung.

Sie wissen nicht genau, auf welche Art und Weise die Stelle mit Leben gefüllt werden soll, können es nicht zwischen den Zeilen herauslesen oder über Kontakte in Ihrem Netzwerk herausfinden? Dann beschreiben Sie einfach, wie Sie persönlich die Stelle mit Leben füllen würden. Hat die Personalabteilung oder der entsprechende Chef eine andere Vorstellung davon, dann sind Sie an dieser Stelle aus dem Rennen – und haben sich viel Zeit für unnötige Vorstellungsgespräche erspart.

Ihr Anschreiben ist im Prinzip Ihr »Werbebrief«, mit dem Sie potenziellen Arbeitgebern Lust auf sich machen möchten. Wie ein echter Werbebrief, der in Ihrem Briefkasten landet, soll er die Vorteile von einem Angebot – also von Ihrer Arbeitskraft – darstellen, den Leser begeistern und Argumente liefern, warum er gerade Sie einstellen sollte. Sie mögen sich nicht so gern anpreisen? Tja, dies ist oft ein Kernproblem: Man bringt zwar gute Leistung – will aber keinesfalls darüber reden. Viel zu oft haben wir gehört: Sei bescheiden!

Sie sollen ja auch gar nicht schreiben, dass Sie einfach toll und superklasse sind. Nein, Sie schildern einfach, was andere an Ihnen gelobt haben, woran Sie Spaß haben und bei welchen Tätigkeiten Sie aufblühen. Natürlich immer in Bezug auf die Stelle, auf die Sie sich bewerben! Wecken Sie Interesse an Ihrer Person. Womit könnten Sie beim Leser punkten? Was wird ihm wohl besonders wichtig sein, damit er Sie kennenlernen will?

Sie wissen nicht, welche Ihrer zahlreichen Erfahrungen Sie ins Anschreiben reinpacken sollen, weil Sie ja nur eine (!) Seite Platz haben? Versetzen Sie sich in Ihren potenziellen neuen Arbeitgeber hinein und überlegen Sie, was dort stehen müsste, damit er Sie vom Fleck weg zum Vorstellungsgespräch einlädt. Alles andere können Sie ja schließlich dann beim persönlichen Treffen unterbringen.

Punkt 6: Den Lebenslauf gestalten

Immer wieder fragen mich kreative Chaoten, wie sie den Lebenslauf am besten gestalten sollen, damit er dem Personaler nicht negativ auffällt, weil bei ihnen meist der rote Faden fehlt. Viele Bewerber trauen sich nicht, alles in den Lebenslauf zu schreiben, weil man dann den Erwartungen von Geradlinigkeit nicht entspreche und den Eindruck erwecke, man sei nur zufällig an der ausgeschriebenen Stelle interessiert.

Die Lösung: Die Geradlinigkeit und der rote Faden entstehen in dem Moment, in dem Sie durch die Brille des potenziellen Arbeitgebers blicken und überlegen, was für ihn interessant wäre. Das bedeutet natürlich, dass Sie für jede Bewerbung Ihren Lebenslauf in den Details anpassen. Schreiben Sie dazu zunächst alle wichtigen Eckdaten Ihres Lebens auf. Etwas gänzlich unter den Tisch fallen zu lassen, nur weil es dem neuen Arbeitgeber möglicherweise nicht gefallen könnte, erzeugt Lücken. Und die entdecken Personaler mit ihren Argusaugen als Erstes – und Ihre Bewerbung ist aus dem Rennen, weil nicht erklärte Lücken negativ sind.

Im zweiten Schritt können Sie nun, da Sie den potenziellen Arbeitgeber und die genaue Stellenbeschreibung kennen, Ihre bisherigen Erfahrungen ergänzen um die *Tätigkeit,* die Sie dort jeweils ausgeführt haben – und dies sollte am besten eine Tätigkeit sein, die eine Affinität zur neuen Stelle zeigt. Denken Sie dabei nicht nur an Fachqualifikationen, sondern auch an Soft Skills wie Teamfähigkeit, Querdenken oder andere Menschen fördern. Was hat Ihnen bei Ihren Jobs jeweils am meisten Spaß gemacht?

Birgit hat Systemgastronomin gelernt, hat dann zwei Jahre bei einem Fischrestaurant gearbeitet, danach zwei Jahre als Animateurin in einer Ferienclubanlage und dann ein Jahr als Assistentin der Geschäftsführung in einem Familienunternehmen (Werkzeugmacher). Nun will sie sich bei einem Spirituosenhersteller für eine Tätigkeit im Marketing/Event-Bereich bewerben.

Ihre Lösung: Sie schreibt unter anderem »Januar 2010 bis heute: Assistentin der Geschäftsführung bei Firma XY: Organisation der internen Mitarbeiter-Incentives, Organisation und Durchführung von Werksbesichtigungen für Jugendliche«.

Durch eine solche Tätigkeitsbeschreibung entsteht ein roter Faden, selbst wenn das Unternehmen oder die Stellenbezeichnung eigentlich gar nicht passen würde. Dennoch können die Inhalte der Position durchaus genau das Wissen und die Erfahrung gebracht haben, die für die neue Stelle wichtig sind. Probieren Sie es einfach aus, in der Regel geht es ziemlich leicht, wie auch das Beispiel vom programmierenden Surflehrer auf S. 120 gezeigt hat.

Und falls nicht? Wenn Sie selbst mithilfe eines Außenstehenden keinen roten Faden in die Bewerbung bekommen? Dann hat diese Methode bei Ihnen leider keinen Sinn. Denn wenn Sie die Bewerbung beim Lesen schon als konstruiert empfinden, dann tut dies der Personaler höchstwahrscheinlich auch.

Wie erklären Sie dann Ihr Sammelsurium an Erfahrungen, Jobs und Weiterbildungen? Nun, zum einen glaube ich, dass es so schlimm und kunterbunt bei Ihnen gar nicht ist. Heutzutage ist es doch normal, wenn man alle zwei bis drei Jahre Position und/oder Firma wechselt. Das Modell unserer Elterngeneration, die einen Job von der Ausbildung bis zur Rente machte, ist längst überholt.

Sie haben nach Ihrem Schulabschluss wirklich alles mitgemacht – vom Reiseleiter in Moskau über Taxifahrer in München und Filmtourbegleiter in Berlin, Pizzabäcker, Fahrlehrer, Bürokraft, Immobilienmakler, Model, Call-Center-Agent bis hin zum ehrenamtlichen Bürgermeister in Ihrer Gemeinde? Aber jetzt wollen Sie endlich etwas »Festes«, einen Beruf, in dem Sie fühlen können, dass Sie endlich »angekommen sind«? Sollte Ihr Lebenslauf wirklich dermaßen kunterbunt und unstet sein, ist es sehr wahrscheinlich, dass Sie ein Schnupperer oder ein Tausendsassa (vgl. S. 201 ff.) sind und dass die angestrebte Aufgabe in Festanstellung wahrscheinlich nicht die richtige für Sie wäre. Mal ehrlich, aus welchem Grund sollten Sie denn dort länger bleiben als in den vorherigen Jobs?

Und wenn Sie sich schon nicht sicher sind, wie soll es der künftige Arbeitgeber dann sein? Einen unpassenden Mitarbeiter einzustellen und einzuarbeiten kostet ein Unternehmen im Schnitt 15 Monatsgehälter, also selbst bei Sachbearbeiterpositionen schnell mal 50 000 Euro oder mehr. Für die Rekrutierung fallen Kosten an, zum Beispiel für die Stellenanzeigen, die investierte Arbeitszeit von Personaler und/oder Geschäftsführung für die Sichtung der Unterlagen, die Bewerbungsgespräche, die Reisekosten et cetera sowie verlorene Arbeitszeit für die Einarbeitung der falschen Kraft. Einen großen Teil machen dann auch verpasste Gelegenheiten (z. B. nicht gewonnene Aufträge), das beschädigte Betriebsklima und demotivierte Mitarbeiter aus[139].

Kein Wunder, dass Unternehmen genau prüfen, wen sie haben wollen und wen nicht. Und wenn bei Ihnen der Verdacht entsteht, dass Sie nur eine kurze Zwischenlandung machen, dann kann es sich heute kein Unternehmen mehr leisten, ein solches Experiment zu wagen – selbst wenn Sie fachlich super wären.

Wenn also Ihre Wechselintervalle deutlich kürzer als zwei Jahre sind und Sie danach stets etwas völlig anderes gemacht haben, führt der beste Weg zu einer neuen Festanstellung über Ihr Netzwerk (siehe S. 246 ff.) oder Sie suchen einen Arbeitgeber, der gar nicht will, dass Sie länger bleiben. Das heißt, Sie suchen sich eher Interims-Mandate, projektbezogene Aufgaben mit im Vorfeld definierter Deadline oder Sie eine Tätigkeit, in der Wechselwille ein fester Bestandteil ist, wie zum Beispiel bei Zeitarbeitsfirmen.

Punkt 7: Das Vorstellungsgespräch

Bereiten Sie sich immer gut auf ein Vorstellungsgespräch vor und informieren Sie sich umfassend über den neuen Arbeitgeber und den neuen Job. Wenn ich selbst Vorstellungsgespräche führe, bin ich immer wieder erstaunt, wie schlecht vorbereitet manche Bewerber kommen. Schon die simple Frage »Welches meiner Bücher kennen Sie?« führt oft zu nervösem Stottern und es wird klar – sie haben keinen blassen Schimmer, was ich überhaupt mache. Für den Personaler ist dieses mangelnde Interesse natürlich ein Signal: Wenn jemand jetzt schon kein Interesse zeigt, wie soll das werden, wenn er eingestellt wird? Höchstwahrscheinlich auch nicht besser.

Warum erzähle ich Ihnen das? Vielleicht halten Sie es für banal und würden ohnehin nie unvorbereitet zum Vorstellungsgespräch kommen. Glückwunsch, dann sind Sie nämlich vielen Ihrer Mitbewerber um die freie Stelle um mehr als nur eine Nasenlänge voraus. Und brauchen sich dann auch weniger Sorgen zu machen, dass Ihr Lebenslauf möglicherweise zu bunt ist. Denn jeder halbwegs vernünftige Chef freut sich über einen bunten Vogel im Haus, der sich interessiert, tausendmal mehr als über einen grauen Vogel, der sich nur ins gemachte Nest setzen will.

Übung: Welche Firma passt zu Ihnen?

Bitte beantworten Sie folgende Fragen:

- Welche Firmen könnten gerade an Ihrem bunten Lebenslauf Interesse haben?
- Wer arbeitet gerne mit bunten Vögeln, für wen wäre das ein echter Mehrwert?
- Wer würde Sie einstellen/beauftragen, gerade weil Sie so viele Erfahrungen haben?
- Auf welchen Positionen können Sie Ihr Lebensmodell umsetzen?
- In welche Tätigkeiten/Positionen könnten Sie sich hineinentwickeln?
- Was brauchen Sie noch dazu?
- Wie und wo können Sie passende Firmen finden?
- Wer kann Ihnen dabei helfen?

Marketing und Positionierung für kreativ-chaotische Selbstständige

Sehr viele Selbstständige sind kreative Chaoten. Kein Wunder, denn viele ihrer Talente (er ist risikofreudig, konzeptionell, spekuliert, reißt mit, erfindet Lösungen, hat Visionen, will viel Freiraum) sind auch unabdingbare Merkmale erfolgreicher Selbstständiger.

Es ist für viele Menschen ein Traum, selbstständig arbeiten zu können, schnell und unbürokratisch Dinge zu verändern und andere für die eigenen Produkte oder Dienstleistungen zu begeistern. Doch insbesondere die Begeisterung für viele verschiedene Themen, die Scheu, sich auf wenige Angebote festzulegen und der damit verbundene Eindruck eines kunterbunten Bauchladens bereiten vielen kreativen Chaoten Sorgen.

Zu Recht, denn wir wissen aus den (Miss-)Erfolgsgeschichten von anderen Unternehmen, dass ein Hansdampf in allen Gassen es schwer hat, neue Kunden von sich zu überzeugen. Die Kunden sind wählerisch geworden. Wenn sie schon Geld ausgeben, dann wollen sie den Besten oder das Beste für ihr Geld. Und das erwarten sie sich bei demjenigen, der sich mit ihrem speziellen Problem (vermutlich) am besten auskennt.

Eine Website, auf der ein Unternehmer sich (wirklich wahr!) als Web- und Softwareprogrammierer anbietet und als Yogalehrer, Stuntman, Übersetzer, Comiczeichner, Sound-Designer, Sprecher, Marktforscher und als Marketingberater, der zeigt zwar ein riesiges Interessenspektrum, doch ein potenzieller Kunde fragt sich schnell: Wenn dieser Unternehmer all das anbietet, kann der dann mein spezielles Problem überhaupt gut genug lösen? Oder werfe ich Geld aus dem Fenster für einen oberflächlichen Luftikus und bekomme womöglich nur Mist?

Sorry, wenn wir das so knallhart sagen müssen. Aber Marktmechanismen lassen sich nun einmal nicht ändern.

Überlegen Sie sich einmal: Wenn Sie ein Paar neue Schuhe kaufen, wollen Sie dann trittfeste, rundumverstärkte Naturledersiefel, die sandalenförmig den Fuß umschmiegen und Luft an die Zehen lassen, dabei vor Schnee und Regen schützen, unter der Dusche genauso getragen werden können wie im Theater, die in Ihre Skier passen und auch in Ihrem Wohnzimmer schön die Füße wärmen? Wohl kaum. Auch Sie kaufen sich Arbeitsstiefel, Sandalen, Winterstiefel, Flip-Flops, elegante Slipper, Skistiefel oder Hausschuhe.

Ein Schuh für alle Gelegenheiten – da müssten Sie in jeder Situation zu viele Kompromisse eingehen. Und in unserer gesättigten Marktsituation in Europa haben wir solche Kompromisse einfach nicht mehr nötig. Wir können uns das jeweils Beste leisten, und das sogar zu moderaten Preisen.

Was können Sie also tun, wenn Sie mehr anbieten wollen, als Ihre potenzielle Kundschaft verkraften kann?

Tipp 1: Wahrnehmung ist wichtig, nicht die Realität

Der springende Punkt ist, wie Ihr potenzieller Kunde Sie wahrnimmt. Das heißt, Sie können ruhig mehrere völlig verschiedene Angebote haben – nimmt ein Interessent Sie für ein Gebiet als Profi wahr, dann steigt die Chance, dass Sie einen Auftrag erhalten.

Wie können Sie diese Wahrnehmung steuern? Mit Sicherheit nicht, indem Sie alles auf eine Website, in einen Flyer oder in ein Xing-Profil knallen. Sondern indem Sie gezielt Ihre jeweiligen Informationen dort hinterlegen, wo ein potenzieller Kunde danach suchen würde.

Fragen Sie sich: Wenn jemand Stuntmen braucht, wo sucht er? Wenn jemand Softwareprogrammierer braucht, wo sucht er? Wenn jemand Übersetzer braucht, wo sucht er? …

Jetzt können Sie zwei Wege wählen:

1. Sie tragen sich jeweils in entsprechenden fachspezifischen Datenbanken ein und hoffen, dass jemand über Sie stolpert.
2. Sie kontaktieren von sich aus gezielt Personen, die an dieser Leistung Interesse haben könnten. Sie sprechen zum Beispiel als Stuntman Vermittlungsagenturen an und lassen sich dort aufnehmen – dann übernehmen diese das Marketing für Sie. Oder Sie kontaktieren Filmproduktionsgesellschaften, die öfter Bedarf an Stuntmen haben. Sie suchen sich Softwareschmieden, für die Sie dann immer mal wieder programmieren können. Sie suchen sich Übersetzungsbüros, die immer wieder auf Sie zukommen.

Halten Sie sich vor Augen: Für viele Ihrer Angebote brauchen Sie überhaupt nicht breit zu werben (also zum Beispiel auf Ihrer Website), weil die Wahrscheinlichkeit, dass jemand zufällig darauf stößt und aufgrund Ihrer Aussagen beauftragt, verschwindend gering ist. Gehen Sie aber gezielt auf mögliche Kunden oder Vermittlungspartner zu, so nehmen diese Sie jeweils als Profi wahr und die Chance steigt, dass Aufträge dabei herauskommen.

Im Klartext: Wenn Sie – neben all Ihren anderen Aktivitäten – als Stuntman für verschiedene Filmprojekte engagiert werden wollen, brauchen Sie keine Website oder Flyer. Da reicht ein individuell erstelltes Kurzporträt mit Ihren Kompetenzen, Erfahrungen und bisherigen Kunden plus eine DVD bisheriger Stunts völlig aus. Dieses Informationspaket können Sie gezielt an mögliche Kunden geben.

Denken Sie auch daran, dass Sie als Einzelunternehmer je nach Ihren Themen auch nur relativ wenige, dafür aber gut bezahlte Aufträge brauchen. Oder relativ wenige, dafür gute Stammkunden. Schließlich müssen Sie es ja zeitlich hinbekommen, dass Sie neue Aufträge abarbeiten.

Tipp 2: Kompetenzbeweis und Leistungsschau mit dem Konzern-Marken-Modell

Wenn Sie dennoch der Ansicht sind, dass Sie potenziellen Kunden zeigen müssen, was Sie können, und deshalb auf jeden Fall mit Ihren zahlreichen

Leistungen im Internet präsent sein müssen, dann könnten Sie das Konzern-Marken-Modell anwenden.

Großkonzerne wie Henkel oder Mars machen es uns vor, unter deren Dach sich viele zum Teil sehr verschiedene Produkte tummeln, die teilweise überhaupt nichts miteinander zu tun haben. Henkel beliefert seine Kunden beispielsweise mit den Waschmitteln Persil und Weißer Riese, Shampoo & Co. von Schwarzkopf, Fa, Bac und Hattric, den Klebstoffen Pattex und Pritt, dem Luftentfeuchter oder Fliesenkleber der Marke Cerecit und Hautcremes wie Aok oder Diadermine. Mars erfreut unseren Gaumen mit Mars, Balisto oder Twix und den unserer Haustiere mit Whiskas, Kitekat oder Frolic, bringt uns Uncle Ben's Reis auf den Tisch und mit den Seramis-Produkten den Garten zum Blühen.

Dennoch stören sich die Konsumenten nicht daran, nehmen sie nicht einmal als Bauchladen wahr. Warum? Weil diese Unternehmen für jede Sparte, die gedanklich zusammengehört, eine eigene Marke geschaffen haben. Zum Glück – denn ich will ja keine Schokoriegel essen, die wie ein Hundefutter heißen. Auf diese Weise beackern die Konzerne mit ihren Marken den gleichen Markt und machen sich auf den ersten Blick sogar gegenseitig Konkurrenz (Weißer Riese gegen Persil). In jedem Fall können sie in unterschiedlichen Themen und Branchen agieren, ohne den Eindruck zu erwecken, alles von A bis Z anzubieten.

Was können kreative Chaoten nun vom Konzern-Marken-Modell lernen? Als Selbstständiger mit einem großen Spektrum unterschiedlichster Produkte und Dienstleistungen, die nichts miteinander zu tun haben, können Sie ebenfalls eigene Marken mit einem eigenen Marktauftritt kreieren. Das bedeutet, sie haben für jedes Ihrer Angebote eine eigene Website, E-Mail-Adresse, Visitenkarte sowie Werbemittel. Sie als Person treten in den Hintergrund und handeln nach außen in der jeweiligen »Markenrolle«.

Elke ist selbstständige Grafikerin und Illustratorin. Sie entwickelt Sympathiefiguren und Maskottchen, bietet die gesamte Bandbreite der grafischen Gestaltung an: von der Visitenkarte bis zur Webseite. Außerdem gestaltet sie Designs für T-Shirts, die sie über einen eigenen Online-Shop vermarktet. Dazu ist sie als künstlerische Fotografin mit Ausstellungen aktiv. Und noch vieles mehr.

Jede dieser unterschiedlichen Aktivitäten spricht eine andere Zielgruppe an, allerdings gibt es auch Überschneidungen (Grafik und Figuren). »Je nachdem, wo ich bin, kennen mich die Leute entweder als Zeichnerin, Layouterin, Fotogra-

fin oder T-Shirt-Designerin. Für viele dieser Bereiche habe ich extra Visitenkarten, die für den jeweiligen Bereich sehr gut passen«, erzählt sie.

Mit diesem Konzern-Marken-Modell schaffen Sie es, nach außen von einer bestimmten Zielgruppe auch nur mit *einem* Thema wahrgenommen zu werden, also als Spezialist. Das ist ein großer Vorteil bei der Vermarktung und in Akquisegesprächen: Sie sind der Profi.

Der tägliche Kampf ums Frischhalten

Wie sieht es mit der konkreten Umsetzung des Markenmodells aus? Natürlich hat die klare Abgrenzung Ihrer Angebote einen Preis: Sie müssen einen beachtlichen Mehraufwand betreiben und Geld investieren in Ihre unterschiedlichen Auftritte. Denn jede Website, jedes Werbemittel muss schließlich produziert und dann vor allem gepflegt werden. Und Sie laufen unter Umständen mit einem dicken Packen verschiedener Visitenkarten herum.

Für Konzerne, die Brand-Manager und viele Mitarbeiter haben, die sich ausschließlich um eine oder vielleicht zwei Marken kümmern, ist das vom Arbeitsaufwand und der internen Organisation pro Person leicht zu stemmen. Für ein kleines Unternehmen kann es nur funktionieren, wenn Sie Ihren jeweiligen Auftritt so gestalten, dass danach kaum oder keinerlei Pflege- oder Aktualisierungsbedarf besteht. Oder Sie haben Personal, das sich darum kümmert.

Online haben Sie heute bereits die Möglichkeit, Ihre Auftritte so genial miteinander vernetzen zu lassen, dass Änderungen auf Ihrer Hauptwebsite automatisch in die thematisch passenden Sub-Domains oder Microsites übertragen werden. Lassen Sie sich von einer guten Agentur beraten!

Auch wenn Sie nicht vorhaben, an Ihren Werbemitteln viel zu aktualisieren, glauben Sie einer erfahrenen kreativen Chaotin: Drei Webseiten machen dreifache Arbeit, fünf Produktflyer machen fünffache Arbeit. Wenn Sie dann noch anfangen, zu jedem Ihrer Themen zu twittern, Facebook-Einträge zu machen und zahlreiche Fachdatenbanken up to date zu halten, sind Sie bald Tag und Nacht damit beschäftigt, Ihren Außenauftritt zu pflegen – und haben keine Zeit mehr für Ihre eigentliche Arbeit.

Und Sie riskieren, dass Ihre Website heute noch unter »Aktuell« Veranstaltungen ankündigt, die vor vier Jahren bereits stattgefunden haben – das wirkt wenig professionell. Gönnen Sie sich einmal den Spaß, die Webseiten Ihrer Mitbewerber zu durchforsten. Hochinteressant, was man da alles findet. Klar, solche Fehler passieren jedem hin und wieder, denn wir können unsere Aufmerksamkeit schließlich nicht überall haben. Vielleicht finden Sie jemanden, der Ihnen beim Aktualisieren unter die Arme greifen kann und Sie bei diesen systematischen Routinearbeiten entlastet.

Energie folgt der Aufmerksamkeit

Denken Sie an ein altes Erfolgsgeheimnis: Die Energie folgt der Aufmerksamkeit. Je mehr Energie in einen Bereich fließt, desto größer ist dort der Erfolg. Dies gilt einerseits für Ihr Marketing, aber auch prinzipiell für Ihre unterschiedlichen Standbeine. Je mehr Standbeine Sie haben, desto weniger Zeit und Aufmerksamkeit können Sie jedem einzelnen widmen. Schließlich hat auch Ihr Tag nur 24 Stunden.

Wenn Sie also Ihre Zeit und Energie auf viele verschiedene Baustellen verteilen, tut sich am Ende wenig. Außer Sie haben für die einzelnen Standbeine jeweils eigenes Personal, dessen Zeit und Energie Sie gegen Bezahlung »anzapfen«. Diese geteilte Energie kann zur Folge haben, dass sich keines ihrer Standbeine richtig gut entwickeln kann und Sie sich schwertun, Aufträge zu erhalten. Würden Sie hingegen ein oder zwei Standbeine richtig pushen, wären Ihre Chancen auf den Zuschlag wesentlich höher. Viele Selbstständige sehen das leider nicht so. Sie denken, wenn ihr Angebot nicht gut läuft, müssen sie noch mehr anbieten – dabei wäre weniger eindeutig besser. Wie Sie hier sinnvoll aussortieren können, schauen wir uns gleich noch an.

Bleiben wir noch einen Moment beim Marketing und Ihrem Auftritt nach außen. Viele Unternehmer, die verschiedene Auftritte für ihre Standbeine haben, fühlen sich manchmal etwas »schizophren« und haben das Gefühl, wertvolle Marktchancen zu verpassen.

Grafikerin Elke berichtet weiter:»Da jeder Bereich für sich steht, ist es fast unmöglich, allen gerecht zu werden. Viel Energie verpufft, weil ich in dem Moment, wo ich an der einen Sache dran bin, denke, die anderen wären wichtiger. Auch ich selbst komme mir vor, als hätte ich nicht ein Profil, sondern viele Gesichter, von denen jedes in eine andere Richtung schaut.«

Wägen Sie bitte für sich mögliche Vor- und Nachteile des Konzern-Marken-Modells ab. Gut funktioniert es,

- wenn Sie zu Beginn einer neuen Geschäftsidee erst einmal in Ruhe ausprobieren wollen, ob Ihr neues Angebot ausreichend Potenzial hat und ob Sie überhaupt Lust haben, es längerfristig anzubieten.
- wenn Ihre Standbeine einen negativen Einfluss aufeinander haben könnten (wie Schokoriegel versus Hundefutter). Ein eher negatives Image eines Produkts kann auf ein anderes Angebot abfärben. So hat beispielsweise ein Personal-Fitness-Coach plötzlich deutlich weniger Anfragen erhalten, nachdem er auf seiner Website und seinen Flyern sein Nebenengagement für einen Hersteller von Nahrungsergänzungsmitteln platzierte. In Umfragen fanden wir heraus, dass die Sportbegeisterten meinten, dass er als Coach nicht so gut sein könne, wenn er sich mit solchen »Mittelchen« etwas dazuverdienen müsse. Zum anderen befürchteten sie, sich während der Sporteinheiten Verkaufsargumente anhören zu müssen.
- wenn Ihre Märkte und Zielgruppen so unterschiedlich sind, dass Sie in Gesprächen nicht »schizophren« werden und keine Angst haben, Chancen zu verpassen.
- wenn Sie Personal oder Netzwerkpartner haben, welche die notwendigen Aktualisierungen überwachen und ausführen.

Wenn es Ihnen auf Dauer zu mühsam ist, die verschiedenen Auftritte zu pflegen, oder Sie es satt haben, mit einer ganzen Batterie an Visitenkarten aus dem Haus zu gehen, dann ist es Zeit für eine andere Strategie.

Tipp 3: Das »Weniger ist mehr«-Modell

Bevor Sie jetzt aufschreien: »Nein! Ich will aber von meinen vielen Angeboten nichts aufgeben, schließlich verkaufe ich ja auch immer mal wieder etwas« – bleiben Sie cool. Ich sage nicht, dass Sie etwas aufgeben müssen. Sondern nur: Bewerben und vermarkten Sie weniger und gewinnen Sie mehr.

Wie soll das gehen?

Bitte nehmen Sie ihr Erfolgsbuch und schreiben Sie alle Ihre Standbeine auf.

Anschließend notieren Sie,

- welchen Umsatz und welchen Gewinn Sie derzeit jeweils damit machen,
- welchen Umsatz und welchen Gewinn Sie gerne damit in den kommenden ein, zwei, drei Jahren machen wollen,
- wie sich der Markt für dieses Angebot vermutlich entwickeln wird,
- wie lange Sie vermutlich noch an diesem Angebot festhalten wollen.

Tragen Sie dann Ihre Angebote jeweils entsprechend Ihrer Bewertung mit verschiedenen Farben oder Zeichen in eines der vier Felder in der Abbildung ein. Es handelt sich hier um eine von mir abgewandelte Form der klassischen Portfolioanalyse, die in jedem guten Marketingbuch erläutert ist.

Sie machen mit einem Standbein wenig Umsatz und der Markt stagniert? Dann haben Sie es mit einem »Poor Dog« zu tun. Haben Sie aber riesigen Spaß daran und der Gewinn pro Auftrag ist sehr gut, dann wäre es für Sie ein »Star«. »Question Marks« (Fragezeichen) sind Produkte, mit denen Sie in einem attraktiven Gesamtmarkt, der Wachstum verspricht oder Ihnen große Freude macht, wenig Umsatz und/oder wenig Gewinn machen. Das heißt, Sie bieten hier noch relativ wenig an, rechnen relativ wenig Stunden oder Einheiten beim Kunden ab oder haben hier hohe Kosten in Relation zum Umsatz (= wenig Gewinn). Hier könnten Ihre Nachwuchsangebote stehen, die noch in der Einführungsphase sind und die Sie weiterentwickeln könnten. Wenn Sie diese stark pushen, dann könnten sie zu »Stars« aufsteigen. Das Risiko: Womöglich investieren Sie (z. B. in Produktentwicklung, Marketing), können aber Umsatz und Gewinn nicht steigern.

Marc ist Hundetrainer mit vielen Firmenkunden, die ihn für Fotoshootings oder Filmaufnahmen buchen. Nun will er auch die Privatkunden mit ihren Vierbeinern für sich gewinnen. Der Markt »Hundetraining« wächst sicherlich, da immer mehr Herrchen und Frauchen Wert auf ein wohlerzogenes Tier legen. Marcs Zeiteinsatz ist derzeit noch sehr gering im privaten Bereich. »Es muss sich jetzt hier in der Gemeinde herumsprechen, dass ein Profi vor Ort ist und die Hundebesitzer nicht mehr selbst sich mühen müssen«, meint Marc.

Privates Hundetraining ist ein Fragezeichen für ihn, hier kann er jetzt Gas geben und werben.

Unter Fragezeichen könnten auch Angebote stehen, die Sie persönlich besonders reizen. Neue Projekte, die zwar später nicht viel Geld bringen werden, aber dafür persönlichen Gewinn in Form von Spaß, Erfüllung, Lernen. Wenn Sie diese ausbauen, sollten Sie unbedingt dafür sorgen, dass andere Angebote Ihnen ausreichend Geld einbringen.

In Ihre »Stars« dürfen Sie investieren. Diese Produkte haben sich in einem stark wachsenden Markt durchgesetzt, Sie machen hier viel Umsatz und/oder Gewinn. Nutzen Sie den Rückenwind, um Ihre Position weiter auszubauen. Das kann bedeuten, dass Sie in der Außenwirkung für diesen Themenbereich oder diese Art von Produkten als Spezialist gelten – und in drei bis fünf Jahren dann ein Spezialist für ein neues Thema werden. Ihre Interessen ändern sich? Macht nichts, die Interessen Ihrer Kunden tun es auch! Vielleicht können Sie sogar gemeinsam wachsen?

Bremsen Sie bei den »Milchkühen« (auch Cashcows genannt) und hören Sie auf zu investieren. Ihre Stars werden zu Milchkühen, wenn sich das Marktwachstum deutlich verlangsamt oder Ihre Lust an diesem Angebot zurückgeht. Melken sie Ihre Milchkühe, solange sie noch Milch geben. Aber die Tage dieser Produkte sind gezählt und Sie sollten keine teuren Lebenserhaltungsmaßnahmen ergreifen. Das bedeutete auch: Sie investieren nicht mehr viel in das Marketing, sondern schöpfen den Rahm einfach noch ab. Die Poor Dogs schließlich gilt es zu liquidieren. Hier ist der Markt einfach nicht (mehr) gut oder Ihre persönliche Lust im Keller. Ja, das zerreißt Ihnen womöglich das Herz. Aber halten Sie bitte nicht aus sentimentalen Gründen an Angeboten fest, die sich nicht auszahlen. Schaffen Sie Raum für Neues und trennen Sie sich von den »armen Hunden«.

Sigrun, gelernte Webdesignerin, hat sich Richtung Multimedia-Anwendungen entwickelt. »Ich habe auf meiner Website gar nichts mehr von Webdesign stehen und dennoch kommen viele Anfragen, meist von früheren Kunden oder von Leuten, die Seiten von mir im Netz gesehen haben und diese schön fanden. Soll ich das Webdesign jetzt doch wieder als Angebot auf die eigene Site packen? Eigentlich habe ich ja gar keine Lust mehr auf Webdesign, aber wenn es gutes Geld bringt?«, fragte sie im Coaching.

Ihre Erkenntnis aus der Portfolioanalyse: Webdesign ist für sie eine Cashcow und sie kann Aufträge, die einfach so zustandekommen, bearbeiten, wenn sie zu diesem Zeitpunkt Zeit und Ressourcen hat und diesen Umsatz gerne mitnehmen will. Werben muss sie dafür nicht mehr. Und wenn sie überhaupt keine Lust mehr darauf hat, Webdesign zu machen, dann ist das ein Poor Dog und sie kann solche Anfragen ablehnen oder – unternehmerisch am elegantesten und außerdem profitabel – an ihr bekannte und gute Netzwerkkollegen gegen Provision weitergeben. Dann hat sie keine Arbeit mit der Umsetzung der Seiten und verdient dennoch an dem, was sie einst gesät hat.

Übrigens: Dieses Modell lässt sich auch prima anwenden, wenn Sie für eine Reihe von Stammkunden arbeiten. Schätzen Sie doch einmal die Position Ihrer Kunden ein: Von wem können Sie viele Folgeaufträge mit einem hohen Volumen erwarten? Machen Sie wenig für einen dieser Kunden, dann sind Sie dort in der Fragezeichen-Position. Es lohnt sich, diese Kunden stark zu umwerben. Bei welchen Kunden rechnen Sie künftig eher mit wenig Volumen, weil diese zum Beispiel wirtschaftlich schlecht dastehen oder ihr Geschäft sich so verändert, dass Sie dort überflüssig werden? Wenn Sie hier für einen Kunden viel machen, nehmen Sie das Geld mit, aber rechnen Sie mit einem baldigen Ende. Trennen Sie sich von den »armen Hunden« und nutzen Sie Ihre Zeit und Energie für vielversprechendere Kunden. Erledigen Sie für einen Kunden bereits viele Aufträge, dann ist er Ihr Star. Hier investieren Sie mehr Zeit und Geld und können unter Umständen auch weitere Ihrer »bunten« Angebote unterbringen.

Um Zugang zu neuen Märkten zu erhalten und neue Kunden zu gewinnen, ist es wichtig, dass Sie ein glasklares, »spitzes« Angebot haben. Sie stellen sich (für einen kurzen Moment, für einen neuen Markt oder eine neue Zielgruppe) sehr »spitz« auf, bieten – in der Wahrnehmung dieser Kunden – nur ein kleines, passgenaues Angebot. Und wenn Sie dann im Markt sind, bieten Sie Ihr breites Feld an Möglichkeiten an. Eine gute Nachricht für alle kreativen Chaoten.

Denn so können Sie nahezu automatisch Ihre vielen Interessen wieder ausleben, wenn Sie einmal in einem Markt sind – und das müssen Sie gar nicht an die große Glocke hängen, denn die Kunden fragen von selbst nach! So wie bei Christine, eine Trainer-Kollegin, die mittlerweile für ihre fünf Stammkunden alles macht: von Aufmerksamkeitstraining über Zeitmanagement und Rhetorik bis hin zuYoga. »Meine Spezialisierung war gut, um dort reinzukommen, jetzt kennen mich meine Kunden und ich kann zu allen Themen, die mich und die Mitarbeiter interessieren, Trainings anbieten.«

Sobald Ihre Kunden Sie kennen und von der hohen Qualität Ihrer Arbeit überzeugt sind, ist es überhaupt kein Problem mehr, Ihre zahlreichen Interessen zu zeigen. »Alle, die mich kennen, finden es völlig stimmig und natürlich, dass ich mehrere Sachen mache, und empfinden es überhaupt nicht als oberflächlich oder unentschlossen. Als sie erfuhren, was ich noch so alles mache – weil ich es offen anspreche –, fanden sie es sogar richtig spannend und bestätigten mir, dass ich eine interessante Persönlichkeit bin«, erzählt Christine.

Tipp 4: Die Dachmarkenstrategie

Diese Strategie ist mein Favorit. Denn wenn man sie erfolgreich anwendet, fallen alle bunten Puzzleteilchen des unternehmerischen Angebotes so geschmeidig an die richtige Stelle, dass es ein stimmiges Gesamtbild ergibt. Mit dieser Strategie versuchen Sie, ein gemeinsames Dach für all Ihre Aktivitäten zu finden.

Auf den ersten Blick ist das häufig sehr schwierig, weil viele Angebote kreativ-chaotischer Unternehmer überhaupt nichts miteinander zu tun haben. Auf den zweiten Blick tun sich aber manchmal absolut geniale Gemeinsamkeiten auf – und wenn Sie diese Ihrem Kunden richtig präsentieren, haben Sie den gewonnen. Weil Ihr Auftritt und Ihr Angebot als stimmig und abgerundet erscheint und sich die einzelnen Standbeine oder Aktivitäten perfekt ergänzen. Weil es einen deutlich sichtbaren roten Faden ergibt.

Welche Dächer gibt es?

Gemeinsames Dach »Unternehmensmission«

In der Regel sollten Unternehmen ihre Mission, ihre Vision (=»strategischer Überbau«) definieren. Daraus leiten sich in der Folge alle Einzelstrategien und neuen Geschäftsmodelle ab. Und daraus wiederum die konkreten Schritte.

Sie können diesen Weg aber auch sehr gut in die andere Richtung gehen. Schreiben Sie auf, welche Schritte Sie gehen, welche Geschäftsideen Sie anbieten – und überlegen Sie, welchen Nutzen Ihre Kunden dadurch von Ihnen bekommen – und was dies für Ihre Mission bedeutet.

Kunden kaufen heute kein Produkt, sondern einen Nutzen. Sie kaufen keinen Bohrer, sondern ein Loch in der Wand, um ein schönes Bild aufzuhängen. Sie kaufen keine Kinokarte, sondern Zeitvertreib, Unterhaltung oder Dunkelheit zum Schmusen. Sie kaufen keine Zeitung, sondern Informationen. Sie kaufen mit einer Rolexuhr nicht nur einen Zeitmesser, sondern ein Statussymbol. Harley Davidson geht sogar einen Schritt weiter: »Wir verkaufen ein Lebensgefühl, das Motorrad gibt es gratis dazu.« Nokia wirbt mit dem Slogan »Connecting people« – »Wir verbinden Menschen«. Das klingt doch ganz anders als »Wir verkaufen Telefone«. Was verkaufen Sie? Welches Bedürfnis hinter dem eigentlichen »Produkt« stillen Sie bei Ihren Kunden? Wie lautet Ihre Mission?

Diese Fragen zu beantworten ist nicht leicht – aber wenn Sie es geschafft haben, dann sind Sie nicht mehr zu bremsen. Eine Hilfe kann Ihnen dabei die Übung von S. 156 ff. sein. Nutzen Sie diese Erkenntnisse und entwerfen Sie Ihr Leitbild.

Grafikerin und Illustratorin Elke: »*Zuerst dachte ich, dass ich mich einfach auf eine Sache konzentriere und alle anderen bleiben lasse, aber das kann und möchte ich nicht. Das wäre mir zu langweilig. Gerade die Vielfalt in meinem Beruf ist das Reizvolle.*«

Die Lösung: Sie zeichnete alle Bereiche auf, die sie beschäftigen, und suchte nach Gemeinsamkeiten. »*Plötzlich war klar, dass es in jedem Bereich in erster Linie darum geht, Bilder zu schaffen. Der einzige Unterschied ist die jeweilige Technik – Zeichnung, Malerei oder Fotografie. Es geht immer darum, etwas mit Bildern zu gestalten und Dinge zu visualisieren, die vorher so noch nicht da waren. Dabei ist mir auch klar geworden, dass ich mich bei der Gestaltung schon immer mehr auf Bilder als auf Text konzentriert habe.*

Das Dach, die Klammer, der gemeinsame Nenner ist: Bild/Gestaltung + Design. Darunter fallen alle Bereiche, egal ob T-Shirt-Motiv, Sympathiefigur oder Website. Auch zukünftige Projekte wie Buchillustration oder Comic (der zwischenzeitlich fertig ist) passen in dieses Raster.

Es war ein langer Prozess, in dem mir auch viel über mich und meinen Beruf (eigentlich eher eine Berufung) klar geworden ist, und es fühlt sich an wie eine Befreiung. Es nimmt den Druck raus, das Gefühl zu haben, an vielen Fronten gleichzeitig zu kämpfen, denn jetzt weiß ich, dass alles nur Facetten einer einzigen Tätigkeit sind: Bilder zu gestalten.«

Überlegen Sie sich, wofür Ihr Unternehmen in den Köpfen Ihrer Kunden stehen soll. Arbeiten Sie immer wieder an dieser Positionierung und Ihrem Image – schneller können Sie kaum Kunden gewinnen und halten.

Gemeinsames Dach »Zielgruppe«

Vielleicht haben Sie sich eine bestimmte Zielgruppe erarbeitet oder Sie haben bei Ihrer Portfolioanalyse festgestellt, dass Sie mit einer bestimmten Kundengruppe das Gros Ihres Umsatzes und/oder Gewinns machen. Dann kann diese Kundengruppe Ihr neues Dach sein.

Der Vorteil: Diese Kunden kennen Sie schon, vertrauen Ihnen, und wenn Sie neue Angebote machen, dann kaufen sie eher bei Ihnen als bei der Konkurrenz.

Bernd und Simone haben vor einiger Zeit begonnen, EDV-Kurse zu halten. Sie schulten in stundenweise angemieteten Räumen, gingen zu den Volkshochschulen in der Region und hatten große Mühe, die Kurse zu füllen beziehungsweise ein annähernd gutes Einkommen zu erzielen. Bei der Portfolioanalyse stellten sie fest, dass am besten die Kurse mit Senioren liefen.

Sie starteten ein Experiment: Ab sofort spezialisierten sie sich auf Seniorenkurse, passten Kursinhalte, Vermittlungstempo und Arbeitsunterlagen entsprechend an (Schriftgröße) und erwarben sich in der Region das Image, die besten »Senioren-EDV-Trainer« zu sein.

Sie mieteten ein Kurs-Haus, in dem mittlerweile auch ein Senioren-Internet-Café ist (Simone: »Ich wollte schon immer ein Café betreiben!«), und organisieren Reisen und Ausflüge, die im Internet mit den Senioren vorbereitet werden. (Bernd: »Reisen ist meine große Leidenschaft!«)

Schauen Sie also, wie Sie mit Ihren bestehenden Kunden wachsen können – da Kunden ja eine »Lösung« kaufen. Wenn Sie der beste Lösungsanbieter für diese Kundengruppe sind, haben Sie ein Dach für viele verschiedene Interessen gefunden.

Tipp 5: Arbeiten Sie an Ihrer Firma, nicht in Ihrer Firma

Machen Sie sich von Zeit zu Zeit Gedanken über Ihren gewünschten Umsatz, Gewinn und persönlichen Verdienst. Was nutzt die schönste Berufung in der Selbstständigkeit, wenn Sie am Hungertuch nagen. Einen entsprechenden Kalkulator finden Sie unter www.erfolg-reich-frei.de.

Fakt ist: Marketing ist Chefsache und etwas, das Sie permanent betreiben dürfen. Halten Sie sich den Rücken frei für diese wichtige Aufgabe und lassen Sie sich nicht durch Kleinkram davon abhalten. Die meisten Unternehmer schuften 80 Stunden die Woche – und schlagen sich in dieser Zeit häufig nur mit unwichtigen Arbeiten herum, die sie langfristig überhaupt nicht weiterbringen. Die meisten Unternehmer sind deshalb gar keine Unternehmer, sondern eher Angestellte im eigenen Betrieb. Sie führen wie im Hamsterrad immer und immer wieder nur aus, was andere (der Kunde, der Markt, die Behörden) ihnen diktieren. Sie *reagieren*, statt zu *agieren*.

Häufig höre ich von Selbstständigen, dass sie angesichts der vielen Aufgaben, die täglich auf sie einstürzen, nicht dazu kommen, sich um das Wesentliche zu kümmern. Machen Sie Schluss mit dieser Fremdbestimmung! Erfolgreiche Unternehmer arbeiten *an* ihrer Firma und nicht *in* ihrer Firma.[140] Besinnen Sie sich auf Ihre Rolle als Kapitän und überlassen Sie das Rudern Ihren Netzwerkpartnern oder Mitarbeitern.

Und das heißt auch für Sie, sich auf Ihre Stärken und Talente als kreativer Chaot zu konzentrieren, Ihr Unternehmen als ideenreicher und empathischer Kapitän zu steuern und eine Mannschaft um sich zu bilden, die Sie optimal ergänzt.

Setzen Sie sich das Ziel, in einem bestimmten Rahmen Kunden zu finden und zu begeistern, weil Sie ein bunter Vogel sind und weil Sie Ihre Angebote sinnvoll und nachvollziehbar unter einem gemeinsamen Dach bündeln konnten. Das macht mehr Spaß, als Ihre Vielseitigkeit zu verstecken. Denn genau Ihre Vielseitigkeit kann ja der Mehrnutzen sein, den manche Kunden suchen.

Übung: Welche Kunden passen zu Ihnen?

Bitte beantworten Sie folgende Fragen:

- Welche Strategie möchten Sie künftig fahren?
- Welche Kunden könnten gerade an Ihrem bunten Lebenslauf Interesse haben?
- Wer arbeitet gerne mit bunten Vögeln, für wen wäre das ein echter Mehrwert?
- Wer würde Sie beauftragen, gerade weil Sie so viele Erfahrungen haben?

- Wo und wie können Sie solche Kunden finden?
- Wie sprechen Sie diese am besten an?
- Wer könnte Ihnen dabei helfen?
- Wie würde ein Konzern-Marken-Modell bei Ihnen Sinn machen?
- Wie könnten Sie es realisieren?
- Welche Angebote wollen Sie nach der Gewinn-Lust-Betrachtung ausbauen, bei welchen absahnen und welche aufgeben?
- Welches gemeinsame Dach haben Ihre Aktivitäten?

Selbstmarketing – eigene Stärken sichtbar machen

Viele kreative Chaoten wollen sich nicht anpreisen. Im Grunde ist das verständlich. Doch häufig wissen andere nicht einmal, was Sie alles können und wo Ihre Stärken liegen. Und das ist nicht gut, besonders wenn die anderen Karriere machen, während Sie auf der Strecke bleiben.

Franziska war frustriert, als sie ins Coaching kam. Draußen schien noch die Herbstsonne, im Büro wehte durch die offene Balkontür ein laues Lüftchen – und am Tisch brach ein Sturm aus. »Ich habe es so satt, dass immer alle an mir vorbeiziehen. Ich mache immer die ganze Arbeit und dann bekommen die Kollegen meine verdiente Beförderung. Es ist vollkommen ungerecht, aber ich will mich halt auch nicht so anbiedern und verkaufen wie die anderen«, sprudelte es aus der 44-jährigen Key-Account-Managerin eines IT-Dienstleisters heraus.

Schnell war klar, dass Franziska über ausgezeichnetes Fachwissen und eine Menge Soft Skills verfügte – doch im Kollegenkreis schien sie nahezu unsichtbar zu sein. In Meetings meldete sie sich lediglich, wenn sie »wirklich etwas zu sagen« hatte, bei öffentlichem Lob stellte sie die Kollegen in den Vordergrund (»Das haben wir gemeinsam erreicht«) und Präsentationen vor Vorgesetzen oder Kunden überließ sie lieber anderen.

Von »Selbstbeweihräucherung«, wie sie viele Kollegen praktizierten, hielt die attraktive Frau gar nichts. »Das Einzige, was zählt, ist doch die Leistung«, meinte sie und war völlig überrascht von den Ergebnissen einer Umfrage, die ich ihr vorlegte.

Inspiriert von einer vielzitierten Studie von IBM, die seit Anfang der 90er-Jahre immer wieder in der Ratgeberliteratur auftaucht, deren Quelle jedoch nie belegt wurde, hat der Medienwissenschaftler Karl Nessmann, Professor an der Universität Klagenfurt, eine Umfrage unter Personalverantwortlichen gestartet, welche Faktoren zu beruflichem Erfolg führen oder wer eher verantwortungsvolle Aufgaben erhält. Und tatsächlich: Personaler entscheiden vor allem je nach Image des Kandidaten.[141]

Demnach spielt

- zu 60 Prozent eine Rolle, wie und mit wem wir netzwerken.
- zu 30 Prozent eine Rolle, wie wir uns selbst nach außen darstellen.
- zu 10 Prozent eine Rolle, welche Leistung wir bringen.

Vorsicht: 10 Prozent Leistung bedeutet nicht, dass Sie grottenschlecht arbeiten und sich auf Ihren tollen Kontakten oder Ihrer brillanten Selbstdarstellung ausruhen dürfen. Nein, nur bei Spitzenleistungen können Netzwerk und Eigendarstellung den Turbo dazuschalten.

Ich überprüfe die Aussage auch hin und wieder, indem ich beispielsweise Unternehmer frage, wie sie an ihre Aufträge kommen. Das Ergebnis: In nur 10 Prozent der Fälle führt Kaltakquise zum Erfolg – also das Ansprechen völlig neuer Kunden, die noch nie von einem gehört haben. Der Rest kommt über Kontakte, Empfehlungen oder weil die Neu-Kunden über Medienberichte aufmerksam wurden.

Bei der Vergabe neuer Stellen sagen Personaler, dass sie in der Regel zuerst über ihr Netzwerk suchen. In 34 Prozent der Fälle wird die offene Stelle über persönliche oder Kontakte der eigenen Mitarbeiter besetzt, während in 25 Prozent der Fälle Blindbewerbungen zum Erfolg führen. Außerdem greifen Arbeitgeber auch gerne auf Berufstätige zurück, die ihnen »irgendwo« schon einmal aufgefallen sind.[142]

Wer sich also beruflich verändern will, wer intern an spannendere Aufgaben oder ein höheres Gehalt kommen will oder als Selbstständiger mehr Erfolg haben will, der muss vor allem eines tun: aktiv werden.

Eine alte Marketingregel sagt, dass wir im Schnitt sieben Kontakte brauchen, bevor wir eine »Kaufentscheidung« fällen. Wir hören von einen gutem Angebot, wir lesen etwas darüber, wir sehen vielleicht eine Anzeige – noch haben wir uns aber nicht entschieden. Dann hören wir einen Radiobeitrag, erzählt uns ein Bekannter von diesem Angebot, wir lesen es erneut, wir recherchieren eine positive Beurteilung – und jetzt wollen wir es. Dies gilt sowohl für Aufträge, die Unternehmer erhalten, als auch für Menschen, die für eine bestimmte Position einer Festanstellung infrage kommen.

Es lohnt sich also, auf verschiedenen Wegen »sichtbar« für Vorgesetzte, potenzielle Kunden oder Arbeitgeber zu werden. Bereiten Sie das Terrain für einen Zuschlag vor, indem Sie unterschiedliche Wege des (Selbst-)Marketings wählen. Dabei helfen Ihnen folgende Schritte.

Schritt 1: Machen Sie sich bewusst, was Sie wollen. Der wichtigste Schritt für ein gelungenes Selbstmarketing ist, dass Sie wissen, was Sie überhaupt wollen. Als weniger zielstrebiger kreativer Chaot tun Sie sich damit zuweilen schwer. Machen Sie bitte – falls nicht längst geschehen – die Übungen in »Bunte Feder 14«. Denn: Wer nicht weiß, wohin er will, für den ist kein Wind der richtige.

Schritt 2: Sprechen Sie über Ihre Wünsche. Viele Berufstätige meinen, Selbstmarketing bedeute, sich und die eigene Leistung ins rechte Licht zu rücken. Viel wichtiger ist es jedoch, dass andere wissen, wohin Sie möchten. Schon häufig habe ich miterlebt, wie interessante Positionen neu besetzt wurden – und Kollegen an eigentlich besser geeigneten Leuten vorbeizogen. In der Regel zeigte sich, dass Letztere nie (!) darüber gesprochen hatten, dass die Stelle sie reizen würde. Sie hatten darauf vertraut, dass die anderen das erraten könnten! Spätestens seitdem Sie das Vier-Ohren-Modell kennen (vgl. S. 147 ff.), wissen Sie, dass das so nicht funktioniert. Das gilt auch für Selbstständige: Kommunizieren Sie deutlich in Ihrem Netzwerk, dass Sie gerne für Kunde XY tätig werden möchten.

Reden Sie Klartext – dann tun sich viele Türen wie von alleine auf.

Aber Vorsicht: Bitte posten Sie als Angestellter oder Arbeiter berufliche Veränderungswünsche nicht vorschnell in Netzwerken wie XING oder Facebook, solange Ihr Arbeitgeber noch nichts von Ihrem Wechselwillen weiß. Sonst könnten Sie schneller auf der Straße stehen, als Ihnen lieb ist.

Schritt 3: Seien Sie stolz auf Ihr Können. Die eigene Leistung können wir nur so nach außen zeigen oder deutlich machen, wie wir sie selbst sehen. Finden Sie heraus, welches Ihre Stärken und Talente sind, welche besonderen Fähigkeiten Sie besitzen und welche Erfahrungen Sie auszeichnen. Stärken Sie Ihr Selbstbewusstsein – machen Sie sich bewusst, was alles in Ihnen steckt. Übungen dazu finden Sie in Teil 2 dieses Buches.

Schritt 4: Zeigen Sie Ihre Fachkompetenz. Vorgesetzte und Kollegen sind keine Hellseher und es gilt leider immer noch als Ausnahme, wenn Chefs oder Kunden von sich aus die Leistung sehen und in Form einer Beförderung oder Gehaltserhöhung anerkennen. Machen Sie Ihre Leistungen deshalb sichtbar.

Als kreativer Chaot fragen Sie jetzt vielleicht: Welche meiner vielen Kompetenzen soll ich denn sichtbar machen? Denken Sie strategisch und nehmen Sie diejenigen, die für Anerkennung, eine Beförderung, Gehaltserhöhung oder Honorarerhöhung ausschlaggebend wären. Was ist in den Augen der anderen wichtig an Ihrer Leistung? Oder zeigen Sie verstärkt diejenigen, die Ihnen auf dem Weg zum Ziel (neuer Job, neuer Auftrag) helfen.

Schritt 5: Zeigen Sie Lösungs- und Umsetzungskompetenz. Neben der Fachkompetenz sind auch weitere Skills wie Lösungs- und Umsetzungskompetenz wichtig. Erwähnen Sie deshalb in offiziellen Gesprächen, in Meetings, beim Essen oder auch nebenbei in Flurgesprächen, wenn Sie bei einer besonders kniffligen Sache weitergekommen sind, einen besonders schwierigen Kunden souverän bezirzt haben oder etwas anderes Wichtiges vorangebracht haben.

Wichtig: Das Erzählte muss wirklich eine echte Herausforderung sein, sonst werden Sie zur Lachnummer. Seien Sie kritisch, aber nicht überkritisch. Vor allem wenn Sie gerne in der »Selbstverständlichkeitsfalle« sitzen und Ihre eigenen Leistungen oft kleinreden: »Ist doch nichts Besonderes.«

Schritt 6: Trainieren Sie souveränes Auftreten. Arbeiten Sie daran, dass Sie so souverän und kompetent wirken, wie Sie es bereits sind und wie es für einen Karrieresprung nötig ist. Tipps für eine souveräne Rede und Präsentation kennen Sie bereits (vgl. S. 98 ff.). Achten Sie dabei auf Ihr äußeres Erscheinungsbild (und passen Sie es ruhig der neuen Rolle an), Ihre Stimme sowie Ihre Körpersprache. Nicht falsch verstehen: Sie sollen nicht zum stromlinienförmig angepassten Klon werden. Wenn Sie einen ganz typischen Kleidungsstil haben, so kann dieser Ihre Persönlichkeit unterstreichen und Ihre Rolle als »Freigeist« beispielsweise untermauern. Es kann aber auch sein, dass Sie mit Ihrer legeren Kleidung und Ihrem flapsigen Stil dermaßen anecken, dass dies allein neue Herausforderungen wie zum Beispiel eine Beförderung verhindert. Sie haben daher die Wahl:

Passen Sie sich (kurzzeitig) an, bis Sie »das Neue« in der Tasche haben? Oder haben Sie keine Lust, sich passend zu machen, und verzichten lieber auf neue Aufgaben? Oder reizen Sie den Spielraum aus, indem Sie einer offiziellen Kleiderordnung Ihr Fünkchen Individualität verpassen? Oder suchen Sie sich ein Umfeld (andere Firma/Kunden), in dem Sie so sein können, wie Sie sind – und trotzdem/gerade deshalb aufsteigen?

Denken Sie daran: In vielen Unternehmen und Branchen gilt eben ein bestimmter unumstößlicher Dresscode. Und wenn Sie sich nicht eine gewisse Narrenfreiheit erarbeitet haben, sodass dieser für Sie nicht gilt, kann unangemessene Kleidung ein echter Bremser sein. Allerdings nur so lange, bis Sie ganz oben sind – Steve Jobs kann die Highlights des Jahres in Jeans, Turnschuhen und schwarzem Rolli präsentieren. Alberto Alessi, der Papst der poppigen Küchenutensilien, zeigt sich gerne mit offenem Hemd und Pulli. Außerdem ist er bekannt für seinen chaotischen Schreibtisch. Er kann es sich leisten!

Schritt 7: Üben Sie eine Eigendarstellung. Ja, da ist sie wieder, die verhasste Frage:»Und was machen Sie beruflich?« Üben Sie ein paar unterschiedliche Antworten ein, zum Beispiel in Form eines »Elevator Pitch«[143]. Das bedeutet, Sie haben eine Zeitspanne von der Dauer einer Aufzugfahrt, um Ihren Gesprächspartner für Ihr Thema zu begeistern. Das bedeutet nicht, ihn gnadenlos zuzutexten mit allem, was Sie wissen oder können. Sondern ihn an den Punkt zu bekommen, dass er sagt:»Interessant, erzählen Sie mehr.« Das genügt.

Klingt einfach, ist jedoch für kreative Chaoten eine echte Herausforderung, sozusagen eine Quadratur des Kreises. Wie soll das denn gehen? In 30 Sekunden das auf den Punkt bringen, was den anderen interessieren könnte. Welche Ihrer zahlreichen Interessen oder Aktivitäten packen Sie hier rein? Die Lösung: Probieren Sie mehrere Elevator Pitches zu Ihren Themen aus und suchen Sie dann die Klammer, das Dach, den roten Faden, um alles zu verbinden.

Oder versuchen Sie, den anderen zuerst zum Sprechen zu bringen, und holen Sie dann Ihre Empathie, Ihre Spontaneität und Ihren Ideenreichtum hervor und formulieren Sie ein spontanes Statement aus dem Blickwinkel Ihres Gesprächspartners: Was von dem, was Sie machen, könnte für diese Person jetzt besonders interessant sein? Davon erzählen Sie dann. Sie haben also nicht einen Elevator Pitch wie die Systematiker, sondern

Sie haben Hunderte – je nach Gesprächspartner. Das funktioniert. Und macht Spaß.

Oder Sie erzählen das, was Sie gerade am meisten pushen wollen – als Selbstständiger eines ihrer Standbeine, als Angestellter Ihr nächstes Etappenziel. Das kann zwar ein wenig Roulette bedeuten, aber eine hundertprozentig richtige Lösung gibt es eben nie.

Schritt 8: Trainieren Sie Ihr Charisma. Ein gutes Selbstmarketing heißt nicht, dass Sie lautstark über sich sprechen müssen. Nein, es ist vielmehr ein Marketing der leisen Töne. Und besonders punkten Sie mit viel Charisma statt mit vielen Worten. Eine gute Nachricht besonders für die Introvertierten. Wie trainieren Sie Ihr Charisma? Ich finde, dass Menschen Charisma haben, wenn sie von ihrer Sache überzeugt sind und innerlich brennen. Dafür müssen sie keine flammenden Reden halten. Eine ruhige, unaufdringliche Art kann mitunter sogar viel charismatischer wirken. Halten Sie einfach Ihre innere Flamme am Brennen.

Schritt 9: Trainieren Sie Ihre Empathie. Als empathischer Mensch merken Sie viel schneller als andere, was Ihr Gegenüber braucht. Das hilft Ihnen bei Ihrem Selbstmarketing ungemein: Spüren Sie, welche Information, welchen Input der andere brauchen könnte, um Ihnen das zuzutrauen, was Sie gerne machen oder sein wollen. Liefern Sie ihm das. Fertig.

Schritt 10: Entwickeln Sie Spaß am Selbstmarketing. Legen Sie in Ihrem Kopf den Schalter um von »Selbstmarketing ist eine leidige Pflicht« hin zu »Ich mache Selbst-PR, so wie es mir gefällt«. Sobald Sie nämlich Spaß daran entwickeln, auf Ihre (stille) Art zu agieren, fällt es Ihnen viel leichter.

Networking – Ihr großes Talent und Ihr Karriereturbo

Kreative Chaoten sind begnadete Netzwerker. Sie interessieren sich in der Regel für andere Menschen (besonders die Unterstützer), sie interessieren sich für neue Ideen, Erfindungen, Erlebnisse (Ideensprudler) und saugen darüber hinaus Informationen zu allen erdenklichen Themen auf (Informationssammler). Networking ist ein wichtiger Karrierehelfer und im

Sinne des Soft Skill »Beziehungsmanagement« bei der Mitarbeiterbeurteilung ziemlich wichtig.

Allerdings hat Networking für viele Berufstätige auch einen bitteren Beigeschmack. Je introvertierter sie sind, desto mehr scheuen sie »Menschenauftriebe« bei Messen, Kongressen, Business-Lounges oder After-Work-Partys. Viele haben keine Lust auf Netzwerken, weil sie keine Lust auf sinnlosen Small Talk haben. Und in vielen Köpfen ist es immer noch drin: Netzwerke sind »Seilschaften« und es ist empörend, welche Flaschen nur aufgrund von »Vitamin B« auf schöne Posten gehievt werden. Heute sagen wir »Networking« (Vitamin N) und viele meinen immer noch, dass hier jemand aufgrund seiner Beziehungen unverdient Vorteile erhält. Zu Unrecht.

Es ist eine ganz natürliche menschliche Sache, Beziehungen zu knüpfen, zu pflegen und gezielt zu nutzen. Dazu gehört auch, dass Sie als Berufstätiger den Kontakt zu Kollegen, anderen Firmen oder möglichen Auftraggebern suchen. Denn ohne Verbindungen zu anderen Menschen sind Sie wie ein Fisch ohne Wasser – nicht überlebensfähig.

Nach dem nötigen Wasser müssen Sie allerdings graben. Kontakte fallen einem nicht in den Schoß, sondern müssen erarbeitet und gepflegt werden. Die Erfahrung zeigt, dass ein persönliches Treffen – von Angesicht zu Angesicht – besser verbindet als bloßes E-Mailen oder Telefonieren. Aber wenn Sie eher introvertiert sind, reicht dies für die Kontaktpflege auch aus.

Die Vorteile eines guten Netzwerkes liegen auf der Hand: Wie bereits gesagt werden 34 Prozent aller neuen Jobs an persönlich bekannte Aspiranten vergeben.

Netzwerken ist lebenswichtig für die Karriere

Für Selbstständige ist Networking noch wichtiger: Aufträge werden zu mehr als 80 Prozent durch Empfehlungen, Bekannte und Mundpropaganda vermittelt, erzählen Unternehmer und Freiberufler. Besonders wichtig sind Netzwerkpartner für Einzelunternehmer, kleinere und mittelständische Unternehmen. Kaltakquise oder Anzeigen bringen kaum Erfolg. Denn wer einen guten Webseitenprogrammierer, Maler, Friseur oder ein schönes Wellnesshotel sucht, der fragt in der Regel Freunde und Bekannte.

Auch im Alltag bringen gute Netzwerkkontakte eine enorme Entlastung an Zeit und Geld: schnelle Hilfe bei Problemen, einen besseren Zugang zu mehr oder sogar wertvolle(re)n Informationen – kaum nehmen Sie den Hörer in die Hand und rufen den Richtigen an, den Sie persönlich kennen, ist alles in Butter. Und im Netzwerk werden Sie ebenfalls weiterempfohlen oder können sich selbst durch Empfehlungen einen guten Namen machen.

Networking bedeutet

- die freiwillige »Vernetzung« von Menschen,
- Kontakt mit anderen, um Vorteile und gegenseitige Hilfe zu schaffen,
- formlose Treffen und Initiativen,
- aktiv auf neue Menschen zuzugehen,
- dem anderen zuzuhören,
- sich für seine Person, Meinung und beruflichen Aspekte zu interessieren.

Klein, aber fein

Verschanzen Sie sich nicht in Ihrem Büro. Gehen Sie raus. Bauen Sie Ihr Netzwerk aus und pflegen Sie es. Sie haben nämlich bereits eins. Im Schnitt kennen wir 1 830 Menschen, mit rund 150 pflegen wir einen etwas engeren Kontakt. Woher diese Zahl kommt?

Der britische Anthropologe Robin Dunbar von der Universität Liverpool fand heraus, dass Säugetiere in Herden leben, deren Größe mit dem Volumen ihrer Großhirnrinde korreliert. Je kleiner das Großhirn, desto kleiner ist die Herde und umgekehrt. So konnte er errechnen – da die Größe des menschlichen Gehirns bekannt ist –, dass die natürliche Größe einer »menschlichen Herde« bei 148 Mitgliedern liegt. Selbst Dörfer von Urvölkern umfassen meist nicht mehr als 150 Köpfe, so der Experte.[144] Kommen neue Bekannte dazu, werden andere aussortiert. Heutzutage, mit sozialen Netzwerken wie Xing, Twitter oder Facebook & Co., werden diese Größenordnungen mittlerweile gesprengt. Viele Online-Netzwerker rühmen sich, 10 000 Followers auf Twitter oder Fans auf Facebook zu haben und selbst 7 000 Menschen zu folgen. Hallo?! Wie wollen Sie denn bitte bei dieser Masse noch wahrnehmen, was die alle posten?

Natürlich kann es für Unternehmen wichtig sein, viele Followers und Fans zu haben, und aus diesem Grunde vernetzen sie sich auch »zurück«. Aber mit echtem Netzwerken haben die zur Marketingplattform mutierten Pinnwände dann nichts mehr zu tun. Moderne psychologische Studien sehen Online-Freundschaftsnetzwerke auch in der Größenordnung von 150 Teilnehmern. Wird diese Anzahl überschritten, so brauchen sie hierarchische Strukturen.

Sie können beim Networking zugreifen auf

- informelle und offene Netzwerke (z. B. Internet, Parteien etc.),
- Berufsnetzwerke,
- exklusive Clubs,
- private Businessveranstaltungen,

Sie können andere Menschen persönlich treffen, zum Beispiel auf Messen, Kongressen, Abendveranstaltungen, am Arbeitsplatz, in Netzwerken, Internetforen, bei Sport-Events, beim Golfen, am Stammtisch, bei Preisverleihungen, Lounges, Jahrgangstreffen, Geschäftsessen et cetera. Einen Mangel an passenden Gelegenheiten gibt es nicht. Im Gegenteil.

Recherchieren Sie, welche Netzwerke es für Ihren Bereich bereits gibt und welche zu Ihnen passen. Überlegen Sie, zu welchem Zweck Sie welches Netzwerk nutzen wollen. Und gehen Sie lieber nach der Maxime vor: Qualität vor Quantität. Sie brauchen nur wenige, gut gepflegte Kontakte – und trotzdem steht Ihnen die ganze Welt offen.

Nach der »Small World«-Theorie des amerikanischen Psychologen Stanley Milgram von 1967 ist jeder Mensch von jedem anderen auf der Welt nur rund sechs Schritte entfernt. Oder anders ausgedrückt: Jeder ist mit jedem über sechs Ecken bekannt. Jahrzehntelang stand Milgrams These allerdings auf einem eher wackeligen Fundament, denn sie beruhte auf einem verblüffend kleinen und noch dazu mangelhaften Experiment mit 296 Personen.

Nun wurde die Theorie jedoch bestätigt: Jure Leskovec von der Carnegie Mellon University und Eric Horvitz von Microsoft Research hoben einen gigantischen Internetdatenschatz und analysierten die Verbindungen von 240 Millionen Instant-Messenger-Accounts im Juni 2006. 30 Milliarden Einzelverbindungen umfassen die Protokolle: das nach Aussagen der Forscher größte je analysierte soziale Netzwerk. Ihr Ergebnis: Durchschnittlich 6,6 Personen lang ist die Kette, die zwei Menschen verbindet.[145]

Legen Sie fest, wie viel Zeit Sie pro Woche (Monat) ins Netzwerken investieren wollen.[146] Bedenken Sie dabei, dass es Ihren Talenten entspricht, sich gerne und intensiv mit neuen Menschen, Ideen und Erlebnissen zu beschäftigen, und dass Sie deshalb sehr schnell sehr viel Zeit ins Netzwerken investieren – mehr, als Ihnen manchmal lieb ist. Und dann versinken Sie regelrecht im Networking, sind im Flow, tauchen Stunden später wieder auf und ärgern sich womöglich, weil Ihre eigentliche Arbeit liegen geblieben ist.

Sind Sie extrovertiert, dann gehen Sie unter die Leute und führen Sie Gespräche – das gibt Ihnen viel Energie. Als Introvertierter netzwerken Sie wahrscheinlich lieber auf der schriftlichen Ebene. Unabhängig davon, in welchem Rahmen Sie unterwegs sind, beachten Sie in jedem Fall die Netikette.

Netikette

- Networking ist ein Gleichgewicht von Geben und Nehmen. Wer meint, sich aus einem Netzwerk unverfroren immer nur bedienen zu können, ist nicht lange dabei. Denn ausnutzen lässt sich keiner gerne. Schnorrer sind nicht gerne gesehen.
- Helfen Sie anderen Leute mit einer Information (auch privater Natur) oder einem Kontakt – und Ihnen wird auch geholfen werden.
- Schicken Sie Geburtstagswünsche, Terminhinweise oder interessante Artikel, bombardieren Sie Ihre Netzwerkbekannten jedoch nicht mit zu viel Aufmerksamkeit, das schürt nur Aversion.
- Fragen Sie andere, was Sie für sie tun können.
- Bringen Sie sich richtig dosiert immer mal wieder in Erinnerung. Seien Sie präsent, dann wird man auch bei passender Gelegenheit an Sie denken.
- Verwechseln Sie Netzwerken nicht mit Freundschaft.
- Verwechseln Sie Netzwerken nicht mit Akquise.
- Drängen Sie den anderen keine Flyer oder Visitenkarten auf.
- Setzen Sie sich für ein Treffen oder die Kommunikation Ziele und bereiten Sie sich vor.
- Seien Sie offen für Neues.
- Wagen Sie, zu fragen. Eine Absage zu bekommen ist okay.

- Zeigen Sie Ihre Wertschätzung.
- Nehmen Sie die Menschen wichtiger als Rang und Titel.
- Seien Sie großzügig.
- Lernen Sie, Netzwerkleistungen anzunehmen, und bedanken Sie sich.
- Seien Sie mit Leidenschaft dabei.

Ordnung halten – vom kreativen Chaos zum inspirierenden Ort

»Zeig mir deinen Schreibtisch – und ich sage dir, wie erfolgreich du bist!« Dieser Spruch scheint in unserer westeuropäischen Gesellschaft tief verankert. Und so begutachten Führungskräfte mit Vorliebe den Zustand der Mitarbeiterschreibtische und schlussfolgern: Wer Ordnung halte, sei effektiver, sei eine bessere Führungskraft. Wer hingegen Chaos habe, sei unzuverlässig und amateurhaft, fand das University of Manchester Institute of Science and Technology in Großbritannien bei einer Umfrage unter 500 Führungskräften heraus.

Demnach bevorzugen 70 Prozent der Manager Mitarbeiter, deren Schreibtische ordentlich aufgeräumt sind, 55 Prozent der Chefs gehen sogar davon aus, dass ein chaotischer Schreibtisch auf Unzuverlässigkeit und Unaufmerksamkeit schließen lässt. Laut Cary Cooper, Psychologieprofessor in Manchester, fällen Führungskräfte anhand der Schreibtische wichtige Entscheidungen über das Karrierepotenzial ihrer Mitarbeiter – bewusst oder unbewusst.[147]

Sind die Ordnungsfanatiker mit ihren leeren Tischen denn wirklich die »besseren« Arbeiter? Albert Einstein stellte einst die provokative Frage: »Wenn ein unordentlicher Schreibtisch auf einen unordentlichen Geist hinweist, worauf deutet dann ein leerer Schreibtisch hin?« Man darf also durchaus seine Zweifel haben. Denn warum sollten Leertischler – also Menschen, die immer einen gähnend leeren Schreibtisch haben, auf dem nur der aktuelle Vorgang zur Bearbeitung liegt – nur aufgrund dieser Tatsache besonders erfolgreich sein? Denn schlicht und ergreifend entspricht es einfach ihren Talenten, eins nach dem anderen abzuarbeiten – und so entspricht es ihren Talenten, einen Vorgang herauszuholen, ihn zu bearbeiten und dann wieder wegzupacken. Und das sieht man am (leeren) Schreibtisch. Ein besonderes Anzeichen für besonders gute Arbeitsleistung muss dies aber mitnichten sein.

Kreative Chaoten brauchen natürliche Unordnung

Kreative Chaoten haben im Gegensatz dazu ein Händchen dafür, mehrere Projekte gleichzeitig zu bearbeiten, ziehen aus dem Tun an einem Projekt Ideen für ein anderes und springen so zwischen den Projekten hin und her. Daher liegen auf ihrem Schreibtisch immer mehrere Vorgänge offen herum – und nicht etwa, weil sie zu faul zum Aufräumen wären.

Hinzu kommt, dass kreative Chaoten sehr visuell veranlagt sind und an alles denken und alles verarbeiten, was sie sehen. Eine Tatsache, die beispielsweise die »Clean-Desk-Policy«, also die Vorgabe in vielen Firmen, abends einen leeren Schreibtisch zu hinterlassen, für kreative Chaoten völlig ungeeignet macht. Sie kommen nämlich am nächsten Tag an den Arbeitsplatz und der leere Schreibtisch signalisiert: »Hoppla, heute ist gar nichts zu tun.« Bis ihnen einfällt, was sie gestern Abend alles in ihre Schränke und Schubladen geräumt haben – und dann vertun sie eine Menge Zeit, um alle Unterlagen wieder mühsam herauszusuchen. Schade um die wertvolle Arbeitszeit.

Räumen wir endlich auf mit dem Vorurteil, dass nur »aufgeräumte« Zeitgenossen erfolgreich sein können. Ausgerechnet das, was passionierte Leertischler aus Büros und Wohnungen vehement vertreiben, fördert nämlich die geistigen Impulse der kreativen Chaoten: Aus Dingen, die herumliegen, entstehen neue Ideen, neue Visionen, es kann sich etwas entwickeln. Penible, sterile Ordnung hingegen bremst – und kann zum Stillstand führen.

Das ist sogar wissenschaftlich erwiesen: Ordnungsfanatiker an einem aufgeräumten Schreibtisch kramen im Schnitt 36 Prozent länger nach ihren Zetteln als der Chaot,[148] schreibt zum Beispiel Eric Abrahamson, Professor an der New Yorker Columbia University und Autor von *Das perfekte Chaos*. So sei ein ordentlicher Schreibtisch zwar gut für das Image – zu viel Ordnung aber blockiere.

Übertriebene Ordnungsliebe kann sogar ein Zeichen für inneres Ungleichgewicht sein. Psychologen berichten, dass viele Menschen versuchen, mit einer strengen äußeren Ordnung ihre inneren Konflikte zu lösen. Sie räumen viel auf, weil ihnen innere Struktur und klare Prioritäten fehlen. Viele Menschen kommen in unserer immer unübersichtlicheren Alltagswelt schlecht zurecht und kompensieren diese Haltlosigkeit mit einem überordentlichen Umfeld. Der Schluss daraus? Menschen, die eine natürliche Unordnung genießen können, leben aus einer inneren Zufriedenheit heraus besser und glücklicher.

Und es kommt noch besser: Ein gewisser Grad an Unordnung soll sogar auf hohen Intellekt hinweisen. Je höher die Stapel auf dem Schreibtisch, desto höher sind Bildungsgrad, Einkommen und Berufserfahrung. So erkannten nach einem Bericht der *Welt* Psychologen der Universität Gießen bei deutschen Versicherungsvertretern:»Für weniger intelligente Vertreter war die sortierte Schreibtischplatte so essenziell wie der fusselfreie Zweireiher – sie arbeiteten besser bei genauer Planung und geregelten Alltagsabläufen. Die Intelligenteren dagegen waren umso effektiver, je mehr ihr Büro einem alternativen Kindergarten glich.«[149]

Dass Chaos gesünder ist als Ordnung, gilt übrigens auch für Organe wie unser Herz. Nicht die Unregelmäßigkeit kann gefährlich werden, sondern ein Übermaß an Ordnung. So gilt es als gesichert, dass allzu regelmäßig schlagende Herzen infarktgefährdet sind.[150]

Warum aber haben dann Kreativschmieden wie Werbeagenturen häufig so sterile Räume? Vielleicht hat Agenturgründer Konstantin Jacoby recht, der einst sagte:»Ein bunter Mensch sieht in einem kahlen Büro viel prominenter aus.«[151]

Agenturgründer André Kemper schwärmt hingegen über die kühlen Büros seiner Ideenschmiede:»Die Neuheit und Aufgeräumtheit inspirieren mich. Die Leere schreit nach Gestaltung.« Viel Glas, ein paar Tische, ein paar Computer – ja. Gerahmte Familienfotos oder Zierpflanzen? Fehlanzeige![152]

Allerdings: Dank der großen Glasfenster haben die Werber zumindest die Außenwelt im Blick und damit laut dem Münchner Hirnforscher Ernst Pöppel Inspiration für neue Ideen. Der Blick durch das Fenster sorge für Abwechslung und rege ungewöhnliche Einfälle an. Und der ausgeprägte Ordnungssinn der Hamburger Werber, immer alles wegzuräumen?»Ein leerer Schreibtisch mag Ausdruck von Ordnung sein, er ist aber manchmal auch Ausdruck mangelnder Flexibilität und einer gewissen Distanz zur eigenen Arbeit«, monierte der Hirnforscher in einem Interview mit der *FAZ*.[153]

Auch die Architekturpsychologin Rotraut Walden hält von permanenter Aufgeräumtheit nichts.»Wer nach neuen Ideen sucht, muss auch mal mehrere Quellen in Beziehung setzen können. Dafür braucht man große Arbeitsflächen, die durchaus gelegentlich im Chaos versinken dürfen.«[154]

Also Chaos, um die Ideen anzuregen, und Leere, um Freiräum für neue Höhenflüge zu haben. Chaos und Leere, die sich abwechseln. Eine ausgewogene Mischung zwischen inspirierenden Elementen und optischer Ruhe. Klingt schön, oder?

Denn kreative Chaoten sind Ästheten. Sie lieben eine optisch schöne Umgebung, sie genießen es, optische Ruhe zu haben und sich mit schönen Dingen zu umgeben. Der Knackpunkt allerdings ist: Für sie bedeutet Aufräumen einen immensen Energieaufwand – weshalb sie oft in Papier- und Zeitschriftenstapeln versinken und oftmals seit Jahren ihre Schreibtischplatte nicht mehr gesehen haben. Während sehr strukturierte Menschen Energie bekommen durch Aufräume, vertun kreative Chaoten dabei Energie.

Der Schlüssel zu Ihrem perfekten Wohlfühl-Büro liegt also darin, dass Sie ebenfalls Energie durchs »Ruheschaffen« bekommen. Anregungen dazu erhalten Sie im Buch *Organisieren Sie noch oder leben Sie schon? Zeitmanagement für kreative Chaoten.*

Kreativ-chaotische Schlüssel für optische Ruhe

Es ist ganz einfach: Spaß und Spiel sind die Schlüssel für mehr optische Ruhe. Besorgen Sie sich bunte und bildhafte Hilfsmittel (z. B. Ordner mit bunten Motiven oder Bildern auf dem Rücken), bauen Sie Spielereien ein (wie z. B. einen Basketballkorb am Papierkorb, der jubelt, wenn Sie ein Papier versenken). Geben Sie ruhig etwas Geld aus für wertvolle Helferlein wie einen automatischen Tacker oder edle Hängemappen.

US-Autorin Ann McGee-Cooper sagt: »Was immer es auch kostet, Sie beim Ordnungschaffen tatkräftig bei Laune zu halten: Es ist den Preis wert.«[155] Das kann ich nur bestätigen.

Viele Besucher in meinem Büro sind überrascht, dass es bei mir ziemlich ordentlich ist. Kein Wunder, denn ich habe mit viel Spaß Farbwelten geschaffen, mir wertvolle Mappen zugelegt und eine für mich logische Struktur geschaffen. Meine (systematische) Assistentin schmunzelt immer, wenn ich wieder einmal ein neues Teil anschleppe. Aber wie sage ich immer zu meinen Vortrags- und Seminarteilnehmern: Es ist völlig egal, was andere Menschen über Ihre Hilfsmittel denken – Hauptsache, es hilft *Ihnen*.

Wägen Sie ab, ob bei Ihnen die Nachteile von Chaos überwiegen – denn die gibt es natürlich. Zu viel Krimskrams und Unordnung kosten Zeit, Geld und Nerven.

- Wie oft müssen Sie Ersatz für Briefpapier, Glückwunschkarten oder Klarsichthüllen kaufen, nur weil diese in vollgestopften Schränken oder Schubladen unansehnlich wurden?
- Wie viel Zeit vertun Sie täglich damit, unter Ihren Stapeln an Papier den Taschenrechner, einen wichtigen Artikel oder Ihren Kalender zu suchen? Laut amtlicher Statistik verbringen wir übrigens eine Stunde pro Tag mit Suchen.
- Wie oft wurden Sie schon für Ihren permanenten »Saustall« von Kollegen und Chefs kritisiert und überhaupt nicht mehr an die wirklich spannenden Aufgaben herangelassen?

Sorgen Sie dafür, dass ein chaotisches Büro nicht zum Bremsklotz wird, und schaffen Sie sich zudem inspirierende Oasen. Aber nur weil *Sie* es wollen. Nicht weil »man« es von Ihnen erwartet. Finden Sie Ihren eigenen Grad an optischer Ruhe – und das kann auch bedeuten, dass Sie als »Quartals-Chaot« alle paar Monate Tabula rasa machen.

In dem Moment, in dem Sie Ihre Vorlieben für Buntes, Bildhaftes und Schönes ausleben dürfen, bekommt das Thema einen neuen Reiz. Und Sie werden es schaffen, eine gewisse Ordnung in die Dinge zu bekommen, ohne dass es sich nach Arbeit anfühlt, sondern sogar Spaß macht. Entscheiden Sie, wie viel Leere und wie viel Fülle für Sie gut ist.

Kreativ-chaotisches Zeit- und Stressmanagement

Kreative Chaoten sträuben sich – zu Recht – gegen Zeitmanagement. Denn es riecht nach Routine, nach Disziplin, nach grauer Pflichterfüllung. Es klingt danach, den Menschen links liegen zu lassen, nur um in einer Sache voranzukommen.

Aber: Zeitmanagement kann auch Spaß machen! Setzen Sie Ihre Stärken bewusst ein und leben Sie die Abwechslung. Bringen Sie bewusst Ordnung in Ihr Leben – auf eine empathische, spielerische und kreative Art. Das geht nicht zulasten Ihrer idealistischen und künstlerischen Ader. Im Gegenteil.

Kreativ arbeiten zu können und andere Menschen zu unterstützen ist für viele kreative Chaoten erfüllend. Doch so sehr sie diese Aspekte lieben, sie bringen auch viel Stress mit sich. Bislang waren Experten ja davon überzeugt, dass vor allem jene Berufstätigen am meisten gestresst sind, die fremdbestimmt arbeiten, also wenig Entscheidungsfreiheiten haben (Fließbandarbeiter, »kleine« Angestellte, an die der Druck von oben weitergegeben wird), sowie Führungskräfte mit viel Verantwortung und einem vollgestopften Terminplan.

Dass Menschen in unterstützenden Berufen überdurchschnittlich häufig von Burnout betroffen sind, das wissen wir längst. Jüngst fand jedoch ein kanadisches Soziologenteam heraus, dass auch die Kreativen unerwartet hohem Stress ausgesetzt sind. Dazu untersuchten die Forscher 1 200 Erwachsene, deren Berufe sie nach kreativen Möglichkeiten bewerteten: Wie oft lernen Sie im Beruf Neues? Wie oft haben Sie dabei die Chance zum Problemlösen? Wie häufig können Sie Fähigkeiten und Talente weiterentwickeln? Parallel dazu ermittelten sie den subjektiv verspürten Arbeitsdruck. Das Ergebnis: Je kreativer der Beruf eingestuft wurde, desto höher waren die Arbeitsbelastung, ein Gefühl der Überforderung und die Zahl beruflicher Kontakte per E-Mail und Telefon.[156]

Auch ein Grund: Weil beim kreativen Arbeiten feste Arbeitszeiten fehlen – der Kopf arbeitet rund um die Uhr –, neigen die Kreativen dazu, sich auch am Feierabend und am Wochenende mit ihrer Arbeit zu beschäftigen. Und: Weil die meisten in Projekten arbeiten, treiben sie sich an zu dauerhafter Höchstleistung, denn je früher fertig sie fertig sind, desto eher lockt ein neues Projekt oder natürlich auch das Honorar.

Hinzu kam, dass bei Kreativen sehr häufig Job und Familienleben verschwimmen (Home-Office!) und viele Berufstätige deshalb versuchen, anfallende Aufgaben aus Job und Familie gleichzeitig zu erledigen. Dieses Multitasking und erlebte Rollenkonflikte gegenüber der Familie schürten weiteren Stress. »Bei Kreativen tritt jene Form von Stress auf, die man bisher mit hohen Positionen im Berufsleben verbunden hat«, sagt Studienleiter Scott Schieman.[157]

Und das in einer Arbeitswelt, in der das Tempo ohnehin angezogen hat, in der immer weniger Mitarbeiter immer mehr Arbeit schultern müssen und in der viele Angst vor einer Kündigung haben. Der gefühlte Stresspegel hat sich in unserer Gesellschaft in den vergangenen Jahren extrem erhöht. Berufliche Mobilität, ständige Erreichbarkeit via Internet, Handy oder Blackberry, die Aufweichung fester Arbeitszeiten und auch der Druck, in der Freizeit noch so viel wie möglich zu erleben, zerren uns in den Sog der Hochgeschwindigkeitsgesellschaft. Mal langsam tun, mal Pause machen – Fehlanzeige.

Was also tun, wenn die Dauerbelastung zu hoch wird? Bauen Sie rechtzeitig vor oder ziehen Sie jetzt die Reißleine. Auf Ihre kreativ-chaotische Art. Vergessen Sie, was Sie jemals über Listen, Pläne und Disziplin gelernt haben. Leben Sie lieber Ihre kreativ-chaotischen Talente aus und gewinnen Sie dabei wie nebenbei viel Zeit für das wirklich Wichtige.

Grundideen des kreativ-chaotischen Zeitmanagements

Kreative Chaoten lieben die Abwechslung und ihren Freiraum, sie haben eine sehr gute bildliche Denke und lieben es kreativ und spielerisch. Leben Sie diese Bedürfnisse aus, wenn Sie sich und Ihre Aufgaben besser organisieren wollen. Denn das bringt von Anfang an mehr Spaß und hilft Ihnen, dass es auch langfristig funktioniert.

Im klassischen Zeitmanagement heißt einer der Schlüssel, um mehr Zeit für das Wichtige zu finden: Planen Sie! Planen Sie, was Sie morgen tun wollen, schreiben Sie neben jede Aufgabe einen geschätzten Bedarf an Zeit, weisen Sie der Aufgabe einen Termin zu und erstellen Sie so einen exakten Tagesplan. Am Abend kontrollieren Sie, ob Sie Ihr Pensum geschafft haben, haken ab und übertragen das Nichtgeschaffte auf das Kalenderblatt des nächsten Tages.

Haben Sie das schon einmal probiert? Kreative Chaoten finden solche Tipps zwar in der Regel höchst interessant – aber daran halten können und wollen sie sich nicht. Sie knechten sich vielleicht mit einer To-do-Liste (die eher einem seitenlangen Brainstorming gleicht) und vergeben mehrschichtige Prioritäten (A+, A–, B++ …), nur um am Ende ihrer Bemühungen ans läutende Telefon zu gehen – und die Planung kurzerhand über den Haufen zu werfen.

Ein Phänomen, das übrigens auch die Systematiker mittlerweile völlig schafft. Sie sind ja eigentlich diejenigen, die sich sehr leicht tun, To-do-Listen zu erstellen und Prioritäten zu vergeben. Kein Wunder, es entspricht ihren Talenten. Da heutzutage aber auch das Umfeld eher kreativ-chaotisch ist – an nahezu allen Arbeitsplätzen sind flexibles und schnelles Reagieren auf Unvorhergesehenes gefragt –, kommen sie mit mehr Planung und Organisation auch nicht mehr weiter. Im Gegenteil. Das Gefühl, zu planen und dennoch nichts im Griff zu haben, sorgt bei ihnen für noch mehr Stress.

Aus diesem Grund gilt es heute für fast alle Berufstätigen, dass sie mit kreativ-chaotischen Ansätzen deutlich weiter kommen. Und es lohnt sich, wenn Sie einmal einen Blick darauf werfen, wie Sie mit Ihrer Zeit und Ihren Aufgaben umgehen. Denn ein gänzlich »ungeplantes« Leben, das viele kreative Chaoten zelebrieren, ist in vielen Fällen auch nicht das Wahre. Solange Sie und Ihr Umfeld damit bestens klarkommen – bleiben Sie dabei. Wenn Sie aber häufiger Ärger bekommen, weil Sie wichtige Termine oder Aufgaben verbummeln, wenn Sie der Last-Minute-Lieferant sind und am Vorabend von Terminen mit hochrotem Kopf gegen die Tücken von Drucker & Co. kämpfen, wenn Sie es selbst leid sind, immer zu denken »Hoffentlich habe ich nichts vergessen!«, wenn Sie sich mehr Zeit nehmen wollen für Dinge und Menschen, die Ihnen wirklich wichtig sind, und mehr Ruhe in Ihren hektischen Alltag bringen wollen, dann kann Ihnen das kreativ-chaotische Zeit- und Stressmanagement helfen.

Ausführlich nachlesen können Sie das in *Organisieren Sie noch oder leben Sie schon? Zeitmanagement für kreative Chaoten.* Hier ein paar Eckpunkte.

Entdecken Sie die Kraft des Konzepts

Kreative Chaoten sträuben sich dagegen, detaillierte Listen und Pläne zu machen. Aus diesem Grunde sprechen sie lieber von »Konzept entwerfen« und streichen das Wort »Plan«. Ein Konzept ist ein Entwurf, der ihnen alle Freiheiten einräumt, etwas zu ändern. Eine große Stärke des kreativen Chaoten ist sein konzeptionelles Denken und viele lieben es, eine erste, unausgefeilte Niederschrift zu entwerfen, ein Konzept. Nutzen Sie dieses Talent und entwerfen Sie Ihre eigenen Tages-, Wochen- und Lebenskonzepte.

Kritische Stimmen mögen jetzt sagen, das ist doch albern, Augenwischerei, einfach nur das Wort auszutauschen. Mag sein. Das ist jedoch völlig unerheblich. Wichtig ist, welche Wirkung eine bestimmte Aufgabe auf Sie hat – und wenn Sie schon völlig die Lust verlieren, wenn Sie Ihre Tage »planen« sollen, aber freudige Erregung verspüren, wenn Sie ein »Konzept« machen dürfen, dann haben Sie ihr Ziel erreicht. Es ist doch völlig egal, wie wir uns motivieren – Hauptsache wir tun es! Und es ist völlig egal, wie wir uns organisieren, Hauptsache ist doch, dass es hilft.

Geben Sie, wenn Sie möchten, Ihrem Konzeptbuch (Zeitplanbuch) auch gleich einen anderen Namen. Sprechen Sie nicht von Terminkalender, sondern von Chancenplaner, Erfolgsbuch oder – wie mir eine Leserin schrieb – vom Glücksjournal. Es macht doch wesentlich mehr Spaß, Chancen in ein Glücksjournal einzutragen als Termine in einen Terminplaner, oder?

Sie können sich bis zu zwei Stunden Freiraum pro Tag verschaffen (laut amtlicher deutscher Statistik), wenn Sie sich ein paar Minuten nehmen, um die kommenden Tage zu überdenken, und ein grobes Konzept machen. Wer den Blick nach vorne richtet, der sieht, was alles auf ihn zukommt. Sie erkennen sofort, wann und wo es stressig werden könnte, und können so rechtzeitig agieren und etwas ändern – anstatt im Hamsterrad blind und taub zu reagieren.

Wenn Sie am Abend notieren (aufschreiben bringt noch deutlichere

Klarheit als nur nachdenken, wie Sie wissen), dass Sie beispielsweise am nächsten Tag Ihr Kind in die Schule bringen, danach zur Reinigung fahren, um Hemden abzuholen, im Supermarkt Schnitzel fürs Mittagessen besorgen könnten, die Unterlagen für die Haftpflichtversicherung zur Post bringen könnten und noch schnell beim TÜV vorfahren, weil Ihre Plakette abgelaufen ist, dann können Sie jetzt gleich noch alle notwendigen Utensilien bereitlegen: Abholzettel der Reinigung, Geldbeutel, Kuvert mit den Versicherungsunterlagen, Fahrzeugschein – und morgen in einer Runde durchfahren.

Für einen sehr systematischen Menschen ist dies der absolute Normalzustand. Für einen kreativen Chaoten nicht. Dieser würde morgens das Kind zur Schule fahren, unterwegs würde ihm einfallen – Mensch, die Hemden! Mist, wo ist denn bloß dieser Abholzettel? Also fährt er wieder nach Hause, holt die Zettel, läuft nochmal zurück, weil nun noch der Geldbeutel fehlt et cetera. Auf diese Weise vergeudet er wertvolle Lebenszeit für sinnloses Hin- und Herfahren. Wie gesagt: Wenn Sie schon sehr organisiert sind, dann kommt Ihnen so ein Tipp lächerlich vor. Aber glauben Sie mir – sehr viele kreative Chaoten sitzen nickend und lächelnd vor mir, wenn ich einen solchen chaotischen Ablauf schildere, und bestätigen: »Ja, so ist es bei mir auch!« Und im Gegenzug fühlen wir uns souverän, wenn wir mal eine geschmeidige Runde hinbekommen haben.

Ich weiß, Sie sind noch skeptisch, wie das wirklich klappen soll. Und vielleicht sagen Sie: »Ich habe ja schon einmal versucht, das alles so zu notieren – doch der Alltag hat diese schönen Werke zunichte gemacht und ich hatte dennoch Stress.« Wichtig: Es geht nicht darum, dass Sie ab sofort alles penibel in Konzepte packen und sich strikt daran halten. Solche Hilfsmittel können mehr Ruhe und Freiraum in den Alltag bringen – es gibt aber auch Tage, da läuft einfach alles anders. Zielen Sie nicht auf die 100 Prozent, sondern freuen Sie sich, wenn Sie es an drei von fünf Tagen geschafft haben, Dinge in Ruhe zu erledigen. Richten Sie Ihren Blick mehr auf das, was Sie wirklich schaffen.

Meist fällt uns nur das auf, was wir nicht geschafft haben, und das ist demotivierend. Deshalb ist es auch völlig kontraproduktiv, die Aufgaben in den Kalender zu schreiben – denn dann haben Sie abends oder spätestens am nächsten Morgen die undankbare Arbeit, alles Nichterledigte zu übertragen. Und das ist doppelt frustrierend. Es kostet zum einen wieder wertvolle Zeit und Ihr Kalender schreit Sie zum anderen an: »Du Faulpelz, wieder nicht alles geschafft, was du schaffen wolltest! Wie kann man nur so unorganisiert sein ...«

Reisende To-do-Sammlung

Gönnen Sie sich lieber eine »reisende To-do-Sammlung«. Darin sammeln Sie alles, was Sie tun möchten, tun müssen, wem Sie was versprochen haben und all Ihre Projektideen – alles in einer Sammlung, die dann mit Ihnen durch die Tage reist. Das lästige Übertragen der Aufgaben entfällt komplett.

Ihre Sammlung kann sein: ein Word-Dokument, handschriftliche Notizen auf einem selbst gestalteten Vordruck, auf einem Block oder in einer elektronischen Agenda. Manche kreative Chaoten sammeln ihre To-dos in Form einer Post-it-Collage in ihrer Kladde, an einer Weißwandtafel oder auf einem großen, bunten Zettel. Manche schwören auf Mind-Maps oder auf ihre handschriftlichen Notizen in einem Ringbuch.

Nutzen Sie Systeme, die Sie gerne in die Hand nehmen (Planer in einer schönen Farbe, weiches Leder, edler Karton). Viele kreative Chaoten bevorzugen übrigens Zettel, da sie diese nach Erledigung zusammenknüllen und wegwerfen können – und das erklärt die Aufgabe spürbar und plakativ als erledigt. Wandeln Sie bestehende Systeme um oder mixen Sie sie, sodass Sie richtig gut damit arbeiten können. Es gibt keine Regeln. Erlaubt ist, was gefällt! Sie sind der Maßstab. Niemand sonst.

Bunt und bildhaft

Gestalten Sie Ihre reisende To-do-Sammlung und später die Zeitinseln, die Sie in Ihrem Chancenplaner für die wichtigen Aufgaben markieren, bunt und bildhaft. Arbeiten Sie zum Beispiel in Ihrem Chancenplaner mit mehreren Farben: Notieren Sie alle Aufgaben und Termine in Pink, die Ihnen Spaß bringen. Notieren Sie alle in Grün, für die Sie eine Fahrzeit einkalkulieren müssen – kreative Chaoten denken häufig, sie könnten sich beamen, und vergessen oft Fahrzeiten – deshalb kommen sie häufig zu spät.

Farbigkeit bringt mehr Übersicht in die Tage, weil unser Gehirn Farben schneller lesen kann als Buchstaben. Zudem wird damit auch der langweiligste Tag bunt. Garnieren Sie Ihre Konzepte mit Bildern, einem kleinen gezeichneten Einkaufswagen für »einkaufen«, ein Telefon für »anrufen« oder eine Glühbirne, wenn Sie sich eine Zeitinsel für kreatives Brainstorming nehmen.

Abwechslungsreiche Hilfsmittel

Wechseln Sie Ihr Zeitplan-Handwerkszeug, sobald es anfängt, Sie zu langweilen. Vielleicht arbeiten Sie eine Zeitlang ganz gut mit einem Chancenplaner/Terminbuch. Plötzlich stellen Sie fest: Sie nutzen es ja gar nicht mehr richtig. Und auch wenn Sie die Farben Ihrer Einträge wechseln – es ist langweilig. Wechseln Sie jetzt bewusst zum Beispiel auf die Kalenderfunktion Ihres Computer (Outlook & Co.) oder experimentieren Sie mit einem kleinen Taschencomputer oder der Kalenderfunktion Ihres Handys. Gönnen Sie sich den steten Wechsel, denn alles, was Routine ist, langweilt den kreativen Chaoten. Und wenn er gelangweilt ist, dann nutzt das schönste Planungsbuch nichts.

Diskutieren Sie Ihren Wechselwillen aber bitte nicht mit einem sehr systematischen Menschen. Dieser wird Sie nämlich für verrückt halten und Ihren Wechsel für Geldverschwendung. Ja, für ihn stimmt das – aber Sie sind nicht er. Erinnern Sie sich an Coach Dr. Ann McGee-Cooper: »Was immer es Sie auch kostet, Sie beim Ordnungschaffen tatkräftig bei Laune zu halten: Es ist den Preis wert.« Legen Sie ein Budget fest, das Sie pro Monat für Utensilien rund um farbenfrohe, schöne Konzepthilfsmittel ausgeben können, und denken Sie daran: Sie investieren damit in mehr Ruhe und Gelassenheit.

Prioritäten setzen

Gehen Sie Ihre To-do-Sammlung jeden Tag durch und picken Sie sich heraus, was jetzt gerade für Sie, das Unternehmen, das Team oder anstehende Projekte wichtig ist. Auf den ersten Blick mag das schwierig sein, denn kreative Chaoten erleben es häufig als regelrechtes Dilemma, Prioritäten zu setzen. Kein Wunder. Häufig arbeiten sie in einem kreativ-chaotischen Umfeld. Ständig ändern sich hier die Prioritäten, es kommen neue

Aufgaben dazu, andere Menschen oder irgendwelche Störungen, die einen möglichen Tagesplan – und sollte er noch so fein mit A und B markiert sein – einfach über den Haufen werfen.

Ein kreativer Chaot hat keine feste Messlatte (und will auch keine) dafür, wie wichtig was ist. Er könnte Stunden über eine Einteilung nachdenken, weil die Dinge auf seiner umfangreichen To-do-Sammlung sowieso alle irgendwie gleich wichtig sind und die Prioritäten sich je nach Blickwinkel ändern. Dann grübelt er:»Ist die Bezahlung der Rechnung jetzt AAA – weil die anderen ja auf das Geld warten und ich nicht will, dass die denken, ich lasse sie hängen? Oder ist es AA und stattdessen ist das neue Konzept für den Chef AAA?« Und vor lauter Einteilungsversuchen passiert am Ende gar nichts.

Der kreative Chaot sprudelt über vor Ideen, die natürlich sofort von großer Wichtigkeit sind und die er sofort anpacken will. Alles, was neu auf den Schreibtisch kommt, ist immer super wichtig und damit AAAAA+++++. Er arbeitet gerne an mehreren Dingen parallel, die auch unterschiedlich hohe Prioritäten haben können. Während er eine weniger dringende und wichtige Aufgabe erledigt, gewinnt er Energie. Und oft – wenn er keine Lust auf eine sehr wichtige Aufgabe hat – tüftelt er an einer letztlich unnötigen Aufgabe. Und dabei kommt ihm dann eine geniale Idee, die sofort zur neuen extrem wichtigen Aufgabe mutiert.

Für den Unterstützer im kreativen Chaoten sind immer die Menschen am wichtigsten. Deshalb lässt er sich gerne bei der Arbeit unterbrechen, um sich anderen zu widmen. Er fühlt sich durch die Vorgabe, streng nach Prioritäten vorgehen zu müssen, eingeengt und gestresst. Wird er dazu gezwungen (eventuell durch Vorgesetzte oder Kollegen), verliert er seine Talente und seine Kooperationsbereitschaft.

Aus diesen Gründen zu schließen, dass bei den kreativen Chaoten Hopfen und Malz verloren sei, wenn es darum geht, das Wichtige vom Unwichtigen zu trennen, ist hingegen falsch. Kreative Chaoten wissen im Grunde sehr genau, was ihnen wichtig ist. Es erscheint oft nur im Vergleich mit systematischen Faktenmenschen als »nicht richtig«.

Kreative Chaoten brauchen keine penible Einteilung in Kategorien. Hier aber ein Tipp: Sie können entspannter arbeiten, wenn Sie sich abends aufschreiben, welche Aufgaben Sie morgen unbedingt erledigen wollen und welche Sie erledigen *könnten*. Von den »Unbedingt-Aufgaben« suchen Sie sich dann die heraus, die Ihnen am meisten unter den Nägeln brennen, weil ein Abgabetermin näher rückt oder Sie für einen Termin in ferner Zukunft in Ruhe ein paar Ideen sammeln oder Bücher bestellen möchten. Weitere Kriterien können sein:

- Wo droht der größte Ärger, wenn die Aufgabe nicht rechtzeitig erledigt wird?
- Wo wartet das meiste Lob?
- Was beflügelt Sie, damit andere Aufgaben besser flutschen?
- Wo ist der Gewinn (in Geld oder anderen Währungen) am höchsten?

Zeitinseln schaffen

Markieren Sie in Ihrem Chancenplaner Zeitinseln, an denen Sie – aller Voraussicht nach – diese Aufgaben erledigen wollen und können. Fangen Sie morgens mit einer Unbedingt-Aufgabe an, eventuell nachdem Sie sich 30 Minuten mit dem Beantworten von E-Mails und einer kleinen, aber spannenden Könnte-Aufgabe warmgearbeitet haben. Auf diese Weise schaffen Sie im Lauf des Tages mit Sicherheit – je nach Dringlichkeit – drei bis fünf der Unbedingt-Aufgaben und erledigen nebenbei noch einige energiebringende Könnte-Aufgaben. Der nicht so eilige Rest wandert mit Ihrer reisenden To-do-Sammlung die kommenden Tage mit.

Unbedingt-Aufgaben sind beispielsweise aktuell laufende Projekte, die vorangetrieben werden müssen, und alle Tätigkeiten, die Sie Ihren Lebenszielen näher bringen. Und natürlich alles, was Ihr Unternehmen oder Ihren Arbeitgeber weiterbringt, was in Ihrer Jobbeschreibung steht, also das, wofür Sie verantwortlich sind.

Achten Sie bei Ihren Zeitinseln auf Ihren Arbeitsstil (Sprinter- oder Marathonarbeiter, vgl. S. 86 ff.) und Ihren Biorhythmus (Eule, Lerche oder Normaltyp, vgl. S. 207 ff.). Wenn Sie eine Tendenz zum Unterstützer haben, machen Sie sich klar, dass Menschen bei Ihnen immer (!) Vorrang vor Aufgaben haben – und Sie dürfen jetzt entscheiden, wie viel Zeit Sie tatsächlich wofür und für wen investieren wollen.

Sagen Sie nicht mehr: »Ich habe keine Zeit für ...« Nehmen Sie ab sofort die Hoheit über Ihre Stunden in die Hand. Nehmen Sie sich die Zeiten, die Sie brauchen. Schotten Sie sich vor Störungen ab (Türe zu, Anrufbeantworter an, blinkende E-Mail-Benachrichtigung aus). Lernen Sie, Nein zu sagen, wenn Kollegen den Kopf zu Türe reinstecken und fragen: »Darf ich dich kurz mal stören?« Gönnen Sie sich ruhige Zeitnseln für störungsfreies Arbeiten.

Wichtig ist, dass Sie *Ihren* Weg finden. Alles andere vergessen Sie.

Den kreativen Chaoten gehört die Zukunft

»Ich bin nicht gescheitert.
Ich habe einfach nur 10 000 Möglichkeiten
gefunden, die nicht funktionieren.«

Thomas Alva Edison (1847–1931), Erfinder

Leben Sie kreativ-chaotisch los – und lassen Sie sich von Rückschlägen oder Knüppeln, die Ihnen zwischen die Beine geworfen werden, nicht bremsen. Bleiben Sie dran!

Freuen Sie sich: Die Wirtschaft wird kreativ-chaotisch!

In den letzten Monaten konnte man immer wieder lesen: »Die Wirtschaft wird weiblich!« Experten und Buchautoren bescheinigten »weiblichen« Talenten wie Empathie und Kreativität einen Höhenflug. Und der Blick auf die Bilanzen großer Unternehmen und DAX-Konzerne bewies, dass Unternehmen, in denen mehr Frauen in den Führungsgremien vertreten sind, deutlich bessere Ergebnisse einfahren als rein von Männern geführte.

Doch eines ist klar: Die als »weiblich« bezeichneten Stärken und Talente sind eindeutig die Stärken und Talente der kreativen Chaoten. Und es gibt genügend Männer, die diese Talente ebenso besitzen und leben. Ich denke, da sind wir uns einig, nicht wahr? Wollen wir deshalb jetzt über eine Kreative-Chaoten-Quote diskutieren? Oder diese gar fordern?

Viele (erfolgreiche) kreative Chaoten, mit denen ich für dieses Buch gesprochen habe, erleben im Alltag Benachteiligung, ja manchmal regelrechte »Diskriminierung« aufgrund ihres Lebens- und Arbeitsstils. Würde eine Quote helfen? Nein, vermutlich nicht. Es ist vielmehr entscheidend, die Wertschätzung in Gesellschaft, Politik und Wirtschaft für die unkonventionellen Talente der kreativen Chaoten zu fördern. Wir alle sollten uns gegenseitig viel mehr schätzen und unterstützen, als es bislang der Fall ist.

Meine Zukunftsvision ist, dass immer mehr Menschen voller Stolz verkünden: »Ja, ich bin kreativ-chaotisch!«, und mit ihren wertvollen Talenten mehr Anerkennung in unserer Welt erhalten. Dafür setze ich mich ein, dafür schreibe ich und halte meine Seminare und Vorträge. Damit sich die

Berufswelt, die Unternehmen und die gesellschaftlichen sowie politischen Player immer wieder aufs Neue die Vorzüge der kreativ-chaotischen Talente vor Augen halten können, ist es wichtig, diese Talente und Stärken deutlich nach außen zeigen, mit Leben zu füllen und den Mut zu haben, sie zum Wohle aller einzusetzen.

Was, wenn es nicht klappt?

Mir ist klar, dass wir hier noch ein gutes Stück Arbeit und einen steinigen Weg vor uns haben. Doch all die Aktivitäten anderer Kreativer, Querdenker und nachhaltig denkender Menschen machen mir Mut und ich glaube felsenfest daran, dass wir es schaffen.

Mit Sicherheit wird es Rückschläge geben. Sie werden mit Ihrer kreativ-chaotischen Art doch wieder anecken bei Ihren Kollegen oder vom Chef einen Rüffel – vielleicht sogar eine Abmahnung – kassieren. Zur Erinnerung: 83 Prozent der Menschen sind Bewahrer – die werden sich mit Händen und Füßen gegen Veränderungen wehren.

Lassen Sie sich auf keinen Fall einreden, Sie seien gescheitert, nur weil eine Ihrer Ideen oder Visionen (noch) nicht gezündet hat. Jede Zurückweisung, jeder »Fehler« ist wie eine weitere bunte Feder, die Ihnen hilft, noch höher in den Himmel aufzusteigen.

Apropos Fehler: Wir wissen heute: Wer Fehler zulässt, sie offen zugibt und systematisch aus ihnen lernt, ist deutlich kreativer, innovativer und erfolgreicher. Aus falschen Entscheidungen wachse häufig erst der Fortschritt, betont Michael Frese, Leiter des Lehrstuhls Arbeits- und Organisationspsychologie der Universität Gießen und Dozent an der London Business School. Frese gilt als weltweit führender Experte auf dem Gebiet der Fehlerforschung. »Wir sollten Fehler nicht verteufeln. Pannen sind ein wunderbares Rohmaterial, um Neues zu entdecken. Das menschliche Gehirn ist imstande, über Irrwege zu herausragenden Ideen und Innovationen zu gelangen. In unseren Fehlern schlummert ein unschätzbares kreatives Potenzial«, sagte er in einem Interview.[158] Seine Erkenntnis: Unternehmen, die Fehler nicht tabuisieren, sondern aus ihnen lernen, sind bis zu 20 Prozent profitabler als andere.

Kreative Chaoten lieben diese Vorgehensweise. Sie sind risikofreundig und legen großen Wert auf ihren Freigeist. Sie haben den Mut, auch einmal Fehler zu machen. Manchmal wird diese Grundeinstellung dann sogar zur Unternehmensstrategie, wie zum Beispiel bei Google.

Ständig startet der Suchmaschinenbetreiber neue Angebote – die meisten erfolglos. Ohnehin schafft es nur ein Bruchteil der Innovationen, welche die Mitarbeiter in kleinen, untereinander vernetzten Gruppen austüfteln, auf den Markt. Das Prinzip dahinter: Wenn Scheitern die Regel ist, tut es weniger weh. Und mit jedem Fehlversuch steigt die Chance, dass die nächste Idee ein Volltreffer wird.

Perfekt ist langweilig

Trauen Sie sich Fehler zu machen. Und trauen Sie sich vor allem, sich selbst als »nicht perfekt« zu akzeptieren. Wer Ecken und Kanten hat und diese auch zeigt, der wirkt echt, aufrichtig und sympathisch.

Legen Sie los, auch wenn Sie noch nicht die perfekte Lösung für Ihr Vorhaben haben. Bei meinen Vorträgen verteile ich manchmal eine Postkarte mit dem Spruch »Lieber unperfekt begonnen, als perfekt gezögert!« – und die Karten gehen immer weg wie warme Semmeln.

Perfekt ist langweilig. Perfekt ist der schleichende Tod. Wer sich für perfekt hält, hat aufgehört zu wachsen. Da kreative Chaoten jedoch immer wachsen wollen, dürfen sie auch den Perfektionismus ablegen. Sie brauchen ihn nicht mehr. Machen Sie Fehler, stecken Sie Rückschläge ein, seien Sie erfrischend unperfekt.

Und falls es schiefgeht? Dann greifen Sie auf ein weiteres Grundtalent der kreativen Chaoten zurück, über das wir noch nicht gesprochen haben: Ihr Talent, mit Niederlagen souverän umzugehen und daran zu wachsen.

Es gibt Menschen, die nach Niederlagen oder sogar schweren Schicksalsschlägen wieder aufstehen und weitermachen. Andere wiederum, denen etwas Unschönes widerfährt, resignieren und bleiben liegen.

Wie kreative Chaoten sich verhalten, hat viel mit einer inneren Kraft, der sogenannten »Resilienz« zu tun. Wer resilient ist, kann mehr emotionale Stärke aufbringen, um sich von Stress, Krisen und Schicksalsschlägen nicht charakterlich verbiegen zu lassen. Resiliente Menschen machen das Beste aus jedem Unglück, lernen daraus und können dabei über sich selbst hinauswachsen.

Sieben Säulen kennt die Resilienzforschung[159]: Optimismus, Akzeptanz, Lösungsorientierung, Opferrolle verlassen, Verantwortung übernehmen, Netzwerkorientierung und Zukunftsplanung. Viele dieser Säulen gelten – wissenschaftlich belegt – als wichtige Charakterzüge der kreativen Chaoten. Toll, oder? Denn das bedeutet, dass kreative Chaoten von Natur aus eher Stehaufmännchen sind – und damit anderen ein wichtiges Karrieregeheimnis voraus haben.

Bauen Sie also Ihre Talente aus. Trainieren Sie das, was Ihnen noch nicht so leicht von der Hand geht, aber wozu Sie ein Talent haben, das in Ihnen schlummert, und entwickeln Sie daraus eine echte Stärke. Stellen Sie sich so auf, dass Sie Ihre Fähigkeiten genügend ausleben können und immer ausreichend Herausforderungen haben. Leben Sie bewusst und mit Genuss Ihr Chaos. Wechseln Sie die Perspektive und beziehen Sie Urteile anderer Menschen nicht mehr auf sich persönlich. Die anderen haben eben eine andere Sicht der Dinge als Sie – und keine ist die einzig »richtige«. Sie ist einfach anders. So wie jeder Mensch anders ist.

Vertrauen Sie darauf, dass Ihre Fertigkeiten und Ihre Fähigkeiten Ihnen immer gute Berufsmöglichkeiten verschaffen werden. Erkennen Sie Ihre Art, die Dinge zu regeln, als die für Sie richtige an. Denn nur dann kann daraus Ihr persönlicher Erfolgsmotor werden.

Gehen Sie Ihren kreativ-chaotischen Weg und seien Sie stolz auf Ihr buntes Gefieder. Solange Sie in Bewegung bleiben und die Augen offen halten, solange Sie Lust am Wachsen haben und diese Lust strategisch ausbauen, steht einem so schillernd bunten Vogel wie Ihnen der ganze Himmel weit offen.

Dank

Viele Menschen haben mich auch bei diesem Buchprojekt wieder inspiriert, unterstützt, mich bei Schreibkrisen aufgebaut, mit mir gearbeitet oder mich mit wertvollen Informationen versorgt. Ich danke allen meinen Seminarteilnehmern und Coaching-Klienten, deren Beispiele ich hier verwenden durfte. Es macht mir immer wieder großen Spaß, Sie alle persönlich ein Stück weit auf Ihrem kreativ-chaotischen Erfolgsweg zu begleiten und mit Ihnen intensiv an Ihrer Karriere, Ihrer Selbständigkeit oder Ihrem Zeitmanagement zu arbeiten. Danke an alle meine Interviewpartner, die mir persönlich, telefonisch oder per Mail meine brennenden Fragen beantwortet haben – auch an den Weihnachtsfeiertagen.

Danke an das »Centro Vital in Spandau«, die mir statt einem normalen Einzelzimmer ein tolles Zimmer mit Blick auf den See für meine Schreibwoche in Berlin gegeben haben. Danke an meine Lektorinnen Maren Wetcke und Christiane Meyer, die auch diesem »Chaoten«-Buch den Weg geebnet haben, sowie an Stephanie Walter, die von Anfang an von diesem Buch überzeugt war. Danke an meine Mitarbeiterinnen Bettina Schaaf und Franziska Wehlmann, die mir im Büro den Rücken frei gehalten und tagelang im Alleinflug den Kurs gehalten haben. Und natürlich einen dicken, dicken Dank an meine Familie, allen voran meinem Mann Claus und meinen Kindern Ronja und Raffael, die auch in den stressigsten Schreibphasen immer gelassen blieben und mir mit einem warmen Essen, aufmunternden Worten und einem warmherzigen Nest Halt gaben.

Bunte Vögel fliegen höher – am höchsten fliegen sie, wenn sie gemeinsam fliegen. Danke, dass Sie alle mitfliegen!

Die Hymne der kreativen Chaoten –
Ich will mich nicht verbiegen

Sechs Uhr morgens, Zeit aufzusteh'n
Jeden Tag das Gleiche.
Hab keine Lust, früh aus dem Haus zu geh'n,
Ich hasse es!
Die halbe Nacht hab ich Ideen gebor'n,
Fürs Frühstück bleibt keine Zeit mehr,
Ich schlepp mich raus und mach mich auf den Weg.
Natürlich komm' ich zu spät.
Alle starren mich sauer an,
Hey, ich kann nichts dafür.
Bin kreativ, bin ein Chaot.

Refrain
Nein! Ich will mich nicht verbiegen,
Meine besten Ideen
Können nur im Chaos entsteh'n.
Nein! Ich will mich nicht verbiegen,
Ich will bleiben, wie ich bin.
Ein Spinner, ein Träumer, ein Chaot.

Ihr seid alle so aufgeräumt,
Alles läuft nach der Uhr ab.
Ihr tut das, was man schon immer macht,
seid gründlich, ordentlich, perfekt.
Das mag für euch ja OK so sein,
Doch spontan sein ist mir lieber.
Ich such mir eine Welt, die anders ist,
In der Ideen statt Fakten zählen.

Refrain

Manchmal denk' ich,
Es darf so nicht bleiben,
Ich muss mich verändern,
Muss werden wie ihr!
Aber … hey! Ihr da draußen!
Versteht ihr denn nicht,
Die Welt braucht Chaoten,
Chaoten wie mich.

Refrain

Nein! Ich will mich nicht verbiegen,
Ich will bleiben wie ich bin.
Ein Träumer, ein Macher, ein Chaot.

Literatur

Abrahamson, Eric; Freedman, David H.: Das perfekte Chaos. Berlin 2007.

Albers, Markus: Morgen komme ich später rein. Frankfurt a. M. 2008.

Bolles, Richard N.: Durchstarten zum Traumjob. Das Workbook. 3. Auflage, Frankfurt a. M. 2007.

Buckingham, Marcus; Clifton, Donald O.: Entdecken Sie Ihre Stärken jetzt! 3. Auflage, Frankfurt a. M. 2007.

Christakis, Nicholas A.; Fowler, James H.: Connected! Frankfurt a. M. 2010.

Ferris, Timothy: Die 4-Stunden-Woche. Berlin 2008

Förster, Anja; Kreuz, Peter: Nur Tote bleiben liegen: Entfesseln Sie das lebendige Potenzial in Ihrem Unternehmen. Frankfurt a. M. 2010.

Gladwell, Malcolm: Überflieger. Frankfurt a. M. 2009.

Gulder, Angelika: Finde den Job, der dich glücklich macht. Frankfurt a. M. 2007.

Meyer, Jens-Uwe: Kreativ trotz Krawatte. Göttingen 2010.

Moritz, André; Rimbach, Felix: Soft Skills für Young Professionals. 2. Auflage, Offenbach 2008.

Schulz Thun, Friedemann von: Miteinander reden 2. Stile, Werte und Persönlichkeitsentwicklung. 31. Auflage, Reinbek bei Hamburg 2010.

Sher, Barbara: Du musst Dich nicht entscheiden, wenn du tausend Träume hast. München 2008.

Siefer, Werner: Das Genie in mir. Frankfurt a. M. 2009.

Thaler, Richard H.; Sunstein, Cass R.: Nudge. 4. Auflage, Berlin 2009.

Wall, Hans: »Aus dem Jungen wird nie was...«. München 2009.

Anmerkungen

1 Quelle: Wikipedia

2 Quelle: www.johannes-heesters.de

3 Siefer, Werner: *Das Genie in mir. Warum Talent erlernbar ist.* Frankfurt a. M.: Campus Verlag, 2009

4 Datenbank-Auswertung der Stärken-Analyse auf www.kreative-Chaoten.com vom 11. April 2011, Grundgesamtheit: ca. 30 000 Teilnehmer der deutschsprachigen Analyse. © by Campus für Kreative Chaoten

5 Opaschowski, Horst W.: *Deutschland 2030. Wie wir in Zukunft leben.* Gütersloher Verlagshaus, S. 30 und S. 123

6 http://www.trendbuero.de/newsletter_archiv/Newsletter-2008-02.html

7 http://www.karriere.de/startseite/kreativitaet-kann-auch-unscheinbar-sein-7077/

8 Mail vom 21. Februar 2011, Senior Department Head External Communications, McDonald's Deutschland Inc., Zweigniederlassung München

9 Pressemeldung von AC Nielsen vom 29. Mai 2008: »Was die ökologische Avantgarde wirklich kauft«, URL: http://de.nielsen.com/news/pr20080529.shtml (letzter Zugriff: 4. April 2011)

10 Egon Zehnder International: »Gespräch mit dem Ashoka-Gründer Bill Drayton«, 2011, URL: http://www.egonzehnder.com/de/focus/leadersdialogue/article/id/54300821

11 Opaschowski, Horst W.: *Deutschland 2030.* S. 126 und S. 102

12 Sie können diesen Selbst-Check auch in einer ausführlichen, wissenschaftlich validen Form unter info@kreative-chaoten.com anfordern und erhalten dann ein individuelles ausführliches Profil mit konkreten Tipps für Ihre berufliche Entwicklung. Dieser Selbst-Check basiert auf anerkannten psycholgischen Präferenz-Checks wie dem H. B. D. I., dem TMS® und dem Riemann-Modell, die ich wissenschaftlich valide in meinen Seminaren und Coachings einsetze.

13 Eine ausführliche Analyse mit einer umfassenden Auswertung auch der Misch-Typen können Sie im Internet unter www.kreative-chaoten.com anfordern.

14 Vgl. Daniel Rettig, »Unter guten Vorzeichen« Wirtschaftswoche Nr. 25 vom 21. Juni 20010, S. 78 ff.

15 Vgl. Simon, Walter: *Persönlichkeitsmodelle und Persönlichkeitstests,* Gabal Verlag, 2006, S. 113 ff.

16 Angela Lee Duckworth, Teri A. Kirby, Eli Tsukayama, Heather Berstein and K. Anders Ericsson: »Deliberate Practice Spells Success: Why Grittier Competitors Triumph at the National Spelling Bee«, Social Psychological and Personality Science published online 4 October 2010

17 Wall, Hans: *Aus diesem Jungen wird nie was ...* München: Heyne Verlag, 2009, S. 13 f.

18 Zitiert nach: Daniel Rettig, »Unter guten Vorzeichen« Wirtschaftswoche Nr. 25 vom 21. Juni 20010, S. 78 ff.

19 Diese Übung ist eine klassische Coaching-Übung, die in vielen Fachbüchern in ähnlicher Form dargestellt wird und z. B. von HelfRecht (www.helfrecht.de) im Rahmen der »Planungsstage« eingesetzt wird. Ich habe die Fragen im Laufe meiner Coaching-Jahre umgemodelt und für dieses Buch neu überarbeitet.

20 Wall, Hans: ebd., vorderer Klappentext.

21 Vgl. dazu auch: Dispenza, Joe: *Schöpfer der Wirklichkeit,* S. 63 ff., und vgl. Eker, T. Harv: *So denken Millionäre: Die Beziehung zwischen Ihrem Kopf und Ihrem Kontostand,* S. 33 f.

22 Das Wertequadrat ist ein Denkwerkzeug, das der deutsche Psychologe, Philosoph, Theateregisseur und Drehbuchschreiber Paul Helwig (1893–1963) entwickelt hat. Es basiert auf der Nikomachischen Ethik von Aristoteles und wurde von Friedemann Schulz von Thun in seinem zweiten Band von *Miteinander reden* bekannt gemacht.

23 Christakis, Nicholas A./Fowler, James H.: *Connected! Die Macht sozialer Netzwerke und warum Glück ansteckend ist.* Fischer Verlag, 2010.

24 http://www.sueddeutsche.de/wissen/psychologie-zeig-mir-deine-wunde-1.1004092

25 http://www.dak.de/content/filesopen/Gesundheitsreport_2010.pdf

26 http://www.qmg.de/bilger/thdw.htm

27 Vgl. http://www.wiwo.de/management-erfolg/jeder-gegen-jeden-160421/

28 Inspiriert zu dieser Übung hat mich eine Grundüberlegung von John L. Holland, der feststellte, dass man Fähigkeiten in sechs unterschiedliche Gruppen oder Familien einteilen kann. Ich habe dies auf unsere Präferenzen umgemünzt, die Gruppen der »Reichen« und »Mittellosen« beigefügt und an das Nussbaum-Stärken-Talente-Rad angepasst. Die Originalversion der Übung ist zu finden in: Bolles, Richard Nelson: *Durchstarten zum Traumjob. Das Workbook.* Frankfurt a. M.: Campus Verlag, 2007, S. 39 f.

29 Vgl. Niederstadt, Jenny, »Abschied vom Aufstieg« in: Wirtschaftswoche Nr. 51 vom 24.12.2010, S. 84 ff.

30 Vgl. ebd.

31 Vgl. ebd, sowie http://www.welt.de/wissenschaft/article1072762/Arbeitsunfae-hig_durch_Burn_out_Syndrom.html sowie http://www.fotostudionurfuer-kinder.de/claus_rottenbacher.html

32 . Einen entsprechenden Kalkulator finden Sie gratis unter www.erfolg-reich-frei.de.

33 Das Buch von Petra Bock *Nimm das Geld und freu' Dich dran*, Kösel, 2008, kann Ihnen dabei gut helfen. Auch hilfreich: Eker, T. Harv: So denken Millionäre: Die Beziehung zwischen Ihrem Kopf und Ihrem Kontostand

34 Vgl. dazu: Mihaly Csikszentmihalyi, *Flow im Beruf: Das Geheimnis des Glücks am Arbeitsplatz*, Klett-Cotta, 2004, und Mihaly Csikszentmihalyi, *Flow: Das Geheimnis des Glücks*, Klett-Cotta 2010

35 Das Sammeln von Aussagen, wann wir uns erfolgreich fühlen, ist eine klassische Coaching-Übung, die ich um die weiteren Schritte erweitert habe, um mehr ins Tun zu kommen.

36 Vgl. http://www.br-online.de/wissen/pioniere-des-automobils-DID12512777173 43/henry-ford-fliessband-model-t-ID1251465969869.xml

37 Kintzinger, Alex: »Jeder macht, was er kann« in: Financial Times Deutschland vom 28.06.2004, Seite 31

38 HP nutzt das ausführliche, mit acht Rollen definierte Team-Management-System TMS.

39 IBM nutzt das Herrmann Dominanz Instrument mit vier möglichen Rollen.

40 Vgl. Pinetzki, Katrin, »Macht stumpfe Arbeit denn wirklich dumm?« in: mundo – das Magazin der Technischen Universität Dortmund, Ausgabe 12/10, S. 14–21.

41 Vgl. http://wiki.iao.fraunhofer.de/index.php/Chronobiologische_Arbeitsgestal-tung

42 Vgl. Rothgangel, Simone: *Kurzlehrbuch Medizinische Psychologie und Soziologie*, Thieme 2010, S. 31.

43 Buckingham, Marcus: *Entdecken Sie Ihre Stärken jetzt!* Campus Verlag, 2007, S. 137

44 http://www.wissenschaft.de/wissenschaft/news/227847.html

45 Vgl. Nägler, Wera: Finden Sie Ihren Arbeitsstil im Büro. http://www.experto.de/b2b/organisation/bueroorganisation/finden-sie-ihren-arbeitsstil-im-buero.html

46 Spitzer, Manfred: *Nervenkitzel*. Suhrkamp Verlag, 2006, S. 49

47 »Begeisterung ist die Voraussetzung«, Focus 52/2010, S. 97 ff.

48 «Begeisterung ist die Voraussetzung«, Focus 52/2010, S. 97 ff.

49 Konnerth, Tanja: »Veränderer oder Bewahrer?«, in: http://www.zeitzuleben. de/952-veranderer-oder-bewahrer/

50 Sher, Barbara: *Du musst dich nicht entscheiden, wenn Du tausend Träume hast.* Deutscher Taschenbuch Verlag, 2008, S. 49.

51 E-Mail-Auskunft des Deutschen Imkerbundes e. V. in Bonn vom 5. Januar 2011.

52 Diese Übung findet sich in ähnlicher Form bei Sher, Barbara: *Du musst dich nicht entscheiden, wenn Du tausend Träume hast.* Deutscher Taschenbuch Verlag, 2008, S. 51.

53 »Begeisterung ist die Voraussetzung«, Focus 52/2010, S. 97 ff.

54 Roos, Georges T.: *Lifestyle 2020. Die Werte von morgen,* Bezug unter roos(at) kultinno.ch.

55 Vgl. dazu z. B. Opaschowski, ebd. S. 537 ff.

56 Reinke, Kerstin: Interkulturelle Rhetorik im DaF-Kontext, vgl.: http://www. reinke-eb.de/kerstin/medien/Rhetorik_IK_Folien.pdf

57 Birkel, P./Pritz, V.: »Sprechflüssigkeit und Vorinformationen als validitätsmindernde Faktoren bei mündlichen Prüfungen«, zit. nach *Lehrbuch der Pädagogischen Diagnostik,* Karl-Heinz Ingenkamp (Autor), Urban Lissmann (Autor, Herausgeber), S. 140, und zit. nach Schaller, Beat: *Die Macht der Psyche: Warum Menschen bei Mondschein besser arbeiten. Warum Täter immer wieder an den Tatort zurückkehren. Warum uns Lebenslügen ein erfülltes Leben ermöglichen,* S. 47.

58 Arno Fischbacher, Seminar Stimmtraining, Februar 2011 in München.

59 René Borbonus, Seminar Rhetorik, Januar 2011, München

60 Brasilianische Kampfkunst bzw. Kampftanz, der sich auszeichnet durch extreme Flexibilität, viele Drehtritte, eingesprungene Tritte und Akrobatik. Traditionell wird zu den Kämpfen Musik gespielt, diese folgt einem Endlos-Rhythmus in verschiedenen Variationen; dazu werden passende, häufig noch aus der Zeit der Sklaverei stammende Lieder gesungen. Quelle: http://brasil-web.de/forum/wiki/48-musik-und-tanz/421-capoeira.html

61 Definition nach: Wikipedia.

62 Vgl. http://www.focus.de/finanzen/karriere/management/softskills/schluessel qualifikationen/schluesselqualifikation_aid_6113.html

63 Colvin, Geoff, *Talent wird überschätzt,* Ariston, S. 14.

64 Gladwell, Malcolm: *Überflieger,* Campus, S. 41.

65 Rasch, Ute: »Der Kosmos im Kopf«, in Der Westen, 01. Oktober 2010

66 http://www.sueddeutsche.de/karriere/berufswahl-nach-gehirnscan-zeig-mir-dein-gehirn-und-ich-sage-dir-wer-du-bist-1.980088

67 Frankfurter Allgemeine Sonntagszeitung, 29. Juni 2003, Ausgabe 26, S. 63

68 E-Mail-Auskunft von Werner Siefer, Fachautor, www.wernersiefer.de

69 Renz, Nicola:»Der Hippocampus der Taxifahrer. Räumliches Gedächtnis: Eine Frage des Trainings«, www.suite101.de

70 Roth, Christine:»Das Impostor-Phänomen«, Diplomarbeit im Rahmen des Psychologiestudiums an der Rupert-Karls-Universität Heidelberg, betreut von Prof. Dr. Birgit Spinath und Dr. Ricarda Steinmayr, 2007/2008. Die Arbeit liegt mir vor, danke!

71 Zitiert nach: Meyer, Jens-Uwe: *Kreativ trotz Krawatte*. Business Village, 2010, S. 11

72 Meyer, Jens-Uwe: *Kreativ trotz Krawatte*. Business Village, 2010, S. 49.

73 Zit. nach : Meyer, ebd. S. 23

74 Meyer, ebd. S. 26.

75 Meyer ebd. S. 35

76 Vgl. Burow, Olaf-Axel: *Ich bin gut, wir sind besser: Erfolgsmodelle kreativer Gruppen*, Klett-Cotta, 2000, S. 11 ff.

77 http://www.spiegel.de/wirtschaft/unternehmen/0,1518,739960,00.html

78 Vgl. Heuer, Steffan: Sandkastenspiele, in: brandEins 05/2007, S. 74.

79 Vgl. Die Akademie: Kreativität und Führung. Wunsch, Wirklichkeit oder Widerspruch? 2010, S. 16.

80 Förster, Anja/Kreuz, Peter: *Nur Tote blieben liegen*. Campus Verlag, 2010, S. 56 f.

81 Böttcher, Dirk,»Lass 1000 Blumen blühen«, in: Brand Eins 05/2007, S. 80 – 85. S. 80.

82 Vgl. Böttcher ebd.

83 Heuer, Steffan:»Sandkastenspiele«, Brand Eins 05/2007, S. 72 – 78. S. 74.

84 http://www.zeit.de/2003/40/Branson_2fVirgin

85 Meyer, ebd. 85.

86 Meyer ebd. S. 34.

87 Heuer, Steffan ebd.,S. 76.

88 Trendletter Januar 2011, www.trendletter.de

89 https://secure3.verticali.net/pg-connection-portal/ctx/noauth/PortalHome.do

90 Vgl. http://www.openinnovators.de/index.php/Blog/523-Procter-Gamble-P-G-zeigt-wie-Open-Innovation-erfolgreich-umgesetzt-werden-kann-523.html

91 Zitiert nach: Meyer ebd. S. 99.

92 Zitiert nach: Meyer, ebd. S. 45

93 Günter Hetzke zur Ölpest im Golf von Mexiko, Deutschlandfunk, 4. August 2010

94 Zitiert nach Meyer ebd. S. 43

95 Ebd., S. 38

96 Ebd., S. 23

97 Ein schönes Beispiel für das vermeintlich rationale Handeln eines Managers beschreibt Hans-Georg Häusel in *Think Limbic!*, S. 15 ff.

98 Vgl. KFW Gründungsmonitor 2010, Summary.

99 Zitiert nach: http://www.soft-skills.com/personalekompetenz/empathie/einfuehlungsvermoegen.php

100 Gladwell, Malcolm: *Blink! Die Macht des Moments.* Campus Verlag, 2005, S. 47

101 Ebd., S. 49

102 Vgl. beispielsweise Moritz, André, und Rimbach, Felix: *Soft-Skills für Young Professionals,* Gabal.

103 Quelle: Statistisches Bundesamt, Erwerbstätigkeit im Jahr 2010.

104 Opaschowski, Horst W.: Deutschland 2030, S. 148 ff.

105 https://www.allianz.com

106 http://www.mercer.de/press-releases/1295580

107 http://www.hrtoday.ch/hrtoday/de/themen/archiv/101874/Engagement_Motivation_und_emotionale_Bindung

108 Konkrete Tipps, wie Sie Nein sagen lernen, erhalten Sie in *Organisieren Sie noch oder leben Sie schon? Zeitmanagement für kreative Chaoten,* S. 99 ff.

109 Erläutert in zahlreichen Büchern, auch hier nachzulesen: http://www.schulz-von-thun.de/mod-komquad.html

110 Dr. Doris Wolf und Dr. Rolf Merkle, www.psychotipps.com

111 Nadolny, Sten: *Die Entdeckung der Langsamkeit,* Piper, S. 196.

112 Diese Übung fusst auf den Lebensmotiven nach dem Reiß-Profil sowie der Motiv-Strukturanalyse MSA®. Ich habe die Übung abgewandelt und in mehrere Schritte ausgebaut.

113 Pausch, Randy: *Last Lecture,* C. Bertelsmann, 2008.

114 Inspiriert zu dieser Übung hat mich vor vielen Jahren das Buch »*1 000 Places to see befor you die. Die Lebensliste für den Weltreisenden.*« Auch Barbara Sher hat sie in ihr Buch (Sher, ebd. S. 96 ff.) aufgenommen und nennt sie »Die große Liste«.

115 Helmut Newton (* 31. Oktober 1920 in Berlin; † 23. Januar 2004 in Los Angeles; ursprünglich Helmut Neustädter) war ein australischer Fotograf deutsch-jüdischer Herkunft

116 Erzählt nach: http://www.answers.com/topic/florence-chadwick

117 Vgl. http://www.dominican.edu/academics/ahss/psych/faculty/fulltime/gail-matthews/researchsummary2.pdf. Mit dieser Studie hat Matthews zudem den Mythos der viel zitierten »Harvard-Studie« in Bezug auf den Erfolg von schriftlich fixierten Zielen ein Ende gesetzt: Nach ihren Recherchen hat es eine solche Studie nie gegeben. Tja, was soll man glauben?

118 Vgl. Ferris, Timothy, Die-4-Stunden-Woche, Econ, 2008, S. 194.

119 Rund einmal im Monat erscheint auf dem Portal unter www.dasabenteuerleben.de der Podcast »Kreatives Zeitmanagement« von Cordula Nussbaum.

120 Pelz, Prof. Dr. Waldemar : »Volition: Die Umsetzungskompetenzen bestimmen den Grad des Erfolgs«, in: KMU-Magazin 2/2010, S. 14 f.

121 Barbara Sher hat in *Du musst dich nicht entscheiden, wenn du tausend Träume hast* verschiedene »Scanner-Typen« definiert. Da diese jedoch nicht hundertprozentig auf kreative Chaoten passen, habe ich neue Szenarien entwickelt.

122 Mehr Tipps für Selbstständige finden Sie im Kapitel »Positionierung für Selbständige« ab S. 226 ff.

123 Beim Alternativenrad zeichnen Sie einen Kreis (das Rad) und unterteilen ihn in zehn Segmente (die Speichen). In jedes Segment schreiben Sie nun eine Alternative und bewerten diese dann mit Punkten von 0 bis 10.

124 Allfarbloris sind leuchtend bunt gefiederte Vögel mit orangerotem Schnabel. Wie alle Loris besitzt auch der Allfarblori eine lange, schmale Zunge, deren Spitze dicht mit Papillen besetzt ist. Wenn ein Lori seine Zunge in eine Blüte steckt, richten sich diese Papillen auf. Wie ein Schwamm wird dadurch der Nektar aufgesogen. Zieht der Vogel die Zunge zurück in den Schnabel, wird der Nektar an Hautfalten im Gaumen ausgedrückt. Der Flug der Allfarbloris ist schnell und gradlinig. Wenn sie größere Distanzen überwinden, fliegen sie häufig in beträchtlichen Höhen. Charakteristisch für ihre Flugsilhouette sind die langen, spitz auslaufenden Flügel, der lange Schweif sowie die orangeroten Unterflügel und der dunkelblaue Unterbauch. (Quelle: Wikipedia)

125 http://www.b-society.org

126 Heine, Luise: »So ticken sie richtig«, in: SZ Wissen, März 2009, S. 26

127 Vgl. Psychologie heute, Januar 2011, S. 20 ff.

128 Vgl. Psychologie heute, Januar 2011, S. 20 ff.

129 Psychologie heute, Januar 2011, S. 3 und S. 20 ff.

130 Vgl. http://www.focus.de/gesundheit/gesundleben/vorsorge/risiko/tid-17969/arbeitsmedizin-buerodesign-grossraum-versus-einzelzimmer_aid_500561.html

131 http://www.faz.net/s/RubC43EEA6BF57E4A09925C1D802785495A/Doc~E9AF8BABF0EFC465CA2CC9162B6C7CAC7~ATpl~Ecommon~Scontent.html

132 Zit. nach Lotter, Wolf: *Die kreative Revolution*, Murmann, S. 71. In Lotters Buch scheint jedoch die Jahresangabe (in den 1970er-Jahren) nicht zu stimmen. Andere Quellen (z. B. WDR, Wikipedia) sprechen von Mitte der 1990er-Jahre. Eine Ursprungsquelle wurde bislang nicht gefunden,

133 vgl. Lotter, ebd. S. 70 f., und »Wahnsinnig begabt« in: Der Tagesspiegel vom 18. Juli.2005 und »Genie und Kreativität, WDR Fernsehen, Quarks&Co. Sendung vom 5. April 2005.

134 Lotter ebd. S. 71 f.

135 Zahl für Januar 2011, Quelle: Monatsbericht der Bundesagentur für Arbeit.

136 Auch nachzulesen in: von Hirschhausen, Eckhart: Glück kommt selten allein. Rowohlt Verlag, 2009, S. 355.

137 Mehr zur »Easy Economy« lesen Sie in: Albers, Markus: Morgen komme ich später rein, Campus 2008.

138 http://karriere-journal.monster.de/lebenslauf-anschreiben/lebenslauf/dritte-seite-in-der-bewerbung-das-sagen-personaler/article.aspx

139 Knoblauch, Jörg: Die Personalfalle. Frankfurt a. M.: Campus Verlag, 2010.

140 Vgl. dazu das Buch von Gerber, Michael. E.: Das Geheimnis erfolgreicher Firmen, Accord. Leider gibt es das nicht mehr neu, aber als Hörbuch ist es noch erhältlich unter www.ruschverlag.com.

141 Vgl. http://www.zeit.de/karriere/beruf/2009-10/eigen-pr-erfolg-karriere-2

142 Vgl. http://www.management-praxis.de/karriere/bewerbung/stellenmarktnetz_werke-und-zeitungsinserate-vorn

143 Gute Tipps für einen Elevator-Pitch erhalten Sie im Buch von Skambraks, Joachim: 30 Minuten für den überzeugenden Elevator Pitch, Gabal.

144 »Jeder gegen jeden«, in: Wirtschaftswoche vom 16. November 2006,

145 »Das jeder-kennt-jeden-Prinzip«, in: Der Spiegel vom 2. August 2008.

146 Tipps für Ihr Zeitmanagement finden Sie in Organisieren Sie noch oder leben Sie schon? Zeitmanagement für kreative Chaoten, S. 81 ff.

147 Vgl. http://www.brigitte.de/job-geld/karriere/karriere-schreibtisch-49101/ und http://www.faz.net/s/RubC43EEA6BF57E4A09925C1D802785495A/Doc~E817EB9D5617D4B3DBE6AADE681DBEC97~ATpl~Ecommon~Scontent.html

148 http://www.welt.de/welt_print/article1091972/Bitte_nicht_aufraeumen.html

149 http://www.welt.de/welt_print/article1091972/Bitte_nicht_aufraeumen.html

150 http://www.welt.de/welt_print/article1091972/Bitte_nicht_aufraeumen.html

151 »Hirnforschers Albtraum – Chaos im Büro«, in: FAZ 11. April 2007

152 »Hirnforschers Albtraum – Chaos im Büro«, in: FAZ 11. April 2007

153 »Hirnforschers Albtraum – Chaos im Büro«, in: FAZ 11. April 2007

154 Ebd.

155 Zit. nach Nussbaum Cordula, Familien-Alltag sicher im Griff, GU, S. 56.

156 Vgl. Der Standard, 21. Juni 2010.

157 Der Standard, 21. Juni 2010.

158 »Wunderbares Rohmaterial«, in: Wirtschaftswoche vom 22. August 2006.

159 Micheline Rampe: Der R-Faktor. Das Geheimnis der inneren Stärke. Frankfurt a. M.: Eichborn Verlag, 2004

Register